Die Rolle des Traditionspapiers bei Verfügungen über Containerware im Seehandel

Europäische Hochschulschriften Recht

European University Studies in Law

Publications Universitaires Européennes de Droit

Band/Volume **6256**

Susan Rödiger

Die Rolle des Traditionspapiers bei Verfügungen über Containerware im Seehandel

PETER LANG

Bibliografische Information der Deutschen Nationalbibliothek
Die Deutsche Nationalbibliothek verzeichnet diese Publikation in der Deutschen Nationalbibliografie; detaillierte bibliografische Daten sind im Internet über http://dnb.d-nb.de abrufbar.

Zugl.: Marburg, Univ., Diss., 2021

D 4
ISSN 0531-7312
ISBN 978-3-631-84829-6 (Print)
E-ISBN 978-3-631-85863-9 (E-PDF)
E-ISBN 978-3-631-85864-6 (EPUB)
E-ISBN 978-3-631-85865-3 (MOBI)
DOI 10.3726/b18739

Peter Lang – Berlin · Bern · Bruxelles · New York · Oxford · Warszawa · Wien

Diese Publikation wurde begutachtet.

www.peterlang.com

Meinen lieben Eltern

Inhaltsverzeichnis

A. Einleitung

Bei der Verschiffung von Gütern über See im internationalen Handelsverkehr spielen handelbare Wertpapiere noch immer eine bedeutende Rolle. Einerseits besteht das Bedürfnis, die Übergabe der Ladung an den Verfrachter sowie deren Zustand im Zeitpunkt der Übergabe zu dokumentieren. Andererseits hat der Eigentümer der Waren beim Seehandel, aufgrund der meist verlängerten Transportzeit, ein Interesse daran, über die Güter während des Transports verfügen zu können, d.h. die Güter während des Transportes zu veräußern oder zu verpfänden.

Diese Transportdokumente, wie zum Beispiel das Konnossement, ermöglichen dem Verkäufer (Exporteur) eine Verfügung über die Waren während des Transports und dem Käufer (Importeur), das Gut am Bestimmungshafen durch Vorlage des Papiers vom Schiffer heraus zu verlangen.[1] Das Konnossement, der Ladeschein und der Orderlagerschein sind aufgrund ihrer Doppelfunktion, zum einen den Herausgabeanspruch zu verbriefen und zum anderen dingliche Verfügungen über die Ware zu ermöglichen, Traditionspapiere, die im Welthandel unerlässlich für seine sichere und schnelle Handelbarkeit der Waren auf See sind.

Die Frage, wie die Traditionswirkung dieser Wertpapiere im Einzelnen herzuleiten und zu rechtfertigen ist, ist schon seit langer Zeit umstritten. *Heymann* hat hinsichtlich der dogmatischen Herleitung der Traditionswirkung als erster zwischen drei Theorien unterschieden: der absoluten Theorie, der streng-relativen Theorie und der Repräsentationstheorie (relative Theorie). In der Folgezeit haben sich weitere Theorien herausgebildet: die wertpapierrechtlich fortgebildete streng-relative Theorie, die Theorie des wertpapierrechtlichen aber sachenrechtsbezogenen Rechtsschutzes und die wertpapierrechtliche Theorie.

In dieser Arbeit werden diese Theorien hinsichtlich ihres Inhaltes, ihrer Konstruktion, ihrer Begründung und den Konsequenzen dargestellt und verglichen. Es soll aufgezeigt werden, welche Theorien aufgrund ihrer Konsequenzen abzulehnen sind und welcher Theorie aufgrund ihrer schlüssigen Herleitung und den damit einhergehenden gut vertretbaren Konsequenzen aus heutiger Sicht auch im Hinblick auf das 4. Seerechtsänderungsgesetz aus 2013 gefolgt werden kann.

Des Weiteren enthält diese Arbeit einen Ausblick zur Digitalisierung des Traditionspapiers.

1 Herber, FS Magnus, S. 674; Schlodtmann, Konnossement, S. 41 f.

B. Seehandelsrecht

Das deutsche Seehandelsrecht ist im Fünften Buch des Handelsgesetzbuchs (§§ 476-619 HGB) geregelt. Es lässt sich als derjenige Teil des Rechts beschreiben, der die Verhältnisse der Schifffahrt regelt und ist der Inbegriff der sich auf das Seewesen überhaupt und den Seehandel insbesondere beziehenden Gesetze und Gewohnheiten.[2] Als das Sonderrecht der Schifffahrt auf See[3] ist es ein traditionsreiches und international bedeutsames Teilgebiet des Handelsrechts.

Bereits bei Inkrafttreten des HGB am 10. Mai 1897 galt das darin kodifizierte Seehandelsrecht, welches auf das ADHGB[4] von 1869 zurückging, als überaltert, wurde aber dennoch in das HGB übernommen. Zwar wurde es seitdem mehrfach aktualisiert, doch dienten die Änderungen im Wesentlichen der innerstaatlichen Umsetzung internationaler seerechtlicher Übereinkommen.[5] In Deutschland wurden die Haager Regeln[6] von 1924, die einheitliche Haftungsvorschriften des Verfrachters gegenüber dem Befrachter für Verschiffungen festlegen, über die ein Konnossement ausgestellt ist und das diese ändernde Protokoll von Visby[7] (Haag-Visby Regeln) von 1968 inhaltlich in das Seehandelsrecht eingearbeitet.

Am 25. April 2013 trat das Gesetz zur Reform des Seehandelsrechts in Kraft. Dadurch wurde das deutsche Seehandelsrecht insgesamt neu gefasst, modernisiert und für den internationalen Wettbewerb aufgestellt. Das Gesetz regelt im Wesentlichen drei Bereiche: Das Seehandelsrecht, das allgemeine Transportrecht und das Binnenschifffahrtsrecht. Im Mittelpunkt stand das Seehandelsrecht, das vollständig neu gefasst wurde. Das allgemeine Transportrecht und das Binnenschifffahrtsrecht wurden in einigen Punkten modernisiert.

Zum Seehandelsrecht wurden unter anderem die folgenden Neuerungen in das HGB eingearbeitet:

---

2 Schulz, Entstehung des Seerechts, S. 15.

3 Herber, Seehandelsrecht, § 1 I.

4 Allgemeines Deutsches Handelsgesetzbuch.

5 Gieße, Verkehrs-Rundschau 2012, Heft 23, 34(35).

6 Übereinkommen vom 28. August 1924 zur Vereinheitlichung von Regeln über Konnossemente.

7 Protokoll vom 23. Februar 1968 zur Änderung des Übereinkommens vom 25. August 1924 zur Vereinheitlichung der Regeln von Konnossementen.

1. Veraltete Vorschriften wie die Partenreederei[8] und das seerechtliche Verklarungsverfahren[9] wurden abgeschafft.
2. Die Regelungen über den Kapitän und die Haverei wurden verschlankt.

Das Seefrachtrecht wurde klarer strukturiert und modernisiert.

1. Zugunsten des Verfrachters besteht kein gesetzlicher Haftungsausschluss mehr für Feuer und nautisches Verschulden. Es besteht jedoch die Möglichkeit, einen solchen Ausschluss vertraglich in Allgemeinen Geschäftsbedingungen zu vereinbaren (§ 512 HGB).
2. Erstmals eingeführt wird eine gesetzliche Grundlage für die Verwendung elektronischer Konnossemente (§ 516 Abs. 2 HGB) und Seefrachtbriefe (§ 526 HGB). Die elektronischen Konnossemente und elektronischen Seefrachtbriefe sind jetzt den Papiergebundenen gleichgestellt, sofern sie die Authentizität und Integrität der Aufzeichnung wahren.
3. Aufgrund der Neuregelung des § 486 Abs. 4 HGB ist eine Verladung auf Deck durch den Verfrachter bei ausgestelltem Konnossement ausnahmsweise ohne ausdrückliche Zustimmung des Abladers zulässig, wenn sich das Gut in oder auf einem Lademittel (z.B. Container) befindet, das für die Beförderung auf Deck tauglich ist, und wenn das Deck für die Beförderung eines solchen Lademittels ausgerüstet ist. Allerdings kann der Befrachter bzw. Ablader einer Decksverladung widersprechen.
4. In einem neuen eigenen Abschnitt für Schiffsüberlassungsverträge wurden erstmalig der Schiffsmietvertrag (Bareboat Charter, §§ 553 ff. HGB) und der Zeitchartervertrag (§§ 557 ff. HGB) als eigenständige, vom Seefrachtvertrag zu unterscheidende Vertragstypen geregelt.
5. Die Haftung des Beförderers für Schäden von Passagieren auf Seeschiffen (§§ 536 ff. HGB) wurde in das Handelsgesetzbuch integriert.
6. Für den Arrest in Seeschiffe wird auf das Vorliegen eines Arrestgrundes verzichtet. Es kommt nicht mehr darauf an, ob ohne den Arrest die Vollstreckung des Urteils vereitelt oder wesentlich erschwert werden würde.[10]

---

8 Eine vom Eigentum an einem Schiff abhängige Gesellschaftsform, die aus dem Mittelalter stammt (Gieße, Verkehrs-Rundschau 2012, Heft 23, 34(36)).

9 Besonderes Verfahren, das der Beweisaufnahme über den tatsächlichen Hergang eines Schiffsunfalls dient (Gieße, Verkehrs-Rundschau 2012, Heft 23, 34(36 f.)).

10 http://www.bmjv.de/DE/Themen/WirtschaftHandel/Seehandelsrecht/seehandelsrecht_node.html (25.09.2014).

C. Seefrachtvertrag und beteiligte Personen

I. Seefrachtvertrag

Ein Frachtvertrag ist der auf die entgeltliche Beförderung von Gütern gerichtete Werkvertrag zwischen Absender und Frachtführer.[11] Der Seefrachtvertrag ist der Frachtvertrag zur Beförderung von Gütern mit Seeschiffen.[12] Das Seehandelsrecht unterscheidet bei den Seefrachtverträgen hinsichtlich der Beförderungsleistung zwischen dem Stückgutfrachtvertrag (§§ 481 ff. HGB) und dem Reisefrachtvertrag (§§ 527 ff. HGB).

1. Stückgutfrachtvertrag (§§ 481 ff. HGB)

Durch den Stückgutfrachtvertrag wird der Verfrachter gemäß § 481 Abs. 1 HGB verpflichtet, das Gut mit einem Schiff über See zum Bestimmungsort zu befördern und dort dem Empfänger abzuliefern. Der Empfänger erhält einen Anspruch auf Herausgabe des beförderten Gutes und Ansprüche wie z.B. Schadensersatz bei Beschädigung der Güter oder Kündigungsrechte bei säumiger Abladung der Güter.

2. Reisefrachtvertrag (§§ 527 ff. HGB)

Durch den Reisefrachtvertrag verpflichtet sich der Verfrachter gemäß § 527 Abs. 1 HGB das Gut mit einem bestimmten Schiff im Ganzen, mit einem verhältnismäßigen Teil eines bestimmten Schiffes oder in einem bestimmt bezeichneten Raum eines solchen Schiffes auf einer oder mehreren bestimmten Reisen über See zum Bestimmungsort zu befördern und dort dem Empfänger abzuliefern.

Dementsprechend kann sich ein Seefrachtvertrag auf das Schiff im Ganzen, einen verhältnismäßigen Teil, auf einen bestimmten Raum des Schiffes (Reisefrachtvertrag) oder auf einzelne Güter (Stückgutfrachtvertrag) beziehen.

---

11 Creifelds, Rechtswörterbuch, S. 550.
12 Creifelds, Rechtswörterbuch, S. 1283.

II. Die Beteiligten des Seefrachtvertrages

1. Verfrachter und Befrachter

Die Parteien des Seefrachtvertrags werden als Befrachter und Verfrachter bezeichnet. Verfrachter (engl. Carrier) ist, wer es durch den Seefrachtvertrag übernimmt, die verfrachteten Güter zu befördern.[13] Er ist der Frachtführer in der Seeschifffahrt. Befrachter (engl. Shipper) ist, wer mit dem Verfrachter den Seefrachtvertrag abschließt und in dessen Rahmen die Stückgüter befördern oder das gecharterte Schiff beladen lässt.[14] Er verpflichtet sich zur Anlieferung der Güter und zur Zahlung der Seefracht.

2. Ablader

Im deutschen Recht gibt es zusätzlich die Rechtsfigur des Abladers. Ablader ist gemäß § 513 Abs. 2 HGB, wer das Gut dem Verfrachter zur Beförderung übergibt und vom Befrachter als Ablader zur Eintragung in das Konnossement benannt ist. Er handelt auf Grund einer rechtlichen Befugnis im eigenen Namen und kann auf seinen Namen ausgestellte Konnossemente verlangen.[15] International wird nicht zwischen Befrachter und Ablader unterschieden, deshalb wird der Ablader, wie der Befrachter als Shipper bezeichnet.

3. Ausführender Verfrachter

Mit dem Gesetz zur Reform des Seehandelsrechts wurde die neue Rechtsfigur des „ausführenden Verfrachters" eingeführt. Ausführender Verfrachter ist nach § 509 Abs. 1 HGB derjenige, der nicht Vertragspartner des Befrachters ist, die Beförderung jedoch ganz oder teilweise selbst durchführt. Dieser soll für Schäden, die während der durch ihn ausgeführten Beförderung an den Gütern entstehen, so haften, als wäre er der Verfrachter. Ausführender Verfrachter kann nur ein Reeder, Ausrüster oder ein in einem Hafengebiet mit Umschlagarbeiten betrautes Unternehmen sein.[16] Mit dieser Rechtsfigur soll der Tatsache Rechnung getragen werden, dass in einen Transportvertrag neben dem vertraglichen Verfrachter häufig weitere selbständige Transportunternehmer eingeschaltet werden, die die Beförderung ausführen und dabei für Schäden an den Waren

---

13 Creifelds, Rechtswörterbuch, S. 1540.

14 Creifelds, Rechtswörterbuch, S. 184.

15 Beuth, Orderpapiere, S. 26; Schröder, ZHR 32, 249.

16 BT-Drucks. 17/10309, S. 45.

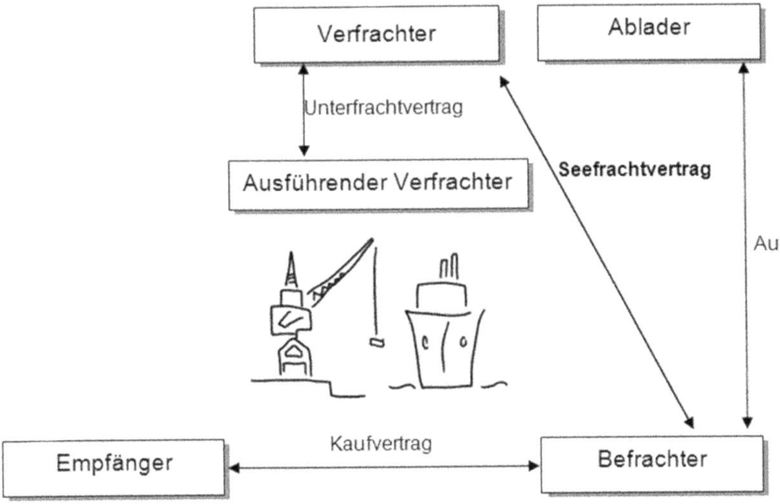

Beteiligte am Seefrachtvertrag

verantwortlich sein können. Da der Geschädigte mit diesen selbständigen Transportunternehmern regelmäßig keine vertragliche Beziehung hat, bliebe ihm ohne gesetzliche Haftungserstreckung häufig nur der Anspruch gegen den Verfrachter als seinen Vertragspartner.[17] Daher erhält der Befrachter mit der Neuregelung des ausführenden Verfrachters einen gesetzlichen Direktanspruch gegen denjenigen, der als Dritter das Gut befördert hat und in dessen Obhut es zu einer Beschädigung der Waren gekommen ist.[18]

17 BT-Drucks. 17/10309, S. 85.
18 Hesse, Hansa 2012, 88.

D. Kaufmännische Orderpapiere

Gemäß § 363 HGB können Anweisungen, die auf einen Kaufmann über die Leistung von Geld, Wertpapieren oder anderen vertretbaren Sachen ausgestellt sind […] durch Indossament übertragen werden, wenn sie an Order lauten. Es handelt sich dabei um kaufmännische Orderpapiere.

I. Orderpapiere

Orderpapiere sind solche Wertpapiere, die eine namentlich bezeichnete Person als berechtigt ausweisen, das im Papier verbriefte Recht geltend zu machen. Berechtigt ist derjenige, der zuerst namentlich bezeichnet ist oder der durch die Order des namentlich Bezeichneten bestimmt wird. Der namentlich Bezeichnete ist befugt, auf dem Papier eine andere Person als den Berechtigten zu benennen. Diesen Vermerk bezeichnet man als Indossament, welches der Berechtigte auf das Papier setzt und durch den er erklärt, dass die Leistung an einen anderen erfolgen soll.[19] Bei Orderpapieren ist das Recht in der Urkunde verkörpert und wird durch Übereignung der Urkunde übertragen, so dass das Recht aus dem Papier, dem Recht am Papier folgt.

Das Gesetz unterscheidet zwischen geborenen und gekorenen Orderpapieren. Gekorene Orderpapiere erhalten nur dann die Qualität eines Orderpapiers, wenn sie an Order lauten, also eine positive Orderklausel[20] enthalten.[21] Geborene Orderpapiere sind solche Wertpapiere, die selbst dann Orderpapiere sind, wenn sie keine Orderklausel enthalten[22], z.B. der Wechsel (Art. 11 Abs. 1 WG[23]), der Scheck (Art. 14 Abs. 1 SchG[24]) und die Namensaktie. Es ist nicht notwendig, dass diese Papiere an Order gestellt sind, jedoch kann ihnen die Ordereigenschaft genommen werden durch die ausdrückliche Bestimmung „nicht an

---

19 Hueck, Recht der Wertpapiere, S. 14; Brox/Henssler, Handelsrecht, Rn 525.

20 Vermerk auf einem Wertpapier, wonach der im Text als Berechtigter bezeichnete einen anderen Berechtigten benennen und das Recht auf diesen übertragen kann: „an Order".

21 Rabe, Seehandelsrecht, § 647 Rn 7; Hesse in MüKo, HGB, § 475 c Rn 6; Schaps/Abraham, Seehandelsrecht, Vor § 642 Rn 19; Abraham, Das Seerecht, S. 169; Brox/Henssler, Handelsrecht, Rn 636; Richardi, Wertpapierrecht, § 33 I 1; Schmidt, Handelsrecht, § 24 II 2.

22 Brox/Henssler, Handelsrecht, Rn 528.

23 Wechselgesetz.

24 Scheckgesetz.

Order“ (sogenannte negative Orderklausel)[25], wie es z. B. Art. 11 Abs. 2 WG für den Wechsel bestimmt. Die in § 363 HGB genannten handelsrechtlichen Wertpapiere (die kaufmännische Anweisung, der kaufmännische Verpflichtungsschein, das Konnossement, der Ladeschein, der Lagerschein und die Transportversicherungspolice) sind gekorene Orderpapiere. Orderpapiere können auch in Geld- und Warenpapiere eingeteilt werden. Geldpapiere sind z.B. Scheck und Wechsel. Warenpapiere, wie Konnossement, Lade- und Lagerschein, verkörpern dagegen den Rechtsanspruch auf Herausgabe einer Ware.[26]

II. Kaufmannseigenschaft

Die kaufmännischen Orderpapiere des § 363 HGB sind dem Handelsverkehr vorbehalten, Nichtkaufleute können sie nicht ausstellen.[27] Das Fehlen der Kaufmannseigenschaft schlägt auch gegenüber gutgläubigen Erwerbern durch, weil der Gesetzgeber die Nichtkaufleute vor den Gefahren der Papiere schützen will.[28]

III. Einwendungsausschluss des § 364 Abs. 2 HGB

Was dem Orderpapier seine Bedeutung verleiht, ist die durch das Indossament hervorgerufene verstärkte Umlauffähigkeit infolge des Einwendungsausschlusses gemäß § 364 Abs. 2 HGB. Danach kann der Schuldner dem legitimierten Besitzer der Urkunde nur solche Einwendungen entgegensetzen, welche die Gültigkeit seiner Erklärung in der Urkunde betreffen oder sich aus dem Inhalt der Urkunde ergeben oder ihm unmittelbar gegen den Besitzer zustehen.

Zu den Einwendungen, die sich aus dem Inhalt der Urkunde ergeben, sind auch diejenigen zu zählen, die dem Rechtsgeschäft „typusmäßig“ innewohnen.[29] Beispielsweise kann der Lagerhalter gegenüber dem Anspruch aus dem Orderlagerschein einwenden, das eingelagerte Gut sei durch Zufall vernichtet oder trotz bester Diebstahlsicherung abhandengekommen.[30]

25 Gruns, Orderpapiere, S. 9.
26 Gruns, Orderpapiere, S. 10.
27 Müller-Christmann/Schnauder, JuS 1992, 480.
28 Meyer-Cording/Drygala, Wertpapierrecht, S. 96.
29 Hueck/Canaris, Wertpapiere, § 22 II 1b, S. 198; Schmidt, Handelsrecht, § 24 II 2b.
30 Hefermehl in: Schlegelberger, HGB, § 364 Rn 24; Hueck/Canaris, Wertpapiere, § 22 II 1b, Schmidt, Handelsrecht, § 24 II 2b.

E. Traditionspapiere und Traditionswirkung

Darüber, was Traditionspapiere im Wesentlichen sind, sagt das Gesetz nichts aus.

I. Definition des Traditionspapiers

Laut *Brunner* bilden die Traditionspapiere eine Unterart der Dispositionspapiere, von welchen diejenigen, die nicht Traditionspapiere sind, bloß einen obligatorischen, nicht einen sachenrechtlichen Begebungseffekt erzeugen.[31] Die Traditionspapiere verdanken ihren Namen einem Vorschlag *Brunners*, der sie in folgender Weise definiert:[32] „Sie sind einerseits Forderungspapiere, denn sie dienen zur Ausübung einer Forderung auf Auslieferung der in der Urkunde verzeichneten Waren, haben aber auch sachenrechtliche Funktionen, indem die Begebung des Papiers denselben dinglichen Effekt erzielen kann, welchen die Übergabe der Ware selbst äußern würde".[33] Folglich haben die Traditionspapiere eine Doppelnatur.

II. Doppelnatur der Traditionspapiere

Sie sind einerseits ihrem Inhalt nach schuldrechtliche Wertpapiere, d.h. sie verbriefen den Anspruch auf Auslieferung des Gutes, so dass durch Verfügung über ein solches Papier über den verbrieften Auslieferungsanspruch verfügt werden kann. Sie sind zugleich sachenrechtliche Wertpapiere, zwar nicht dem Inhalt, wohl aber der Wirkung nach. Bei sachenrechtlichen Vorgängen (u.a. Eigentumsübertragung, Verpfändung), die den Gegenstand des Auslieferungsversprechens betreffen, ersetzt die Übergabe des Traditionspapiers die Übergabe des Gutes selbst,[34] d.h. sie ermöglichen eine Verfügung über das Gut, ohne dass dieses selbst übergeben werden muss.

31 Brunner, Forschungen zur Geschichte des deutschen und französischen Rechts, S. 608 Fn 2.

32 Krüger, Konnossement, S. 12.

33 Brunner in: Endemann´s Handbuch, S. 150 f.

34 Locher, Recht der Wertpapiere, S. 148; Richardi, Wertpapierrecht, § 33 III.

III. Die handelsrechtlichen Traditionspapiere

Handelsrechtliche Traditionspapiere sind der Ladeschein (§ 448 HGB), der Lagerschein (§ 475 g HGB) und das Konnossement (§ 524 HGB). Diese Wertpapiere dienen dem wirtschaftlichen Zweck, die betreffenden Waren schnell von einem Kaufmann an den anderen veräußern zu können, ohne die Ware selbst übergeben zu müssen, indem man statt der Ware die Wertpapiere überträgt.[35] Verlädt ein Kaufmann Waren auf ein Schiff, so ist es ihm oder seinem Vertragspartner durch die dingliche Wirkung des Konnossements möglich, die schwimmenden Waren vor ihrer Ankunft im Bestimmungshafen zu veräußern und das Eigentum oder ein Pfandrecht zu übertragen, ohne die Waren selbst übergeben zu müssen. Sind die Waren auf den großen Stapelplätzen wie London, Hamburg und Paris angekommen und vorläufig in den Lagerhäusern und Docks untergebracht, so ist es wieder die dingliche Wirkung der Orderlagerscheine, die es dem Eigentümer ermöglicht, durch einfache Übergabe des Wertpapiers über die dort lagernden Waren zu verfügen,[36] ohne diese umlagern zu müssen. Die Traditionspapiere ermöglichen demzufolge Verfügungen über das schwimmende, reisende oder lagernde Gut zu einer Zeit, zu der es der Papierinhaber nicht in unmittelbarem Besitz hat und zielen damit auf die Erleichterung und Beschleunigung des kaufmännischen Warenverkehrs ab.

Deshalb bestimmen die §§ 448, 475 g, 524 HGB dass die Begebung des Papiers an den darin benannten Empfänger für den Erwerb von Rechten an dem Gut dieselben Wirkungen hat wie die Übergabe des Gutes selbst.[37] Mit der Übergabe des Papiers geht also i.d.R. gleichzeitig das Eigentum am Gut über.[38] Zwar könnte der Eigentümer das Eigentum an den eingelagerten oder transportierten Gütern durch Einigung und Abtretung des (unverbrieften) Herausgabeanspruchs gemäß § 931 BGB auf einen anderen übertragen. Diese Form der Eigentumsübertragung stellt sich für den Erwerber jedoch als unsicherere Variante dar, weil er befürchten muss, dass einerseits weder Anspruch noch mittelbarer Besitz des Zedenten bestehen und andererseits im Fall ihres Bestehens dem Schuldner Einreden gegen den schuldrechtlichen Herausgabeanspruch (§§ 404 ff. BGB) und somit auch gegen den dinglichen Eigentumsherausgabeanspruch (§ 986 Abs. 2 BGB) zustehen. Ähnliches gilt im Fall der Verpfändung

---

35 Horn in: Heymann, HGB, § 363 Rn 23.

36 Nöthling, Traditionspapiere, S. 9 f.

37 Horn in: Heymann, HGB, § 363 Rn 23; Schmidt, Handelsrecht, § 24 III 1.

38 Hübner, Handelsrecht, Rn 791.

des Gutes. Diese Nachteile werden durch die Traditionswirkung vermieden, da die Übergabe des Papiers dieselbe Wirkung wie die Übergabe des Gutes hat. Der Veräußerer kann durch Einigung und Übergabe des Traditionspapiers das Eigentum an den Waren übertragen.[39]

Mit der Verbriefung des Anspruchs in einem Wertpapier ändert sich die Situation zugunsten des Erwerbers. Der Papierinhaber kann aufgrund des mit der Ausstellung des Wertpapiers geschaffenen Vorlegungszwangs davon ausgehen, dass der Schuldner das Gut nur gegen Vorlage der Urkunde ausliefert. Im Rahmen der Legitimationswirkung des Wertpapiers wird seine materielle Berechtigung vermutet. Anders als bei der Abtretung des Herausgabeanspruchs nach § 931 BGB empfängt der Erwerber ein Legitimationszeichen, das seinen Erwerb für jedermann sichtbar macht.[40]

1. Ladeschein (§§ 443 ff. HGB)

Der Ladeschein ist ein Dokument des Binnentransportgeschäfts, das dort die gleiche Funktion übernimmt wie das Konnossement im Seefrachtgeschäft. Der Ladeschein wird auch als Binnenkonnossement bezeichnet.[41] Durch den Ladeschein verpflichtet sich beim Frachtgeschäft zu Lande oder auf Binnengewässern der Frachtführer dazu, das von ihm zur Beförderung übernommene Gut an den durch den Ladeschein als Empfänger Legitimierten gegen Zahlung der Fracht und Rückgabe des Scheins (§ 445 HGB) auszuhändigen.[42]

2. Lagerschein (§§ 475 c ff. HGB)

Der Lagerschein ist ein von dem Lagerhalter ausgestelltes Wertpapier, in welchem der Lagerhalter die Herausgabe des bei ihm eingelagerten Gutes an den durch den Lagerschein Ausgewiesenen verspricht.[43] Er verbrieft die Rechte aus dem Lagervertrag und begründet keinen zusätzlichen abstrakten Anspruch (kausales Papier).[44]

---

39 Brox/Henssler, Handelsrecht, Rn 637.

40 Schumann, Handelsrecht, S. 643.

41 Horn in: Heymann, HGB, § 363 Rn 19.

42 Brox/Henssler, Handelsrecht, Rn 529; Gursky, Wertpapierrecht, S. 129; Mittelstein in: Ehrenbergs Handbuch, S. 139; Müller-Christmann/Schnauder, Wertpapierrecht, Rn 263.

43 Horn in: Heymann, HGB, § 363 Rn 21; Lehmann in: Düringer/Hachenburg, HGB, § 424 Anm. 4; Brox/Henssler, Handelsrecht, Rn 529; Gursky, Wertpapierrecht, S. 133.

44 Horn in: Heymann, HGB, § 363 Rn 21.

3. Konnossement[45] (§§ 513 ff. HGB)

a) Der Begriff des Konnossements

In Art. 1 Nr. 7 der Hamburg-Regeln[46] wird der Begriff des Konnossements bestimmt. Danach ist das Konnossement „eine Urkunde, durch die ein Seefrachtvertrag und entweder die Übernahme der Güter oder ihre Verladung an Bord durch den Beförderer bewiesen wird und in der sich der Beförderer verpflichtet, die Güter gegen Aushändigung der Urkunde abzuliefern."

Im deutschen Recht findet sich keine Definition des Konnossements. Daher muss diesbezüglich auf die allgemeinen Aussagen des Gesetzes zurückgegriffen werden. Daraus lässt sich folgende Definition ableiten: Das Konnossement ist eine Urkunde, in der der Verfrachter den Empfang des Gutes bestätigt, sich verpflichtet es zum Bestimmungsort zu befördern und dem aus dem Konnossement Berechtigten gegen Rückgabe des Konnossements abzuliefern (§ 514 Abs. 1 HGB), wobei der Empfänger im Konnossement einen selbständigen Anspruch auf Auslieferung der Güter erhält.[47]

b) Inhaltliche Bedeutung des Konnossements

Das Konnossement ist das älteste Traditionspapier.[48] Die Bezeichnung „Konnossement" wurde zum ersten Mal im 17. Jahrhundert gebraucht. In Deutschland kam zuerst der holländische Ausdruck „cognoscement" vor.[49] Dieser wird von dem lateinischen Verb cognoscere (= anerkennen) abgeleitet und bedeutet, dass der Schiffer anerkannte, die Ware empfangen zu haben und sich verpflichtete, diese nach Ankunft im Bestimmungshafen an den Empfänger auszuliefern.[50] Das Konnossement ist folglich eine Urkunde, die ein Doppeltes enthält: eine Empfangsbescheinigung und eine Auslieferungsverpflichtung.[51] Sobald Waren zum Seetransport an Bord eines Schiffes verladen werden hat der Verfrachter (Frachtführer) oder ein

---

45 Vom lat. cógnoscementum, franz. connaissement, engl. bill of lading = Anerkenntnis.

46 Übereinkommen der Vereinten Nationen von 1978 über die Beförderung von Gütern auf See.

47 Gehrke, Transportdokument, S. 105 mit weiteren Nachweisen.

48 Dumke, Konnossement, S. 74.

49 Goldschmidt, Handbuch des Handelsrechts, S. 650 ff.; Krichauff, Transportpapiere, S. 7.

50 Eben-Worlée, Übereignung mittels Konnossement, S. 1.

51 Schaps/Abraham, Seehandelsrecht, Vor § 642 Rn 3; Henke, Konnossement, S. 10 f.; Mannschatz, Konnossement, S. 1.

anderer Vertreter des Reeders dem Abladers, d.h. demjenigen, der die Ware zur Verladung angeliefert hat, gemäß § 514 Abs. 3 HGB ein Konnossement auszustellen.[52]

Des Weiteren ist das Konnossement ein sog. halbkausales Wertpapier. Das bedeutet, dass der Inhalt des verbrieften selbständigen Auslieferungsanspruchs zwar einerseits vom zugrunde liegenden Frachtvertrag unabhängig ist[53], stets jedoch durch die gesetzliche Regelung des zugrunde liegenden Rechtsverhältnisses bestimmt wird und Einwendungen erhoben werden können, die sich aus dem Frachtvertrag selbst ergeben.[54] Das Recht die Auslieferung der Güter zu verlangen, steht dem im Konnossement benannten Empfänger gegen Vorlage der Urkunde unabhängig vom Frachtvertrag zu. Dadurch hat das Konnossement, das diesen Anspruch verbrieft, den Charakter eines Wertpapiers.[55]

c) Wirtschaftliche Bedeutung des Konnossements

Die wirtschaftliche Bedeutung des Konnossements und damit der Traditionspapiere liegt vor allem in der Möglichkeit einer dinglichen Verfügung über schwimmende Güter während der Zeit des Schiffstransports ohne sie, wie nach deutschem Recht grundsätzlich erforderlich, übergeben zu müssen. Daher kann beim Überseekauf der Käufer der Waren ohne zeitlichen Verlust und unter eventueller Ausnutzung einer positiven Marktsituation, die Güter weiterveräußern bzw. verpfänden. Dadurch erhält er sein zunächst festgelegtes Kapital wieder zur freien Verfügung, kann weitere Geschäft tätigen und damit die wirtschaftliche Entwicklung unterstützen. Das Konnossement dient folglich dem Zweck der Beschleunigung und Vereinfachung des Güterumlaufs.

d) Dokumentenakkreditiv

Bei internationalen Warenlieferungen im Rahmen eines Überseekaufs ist das Dokumentenakkreditiv eine sichere Form zur Abwicklung des Zahlungsverkehrs. Denn weder Käufer noch Verkäufer wollen in Vorleistung gehen, d.h. der Verkäufer möchte die Waren nicht versenden ohne Sicherheit bezüglich des Kaufpreises zu haben und der Käufer möchte den Kaufpreis nicht zahlen, ohne die Waren zu besitzen. Deshalb

---

52 Richardi, Wertpapierrecht, § 33 III 1.

53 Herber in MüKo, HGB, Vor § 513 Rn 5; Hueck/Canaris, Wertpapiere, § 22 I 3 b; Richardi, Wertpapierrecht, § 33 III 1.

54 Herber in MüKo, HGB, Vor § 513 Rn 5; Abraham, Das Seerecht, S. 170; Herber, Seehandelsrecht, § 30 II 1.

55 Beuth, Orderpapiere, S. 24; Graf von Bernstorff, RIW 2001, 504 (505).

wird ein Dokumentenakkreditiv über die Kreditinstitute von Käufer und Verkäufer abgewickelt. Das Akkreditiv ist ein Zahlungsversprechen der Bank des Importeurs, in der diese sich gegenüber dem Exporteur der Ware verpflichtet, die Zahlung gegen Übergabe bestimmter Dokumente, welche die Versendung der Ware beweisen, z.B. das Konnossement, an den Exporteur (Begünstigter) zu leisten.[56] In der Regel wird nur ein sog. reines Konnossement für ein Akkreditiv akzeptiert. In diesem Fall darf das Konnossement keine Vermerke darüber enthalten, dass die Waren erkennbare Schäden oder Mängel aufweisen.[57]

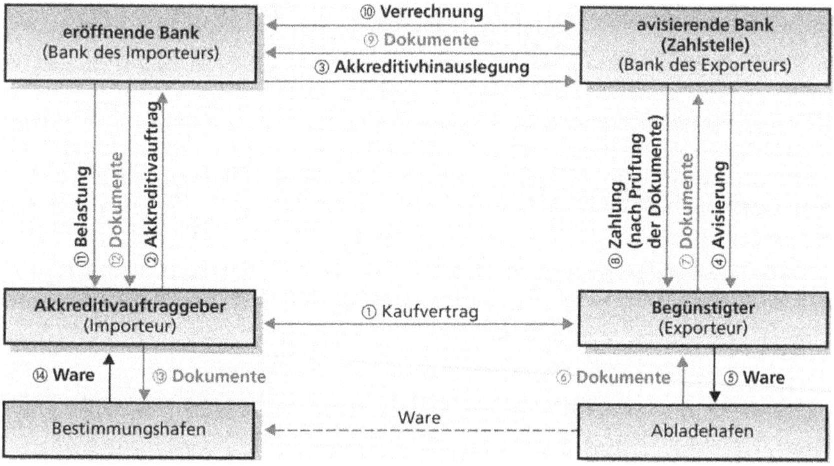

Abwicklung eines Dokumentenakkreditivs[58]

Bei einem Dokumentenakkreditiv gibt der Importeur einen Akkreditivauftrag an sein Kreditinstitut. Dieses gibt gegenüber dem Kreditinstitut des Exporteurs ein Zahlungsversprechen ab für den Fall, dass der Begünstigte (Exporteur) seine Akkreditivverpflichtung, die Übersendung des Konnossements, erfüllt. Daraufhin versendet der Exporteur die Ware und erhält dafür das Konnossement, welches er als Beweis für den Versand an sein Kreditinstitut weitergibt. Dieses übersendet die Papiere an das Kreditinstitut des Käufers, welches die Papiere prüft und den Käufer über das Vorhandensein und die Echtheit des

56 Grill/Perczynski, Wirtschaftslehre des Kreditwesens, S. 479.
57 Graf von Bernstorff, RIW 2001, 504 (506).
58 Siehe Abb. S. 19 in: Grill/Perczynski, Wirtschaftslehre des Kreditwesens, S. 486.

Konnossements informiert. Sodann wird der Kaufpreis an das Kreditinstitut des Verkäufers angewiesen.

e) *Geschichtliche Entwicklung des Konnossements als Warenpapier*

Heymann[59] führt den Ursprung des Konnossements auf die Schiffsregister und die Register der öffentlichen Lagerhäuser des 13. Jahrhunderts zurück. Die Entstehung des Konnossements knüpft sich an den Umstand, dass sich der Kaufmann und andere Ladungsinteressenten[60] in der früheren Zeit während der Verschiffung der Güter an Bord des Schiffes aufhielten, um über ihre Waren verfügen zu können. Diese verschiedenen Interessen machten es notwendig, die Rechtsverhältnisse bezüglich der zu verschiffenden Güter eindeutig festzulegen. Diese Aufgabe erfüllte das Schiffsbuch, in welches der Schiffsschreiber – die Kapitäne waren i.d.R. nicht schriftkundig – genaue Eintragungen machte über alle an Bord genommenen Güter mit Angabe des Eigentümers und der Wertzeichen.[61] Durch eine Umschreibung der Rechtsverhältnisse der in diesem Schiffsbuch aufgeführten Güter wurde Eigentum und Pfandrecht erworben.[62] Da sich das Schiffsbuch jedoch in der Hand einer Partei befand und das Geschäft mit den zu verschiffenden Gütern verschiedenste Interessen betraf, entstand mit der Zeit das Bedürfnis nach Abschriften des Schiffsbuchs für die Ladungsinteressenten.[63]

Aufgrund der Beweiskraft des Buches und einer damit zusammenhängenden Rechtsgewohnheit konnte der Befrachter vom Schiffsschreiber eine Abschrift des seine Güter betreffenden Teils des Ladungsverzeichnisses verlangen.[64] Dieser Auszug[65] aus der Registereintragung über die einzelnen Warenposten, die sog. copia, versehen mit der Unterschrift des Schiffsschreibers, lieferte als öffentliche

59 Heymann, FG Dahn, S. 187 ff.; ihm folgend: Beuth, Orderpapiere, S. 10; Schlenzka, Konnossementsrecht, S. 47.

60 Der Absender und / oder Empfänger der beförderten oder zu befördernden Güter.

61 Dübell, Konnossement, S. 2; Krüger, Konnossement, S. 22.

62 Heymann, FG Dahn, S. 187; ihm folgend: Beuth, Orderpapiere, S. 10; Schlenzka, Konnossementsrecht, S. 47.

63 Krichauff, Transportpapiere, S. 8.

64 Beuth, Orderpapiere, S. 10; Dübell, Konnossement, S. 3; Krichauff, Transportpapiere, S. 8; Hermann, Abladegeschäft, S. 67; Heymann, FG Dahn, S. 187; Schlenzka, Konnossementsrecht, S. 47.

65 spanisch: conocimiento=Bekenntnis: Goldschmidt, Universalgeschichte des Handelsrechts, S. 342.

Urkunde,[66] wie das Verzeichnis selbst, vollen Beweis, d.h. der Inhaber des Papiers konnte aufgrund dieser Abschrift im Bestimmungshafen die Auslieferung der verzeichneten Güter verlangen.[67] In diesen Abschriften liegen die Anfänge des Konnossements.[68]

Infolge der sich ändernden Verhältnisse im 15. Jahrhundert begann sich das Frachtgeschäft zum „Distanzablieferungsgeschäft“[69] zu entwickeln. Somit waren Ablader und Empfänger nicht mehr zwangsläufig identisch. Es waren vielmehr zwei Ladungsinteressenten vorhanden, und das Empfangsbekenntnis des Schiffers, das eingeladene Gut zu einem bestimmten Transport erhalten zu haben, wurde insofern wichtig, als es nicht nur als Beweis dem Schiffer gegenüber diente, sondern auch das Verhältnis zwischen Ablader und Empfänger zu bestimmen begann.[70]

Aus der einseitigen Verpflichtungsurkunde des Verfrachters (Auslieferungsversprechen) hat sich im Zusammenhang mit dem vom Schiffsschreiber gegebenen Ladungsauszug (Empfangsbekenntnis) das Konnossement in seiner heutigen Gestalt ausgebildet.[71] An die Stelle der Registerauszüge traten im Laufe der Zeit selbständige Urkunden, die im Seeverkehr aufgrund des nicht mehr vorhandenen Schiffsschreibers vom Kapitän des Schiffes ausgestellt wurden und aus denen sich die heutigen Traditionspapiere entwickelten.[72] Das Konnossement wurde zum Träger der in ihm enthaltenen Verpflichtung. Dadurch konnte durch seine Weitergabe auch der Anspruch auf Auslieferung der in der Urkunde verzeichneten Güter auf den Empfänger übertragen werden, so dass schließlich das Auslieferungsrecht derart an das Papier geknüpft war, dass es nur von dem Inhaber des Papiers ausgeübt werden konnte. Das Konnossement war dadurch zum Wertpapier geworden.[73] So erkannte man dem im Konnossement

66 Goldschmidt, Handbuch des Handelsrechts, S. 656 f.; Heymann, FG Dahn, S. 187; Krüger, Konnossement, S. 22.

67 Beuth, Orderpapiere, S. 10; Dübell, Konnossement, S. 3; Krichauff, Transportpapiere, S. 8; Heymann, FG Dahn, S. 187; Krüger, Konnossement, S. 22; Schlenzka, Konnossementsrecht, S. 47.

68 Krichauff, Transportpapiere, S. 8; Krüger, Konnossement, S. 21 f.

69 Goldschmidt, Universalgeschichte des Handelsrechts, S. 342.

70 Krichauff, Transportpapiere, S. 8 f.

71 Dübell, Konnossement, S. 3 f.

72 Beuth, Orderpapiere, S. 10; Heymann, FG Dahn, S. 187; Schlenzka, Konnossementsrecht, S. 47.

73 Dübell, Konnossement, S. 4.

bezeichneten Empfänger und dessen Rechtsnachfolger nicht nur ein selbständiges Forderungsrecht gegen den Schiffer auf Auslieferung der Ware, sondern unter bestimmten Voraussetzungen sogar ein dingliches Recht an der auszuliefernden Ware zu.[74]

f) Arten des Konnossements

Das Gesetz unterscheidet in § 514 HGB bezüglich des Zeitpunkts der Konnossementsausstellung zwischen Bordkonnossement und Übernahmekonnossement. Durch ein Bordkonnossement mit dem Vermerk „shipped" oder „shipped on board", bestätigt der Verfrachter, die bezeichneten Güter tatsächlich an Bord des namentlich genannten Seeschiffes genommen zu haben, § 514 Abs. 2 HGB.[75] Diese Konnossementsart ist auszustellen, sobald der Verfrachter das Gut an Bord genommen hat. Durch ein Übernahmekonnossement, mit dem Vermerk „received for shipment", bestätigt der Verfrachter, den Empfang der Ladung zum Zweck der Verschiffung für den Fall, dass Güter zur Beförderung übernommen, aber noch nicht an Bord genommen sind, § 514 Abs. 2 S. 2 HGB. Es ist auszustellen, sobald der Verfrachter das Gut übernommen hat. Ein solches Übernahmekonnossement steht dem Bordkonnossement gleich, wenn später auf ihm vermerkt wird, wann und in welches Schiff die Güter an Bord genommen sind, sog. Bordvermerk (§ 514 Abs. 2 S. 2 HGB).

74 Goldschmidt, Handbuch des Handelsrechts, S. 662 f.
75 Puttfarken, Seehandelsrecht, S. 34; Richardi, Wertpapierrecht, § 33 III 1.

F. Containertransport

I. Entwicklung des Containerverkehrs

Der Container hat das weltweite Transportwesen in den vergangenen Jahrzehnten revolutioniert. Neben Waren wie Erdöl und Eisenerz wird fast alles in containerisierter Form auf dem Seeweg transportiert. Durch die Entwicklung des Containerkonzepts sollten die lohnabhängigen Kosten durch Kapitalkosten ersetzt werden. Dementsprechend wurden moderne Containerschiffe anstelle von traditionellen Frachtschiffen entwickelt. Durch die Industrialisierung des Transports mit reibungslosen Übergängen von einem Verkehrsträger auf einen anderen wird der Gesamttransport beschleunigt und eine Kostensenkung ist die Folge.[76]

Durch die Entwicklung der Standardcontainer konnte ein völlig neues Logistiksystem entstehen. Die Stahlcontainer schützen die Ware und machen aufgrund ihrer Standardgröße ein Umpacken beim Wechsel des Transportmittels (Schiff, Bahn, Lkw, Flugzeug) überflüssig, denn die Grundidee ist die Trennung des Laderaums vom Verkehrsmittel.[77] Durch das vergleichsweise schnelle Be- und Entladen der Schiffe, der damit einhergehenden Reduzierung des Arbeitsaufwandes und den dadurch bedingten kürzeren Liegezeiten in den Häfen sinken die Transportkosten bei vollständiger Auslastung des Containerschiffs stärker als bei einer ebenfalls vollständigen Auslastung eines entsprechenden konventionellen Frachtschiffes.[78]

II. Container und Angaben im Konnossement

Die Beweiskraft des Konnossements regelt § 517 HGB. Nach § 517 Abs. 1 HGB begründet das Konnossement die Vermutung, dass der Verfrachter das Gut so übernommen hat, wie es nach § 515 Abs. 1 Nr. 7, 8 HGB beschrieben ist. Danach soll das Konnossement Angaben zur Art des Gutes und dessen äußerlich erkennbarer Verfassung und Beschaffenheit (Nr. 7) und Angaben zu Maß, Zahl oder Gewicht des Gutes und dauerhafte und lesbare Merkzeichen (Nr. 8) haben. Schwierig wird es, wenn das Konnossement die Ladung im

---

76 Norf, Containerverkehr, S. 102 f.

77 Norf, Containerverkehr, S. 102

78 Norf, Containerverkehr, S. 102.

Container als Gegenstand der Beförderung ausweist. Dann müsste eigentlich das Konnossement dazu die nötigen Angaben enthalten. Aber diese Ladung entzieht sich in der Regel der Kenntnis und der Kontrolle des Beförderers, da die Container verschlossen und versiegelt verladen und transportiert werden. Die Container sollen während der Verschiffung ungeöffnet bleiben und keiner Kontrolle unterliegen. Dies entspricht dem Grundgedanken des Containertransports. Daraus ergibt sich der Konflikt, dass das Konnossement den guten Zustand der Ware bescheinigen soll und möglichst „rein" sein soll, um die Handelbarkeit zu erhöhen, die Container aber in der Regel nicht geöffnet werden und somit keine Warenprüfung stattfinden kann.[79] Daher heißt es in § 517 Abs. 1 S. 2 HGB für den Fall, dass sich die Beschreibung auf den Inhalt eines geschlossenen Lademittels bezieht, das Konnossement nur dann die Vermutung nach § 517 Abs. 1 S. 1 HGB begründet, wenn der Inhalt vom Verfrachter überprüft und das Ergebnis der Überprüfung im Konnossement eingetragen ist. Enthält das Konnossement keine Angabe über die äußerlich erkennbare Verfassung oder Beschaffenheit des Gutes, so begründet das Konnossement gemäß § 517 Abs. 1 S. 3 die Vermutung, dass der Verfrachter das Gut in äußerlich erkennbar guter Verfassung und Beschaffenheit übernommen hat. In der Praxis werden die sog. Unbekannt-Klauseln[80] in das Konnossement aufgenommen, soweit der Verfrachter die Waren nicht auf Art und Verfassung, Maß, Zahl oder Gewicht prüfen kann. Durch die Aufnahme dieser Klausel schließt der Verfrachter die Vermutung der Richtigkeit für das Konnossement insoweit aus.[81] Zu vermerken sind erkennbare Mängel des Containers im weitesten Sinn: falsche oder fehlende Plombe, beschädigte Außenhaut, falsche Temperatur, denn derartige Umstände zerstören auch für die Ladung im Container den guten äußeren Anschein.[82]

III. Anwendbarkeit des deutschen Rechts

Aufgrund des internationalen Privatrechts und der verschiedenen Rechtsordnungen stellt sich die Frage welches Recht auf einen Rechtserwerb mittels

---

79 Gushterov, Seefrachtgeschäft, S. 221; Norf, Containerverkehr, S. 110; Puttfarken, Seehandelsrecht, S. 168.

80 „Inhalt unbekannt/said to contain"; „Maß, Zahl und Gewicht unbekannt/said to be"

81 Gushterov, Seefrachtgeschäft, S. 222.

82 Norf, Containerverkehr, S. 111; Puttfarken, Seehandelsrecht, S. 169.

eines Konnossements anzuwenden ist, wenn es sich um einen internationalen Seetransport und ein internationales Warenumsatzgeschäft handelt.[83]

83 Vgl. dazu: Rabe in: Rabe/Bahnsen, Seehandelsrecht, § 524 Rn 20, 24 ff. mit weiteren Nachweisen.

G. Geschichtlicher Ursprung der dinglichen Traditionswirkung

Goldschmidt[84] führt den Ursprung der dinglichen Wirkung auf die holländischen Rechtsgutachten des 17. Jahrhunderts zurück[85] und stützt die dingliche Wirkung des Konnossements auf die römische Besitzlehre. In Holland galt bereits im 17. und 18. Jahrhundert der Grundsatz der dinglichen Wirkung des Konnossements. Zu dieser Zeit führt ein Gutachten aus, dass nach kaufmännischem Gewohnheitsrecht durch den Konnossementsempfang auf den Kommissionär der Besitz und dadurch das Pfandrecht übergegangen sei.[86]

Dagegen vertreten *Brunner*[87] und *Heymann*[88] die Auffassung, dass der Ursprung der Traditionswirkung aus der traditio cartae[89], welche sich aus dem römischen Vulgarrecht[90] entwickelte, stammen und die dingliche Wirkung unabhängig von besitzrechtlichen Momenten besteht.[91] Sie sehen die Anfänge des Traditionspapiers in der fränkisch-romanischen Urkunde.[92] Schon in der fränkischen Periode und in den unmittelbar folgenden Jahrhunderten habe die Übergabe der Urkunde als ein Akt zur Begründung und Übertragung von Rechten, welche den Gegenstand der Beurkundung bildeten, gedient.[93] Im fränkischen Reich[94] gab es schon in der merowingischen

---

84 Goldschmidt, Handbuch, S. 707 Fn 23: Goldschmidt stellte fest, dass bereits die Handelsstatuten von Florenz im Jahre 1577 und die Statuten von Genua von 1589 eine dingliche Wirkung einräumten.

85 Goldschmidt, Handbuch, S. 707 Fn 23; sich anschließend: Münster, Warenpapiere, S. 11.

86 Darreye, Traditionspapiere, S. 43 f.

87 Brunner, ZHR 22, 505 (526).

88 Heymann, FG Dahn, S. 188 f.; so auch: Göder, Lombardgeschäft, S. 48.

89 Übergabe der Vertragsurkunde als symbolische Vollziehung der Besitzeinweisung.

90 Stark vergröbertes und sachlich verändertes römisches Recht in der Zeit nach Kaiser Diokletian (284-305), das auf eine niedrige Stufe der Rechtskultur zurückgesunken ist. (Kaser, Römisches Privatrecht, S. 4 f.)

91 Sich anschließend: Göder, Lombardgeschäft, S. 48; Michaelis, Traditionspapier, S. 28; Schnabel, Lagerschein, S. 35; Mannschatz, Konnossement, S. 30 f.; Nöthling, Traditionspapiere, S. 43; Puttfarken, Seehandelsrecht, S. 38.

92 Sich anschließend: Michaelis, Traditionspapier, S. 28.

93 Brunner, ZHR 22, 505 (526).

94 Königreich in West- und Mitteleuropa zwischen dem 5. und 9. Jahrhundert, das sich auf dem westeuropäischen Gebiet des Römischen Reichs bildete.

Zeit[95] neben einer volksrechtlichen Übereignung an Grundstücken eine schriftliche Übertragung von Grundeigentum mittels traditio cartae, die dem römischen Vulgarrecht entstammte. Es bestand dort der gewohnheitsrechtliche Satz, dass zur Übertragung von Besitz und Eigentum an Grundstücken die Übergabe einer als traditio bezeichneten carta genügte.[96]

Wenn auch die schriftliche Übertragung von Eigentum zunächst auf Immobiliargeschäfte beschränkt war, so gewann doch die traditio cartae allmählich auch für die Rechtsübertragung an beweglichen Sachen Bedeutung. Als ein bekannter römischer Fall stellte sich die Sklavenveräußerung durch Urkundenbegebung dar, die Tradition des Kaufbriefes übertrug das Eigentum am Sklaven.[97] Auch wenn *Brunner* die Sklavenveräußerung mittels Kaufbriefes für eine Besonderheit des Sklavenhandels hält und keine Ausdehnung auf andere Traditionsobjekte gestattet,[98] so knüpfte man später tatsächlich an dieser Stelle an. Die Postglossatoren[99] legten sie möglichst weitgehend aus und bezogen sie sowohl auf Immobilien als auch Mobilien.[100]

Im Mittelalter erfährt die traditio cartae in Südeuropa eine umfassendere Verwendung bei der Übereignung beweglicher Sachen. Unter den italienischen und marseilleser Notariatsurkunden finden sich solche, die die Veräußerung von Mobilien wie z.B. eines Pferdes, eines Maulesels und von sechs Tonnen an Bord eines Schiffes zum Gegenstand haben.[101] Aus dem in der carta gebräuchlichen „vendo et trado“[102] ergibt sich auch der sofortige Eigentumsübergang, für dessen tatsächliche Lieferung Bürgen hafteten.[103] In anderen Fällen heißt es einfach

95 Die Merowinger waren das älteste bekannte Königsgeschlecht der Franken vom frühen 5. Jahrhundert bis zur Mitte des 8. Jahrhunderts.

96 Brunner, Rechtsgeschichte der Urkunde, S. 113 f.; Strohal, Sukzession in den Besitz, S. 9; Heymann, FG Dahn, S. 189.

97 Brunner, Rechtsgeschichte der Urkunde, S. 114 f.; Heymann, FG Dahn, S. 189; Schlenzka, Konnossementsrecht, S. 47.

98 Brunner, Rechtsgeschichte der Urkunde, S. 115 f.

99 Glossatoren waren Juristen der Rechtsschule von Bologna, die seit 1100 das »Corpus Iuris Civilis« durch Randbemerkungen (Glossen) kommentierten und damit verständlicher machten. Abgelöst wurden die Glossatoren durch die Postglossatoren, die mehr auf die praktische Anwendung des Rechts ausgerichtet waren. http://www.lexexakt.de/glossar/glossatoren.php (20.09.2014)

100 Laube, Lagerschein, S. 40; Heymann, FG Dahn, S. 193 f.

101 Heymann, FG Dahn, S. 190 ff.; Honnef, Traditionspapier, S.14.

102 „Ich verkaufe und übergebe“.

103 Heymann, FG Dahn, S. 191; Schlenzka, Konnossementsrecht, S. 47.

„vendo“ ohne „trado“.[104] Demzufolge verschaffte die Übergabe der Urkunde das Recht ohne Rücksicht darauf, ob Besitz überging oder nicht,[105] wobei es durch die Vernachlässigung des Publizitätsprinzips teilweise zu Verwirrungen bezüglich der Eigentümerstellung kam.[106] Sofern die Ausfertigung der Urkunde nicht zugleich mit der Eintragung in das Notariatsregister erfolgte, trat an die Stelle der Begebung der carta die dem Destinatär[107] gewährte Befugnis, sich vom Notar oder Schiffsschreiber eine Ausfertigung ausstellen zu lassen. Auch kam es zu zahlreichen Verpfändungen von Schiffen, Schiffsanteilen und zu versendenden Waren, insbesondere für das Seedarlehen.[108]

Vielfach wird angenommen, dass die Bodmerei aus dem Seedarlehen der Römer hervorgegangen ist[109] und damit ein Zusammenhang besteht zwischen Seedarlehensurkunden und der dinglichen Wirkung des Konnossements.[110] Die Bodmerei war der Darlehensvertrag, mit dem der Gläubiger bei einer Seereise gegen Zusicherung einer Prämie und gegen Verpfändung des Schiffs, der Ladung, der Fracht oder sämtlicher oder mehrerer dieser Objekte durch den Kapitän die Seegefahr übernahm.[111] Das Seedarlehen[112] wurde vom Schiffseigentümer zum Ausrüsten eines Schiffes und zum Ankauf von Waren aufgenommen. Nur bei einem erfolgreichen Ausgang der Reise erhielten die Investoren den Darlehensbetrag zurück und einen hohen nach der Dauer der Seefahrt berechneten Zins.[113] Dieser war einerseits Entgelt für den geliehenen Geldbetrag, andererseits Entgelt für die Übernahme des mit der Seereise an sich verbundenen Risikos und des Risikos der Zahlungsunfähigkeit des Schiffers.[114] Der Schiffseigentümer finanzierte mit dem Seedarlehen also nicht nur teilweise die Seereise, sondern wälzte damit zugleich einen Teil des Risikos auf den Kreditgeber ab. Andererseits verzichtete er dafür auf einen Teil seines voraussichtlichen Gewinns.[115]

---

104 Heymann, FG Dahn, S. 190.

105 Heymann, FG Dahn, S. 191; Honnef, Traditionspapier, S. 14; Mannschatz, Konnossement, S. 31; Nöthling, Traditionspapiere, S. 46.

106 Honnef, Traditionspapier, S. 14.

107 Empfänger im Schiffsfrachtverkehr; Käufer.

108 Heymann, FG Dahn, S. 195; Nöthling, Traditionspapiere, S. 46; Schlenzka, Konnossementsrecht, S. 47.

109 Goldschmidt, Handbuch des Handelsrechts, S. 350.

110 Heymann, FG Dahn, S. 210.

111 http://de.wikipedia.org/wiki/Bodmerei (20.09.2014).

112 lat.. foenus nautictim.

113 Sieveking, Seedarlehen, S. 9.

114 Sieveking, Seedarlehen, S. 10.

115 http://www.juramagazin.de/seedarlehen (20.09.2014).

Durch die Übergabe des Seewechsels mit Pfandklausel erwarb der Wechselgläubiger ein Pfandrecht am Schiff oder an den einzukaufenden Waren zur Sicherung seiner Forderung aus dem Darlehen. War nicht durch Signieren auf den Namen des Gläubigers oder Eintragung in das Schiffsregister die custodia[116] des Gläubigers hergestellt, so war die Übergabe des Konnossements an ihn ein brauchbares Sicherungsmittel, zumal dieses bereits als Orderpapier entwickelt war. Einer dinglichen Wirkung des Konnossements bzw. dessen Übergabe bedurfte es zu dieser Zeit noch nicht, da die Verpfändung der Ware durch die Übergabe des Seewechsels erfolgte, der als carta traditionis fungierte.[117] Um den Wechsel zukünftig aufgrund der Handelbarkeit von der Pfandklausel zu befreien, lag es nahe, dass die Pfandklausel in das Konnossement überging und dieses demzufolge als die carta traditionis fungierte.[118] Damit war die dingliche Wirkung der Konnossementsübergabe gegeben und das Konnossement wurde zum Traditionspapier.[119]

Die europäische Entwicklung der Mobiliarverfügungen ohne Besitzübertragung führte zu einer Verwirrung bezüglich der an den Mobilien begründeten dinglichen Rechtsverhältnisse.[120] Der Besitz als sachenrechtliches Legitimationsmittel war demzufolge doch nicht völlig entbehrlich. Auf römisch-rechtlichem Gebiet forderten die italienischen Juristen, die sog. Glossatoren und Postglossatoren, eine Rückkehr zum römischen Besitzbegriff und versuchten die dingliche Wirkung der traditio cartae auf Grund einer wirklichen Besitzübertragung im Sinne der römischen possessio zu konstruieren, oder sie fingierten einfach dort, wo durch traditio cartae tatsächlich kein Besitz mit überging, das Vorhandensein eines solchen.[121] Auf diese Weise entstand die traditio ficta, die man später in der Form der traditio symbolica[122] (symbolische Tradition) weiterbildete.[123]

---

116 Im klassischen römischen Recht „die Aufsicht". Wer eine Sache eines Gläubigers in Händen hat, haftete danach für das Abhandenkommen der Sache und solche Schäden, welche gerade bei unzureichender Aufsicht üblicherweise entstehen können; http://koeblergerhard.de/zwerga-f.htm (20.09.2014).

117 Heymann, FG Dahn, S. 195, 207.

118 Heymann, FG Dahn, S. 208; Krichauff, Transportpapiere, S. 11.

119 Laube, Lagerschein, S. 46.

120 Nöthling, Traditionspapiere, S. 46.

121 Heymann, FG Dahn, S. 199 f.; Honnef, Traditionspapier, S. 15; Nöthling, Traditionspapiere, S. 46 f.

122 „Die Papiere galten als Symbole der Sache." so Honnef, Traditionspapier, S. 17.

123 Gierke, Deutsches Privatrecht, S. 231; Heymann, FG Dahn, S. 200; Honnef, Traditionspapier, S. 15; Mannschatz, Konnossement, S. 32; Nöthling, Traditionspapiere, S. 47.

In dieser Epoche der Umbildung des übernommenen Römischen Rechts in ein Gebrauchsrecht, daher auch als "usus modernus" bezeichnet, kam der Instrumentalübereignung mehr und mehr Bedeutung zu. [124] In der Folge war die symbolische Tradition einer Sache (dingliche Wirkung) nicht mehr die Besonderheit einiger weniger Papiere, sondern eine Instrumentalübereignung war fast mit jeder Urkunde möglich, die überhaupt "von der Sache redete".[125]

Eine Reaktion gegen die Ausweitung der symbolischen Tradition und einer dementsprechenden Rechtsunsicherheit für den Mobiliarverkehr setzte am Ende des 18. Jahrhunderts mit den großen Kodifikationen ein.[126] Für Deutschland war es vor allem das allgemeine preußische Landrecht, das den Kreis der dinglich wirkenden Urkunden eingrenzte.[127] Es unterschied strikt zwischen dem Besitzerwerb durch Occupation, wonach eine Besitzergreifung unerlässlich war, und dem Besitzerwerb durch Übergabe, wonach die Vornahme symbolischer Handlungen, welche den Besitzbegründungs- und Besitzaufgabewillen hinreichend andeuteten, ausreichte.[128]

Der Ausdehnung der dinglichen Wirkung begegnete letztendlich Savigny Anfang des 19. Jahrhunderts mit seiner Besitzlehre.[129] Er nahm von der traditio ficta Abstand, kehrte zur strengen römischen Besitzlehre zurück und entzog der Übergabe der Urkunde jede dingliche Wirkung.[130] Er wies nach, dass aller Erwerb des Besitzes auf ein und dieselbe körperliche Handlung zurückgeführt werden könne, nämlich die physische Möglichkeit, auf die Sache unmittelbar einzuwirken und jede fremde Wirkung auf sie auszuschließen.[131] Die Savignysche

---

124 Mannschatz, Konnossement, S. 32; Heymann, FG Dahn, S. 202; Nöthling, Traditionspapiere, S. 48; Schlenzka, Konnossementsrecht, S. 47.

125 Nöthling, Traditionspapiere, S. 47 f.; Heymann, FG Dahn, S. 202; Honnef, Traditionspapier, S. 15; Schlenzka, Konnossementsrecht, S. 47.

126 Nöthling, Traditionspapiere, S. 48; Heymann, FG Dahn, S. 201; Honnef, Traditionspapier, S. 15.

127 Honnef, Traditionspapier, S. 15; Nöthling, Traditionspapiere, S. 48.

128 Strohal, Succession in den Besitz, S. 12 f.

129 Bosdas, Konnossement, S. 64; Heymann, FG Dahn, S. 202; Krichauff, Transportpapiere, S. 90; Krüger, Konnossement, S. 22 f.; Münster, Warenpapiere, S. 11 f.; Nöthling, Traditionspapiere, S. 48; Schlenza, Konnossementsrecht, S. 48.

130 Bosdas, Konnossement, S. 64; Mannschatz, Konnossement, S. 32; Feld, Konnossement, S. 54; Heymann, FG Dahn, S. 202; Honnef, Traditionspapier, S. 15; Krichauff, Transportpapiere, S. 90; Krüger, Konnossement, S. 23; Nöthling, Traditionspapiere, S. 48; Schlenzka, Konnossementsrecht, S. 48.

131 V. Savigny, Recht des Besitzes, S. 210.

Besitzlehre verlangte zu allen Sachenrechtsübertragungen eine körperliche Übergabe der Sache.[132] Die juristische Lehre musste eine Lösung finden, sowohl die körperliche Tradition als auch die Urkundenübergabe als Mittel zur Herbeiführung einer dinglichen Wirkung miteinander zu vereinigen. Um sich dieser Aufgabe zu entziehen, leugnete die Rechtswissenschaft die dingliche Wirkung und gestand den Traditionspapieren nur obligatorische Wirkungen zu.[133]

Erst als der Handelsverkehr im Rahmen der Beratung des Allgemeinen Deutschen Handelsgesetzbuches (ADHGB) die Anerkennung der dinglichen Wirkung des Konnossements strikt forderte, erkannte die herrschende Lehre die dingliche Wirkung zumindest für Orderkonnossemente an.[134] In Deutschland bildete Art. 649 ADHGB die erste gesetzliche Grundlage für das Konnossement.[135] Während nach römischem Recht Mobiliarbesitz nur durch körperliche Übergabe übergehen konnte, setzte das ADHGB für das Konnossement die Papierübergabe der Sachübergabe für den Erwerb dinglicher Rechte gleich.[136]

---

132 Honnef, Traditionspapier, S. 15 f.; Nöthling, Traditionspapiere, S. 48; Feld, Konnossement, S. 54.

133 Nöthling, Traditionspapiere, S. 48; Feld, Konnossement, S. 54.

134 Eben-Worlée, Übereignung mittels Konnossement, S. 3; Honnef, Traditionspapier, S. 8; Nöthling, Traditionspapiere, S. 49.

135 Beuth, Orderpapiere, S. 11; Dumke, Konnossement, S. 74; Münster, Warenpapiere, S. 12.

136 V. Arnswaldt, Orderlagerschein, S. 126.

H. Geschichtliche Entwicklung des § 647 HGB

Verfolgt man die Entwicklung des Seerechts, so findet man zunächst nur einzelne lokale Bräuche, nach denen sich die Seeleute und ihre Handelspartner richteten. Aus Gründen der Rechtssicherheit begannen aber schon bald die meisten der seefahrenden Nationen, diese Gebräuche für ihr Gebiet niederzuschreiben.[137] In Deutschland waren es vor allem die Hansestädte, die sich um einheitliche seerechtliche Normen bemühten. Die vereinigten Städte beschlossen sogenannte Recesse, in denen sie das Seerecht für ihr Hoheitsgebiet verbindlich regelten. Daher gab es auch in Preußen zunächst verschiedene Partikularrechte[138] Als im Jahre 1794 das Allgemeine Landrecht für die Preußischen Staaten (ALR) in Kraft getreten ist, enthielt es im elften Abschnitt „Von Rhedern, Schiffern und Befrachtern" (§§ 1389-1765 ALR) sehr ausführliche seerechtliche Bestimmungen.[139]

Im 19. Jahrhundert wurde auch für die deutschen Staaten eine Vereinheitlichung des Seehandelsrechts immer wichtiger. Der deutsche Seehandel hatte, verglichen mit dem Welthandel, erstmalig einen größeren Umfang angenommen.[140] Daher lag es nahe das deutsche Privatseerecht im Rahmen eines allgemeinen Handelsrechtes einheitlich für alle deutschen Staaten zu regeln.[141]

Als Beratungsgrundlage für dieses ADHGB wurde der Entwurf eines Handelsgesetzbuches für die Preußischen Staaten zugrunde gelegt.[142] Aufgrund des praktischen Bedürfnisses des Handels, Waren schnell und sicher umsetzen zu können und zwar auch dann, wenn die Güter sich noch auf dem Transportweg befinden und eine körperliche Übergabe zu diesem Zeitpunkt nicht möglich ist, hat sich der Handel durch eine Art symbolische Übertragung geholfen, indem die Übergabe der Waren durch die Übergabe des Konnossements an den neuen Erwerber vollzogen wird.[143] Dieser Handelsbrauch der Kaufleute wurde in den Entwurf eines Handelsgesetzbuchs für die Preußischen Staaten durch

---

137 Schulz, Entstehung des Seerechts, S. 15.

138 Schulz, Entstehung des Seerechts, S. 17.

139 https://opinioiuris.de/quelle/1623 (06.08.2019); Schulz, Entstehung des Seerechts, S. 18.

140 Schulz, Entstehung des Seerechts, S. 22.

141 Schulz, Entstehung des Seerechts, S. 23.

142 Schulz, Entstehung des Seerechts, S. 31.

143 Entwurf eines HGB, S. 116.

Art. 230 Abs. 2 mit folgendem Wortlaut aufgenommen: „Die Übergabe des indossierten Konnossements oder Duplikats des Frachtbriefs oder Ladescheins an den Indossatar steht der Übergabe der Ware gleich“[144] und damit gesetzlich anerkannt. Die Aushändigung des Konnossements gebe dabei nicht unbedingt das Eigentum an der Ware, sondern zunächst deren Besitz und ein Verfügungsrecht über dieselbe. Ob zugleich das Eigentum übergehe, käme auf das Rechtsgeschäft an, auf dessen Grund die Aushändigung des Konnossements erfolge. Habe z.B. die Ware nur in Kommission gegeben werden sollen, dann gehe auf den Kommissionär, wenn er das Konnossement erhalte, selbstverständlich nicht das Eigentum der Ware über.[145]

In der Beratung zu Art. 230 Abs. 2 des Entwurfs eines Handelsgesetzbuchs für die Preußischen Staaten wurde die Frage, ob die Handelswelt diesem weitgehenden Grundsatz bedarf, hauptsächlich von den Vertretern der Kaufleute bejaht, da es ein Bedürfnis des Handels sei, durch die Aushändigung des Konnossements, wenn auch nicht Eigentum der Ware, so doch wenigstens Besitz und ein Verfügungsrecht über dieselbe zu verleihen. Die Formulierung, dass die Übergabe des Konnossements der Übergabe der Ware gleichstehe, hatte jedoch beträchtliche Bedenken gegen sich. Denn eine Übertragung des Besitzes an der Ware auf den jeweiligen Konnossementsinhaber sei nicht möglich, ohne dass der Schiffer die Intention habe, für ihn zu besitzen. Dies sei schon deshalb nicht der Fall, weil der Schiffer den Konnossementsinhaber in der Regel gar nicht kennt. Außerdem führe die Gleichstellung zu unlösbaren praktischen Schwierigkeiten, wenn mehrere Konnossementsexemplare an verschiedene Inhaber indossiert würden oder das Konnossement an eine andere Person übertragen werde als die Ware.[146] Wenn der Absender mehrere Exemplare an verschiedene Personen abgegeben habe, könne man doch nicht sagen, dass alle im Besitze der Waren seien.[147]

Dagegen wurde jedoch vorgebracht, dass nach Gemeinem Recht der Fall vergleichbar sei, in dem jemand dieselbe Sache verschiedenen Personen nacheinander tradiert. Es habe derjenige Vorrang, dem die Sache zuerst übergeben wurde. Folglich habe bezüglich des Konnossements derjenige den Vorrang, dem das Konnossement zuerst übergeben wurde, beziehungsweise nach dem Grundsatz „Hand wahre Hand“ derjenige, welcher zuerst aufgrund des Konnossements in gutem Glauben die Ware in Empfang genommen hat.[148] Demgemäß wurde in

---

144 Entwurf eines HGB, S. 44.

145 HGB-Protokolle, S. 444.

146 HGB-Protokolle, S. 2219.

147 HGB-Protokolle, S. 444.

148 HGB-Protokolle, S. 445.

Art. 351 des von der Kommission bearbeiteten Entwurfs aus erster Lesung (ohne Seerecht) für den Ladeschein bestimmt: „Die Übergabe des Ladescheins steht der Übergabe der Ladung gleich." Ein in zweiter Lesung (ebenfalls ohne Seerecht) gestellter Antrag auf Streichung dieser Bestimmung wurde abgelehnt und in Art. 388 des Entwurfs aus zweiter Lesung demgemäß bestimmt: „Die Übergabe des Ladescheins steht der Übergabe des Gutes gleich."[149]

Zwischen der zweiten und der dritten Lesung der ersten drei Bücher des preußischen Entwurfs beriet die Kommission in Hamburg vom 26.04.1858 bis zum 22.08.1860 in zwei Lesungen das Seehandelsrecht.[150] In der ersten Lesung über das Seerecht wurde beantragt, jenen für den Ladeschein angenommenen Satz zu streichen und diesen auch nicht für das Konnossement einzuführen, und zwar mit der Begründung, dass es nicht richtig sei, dass die Übergabe des Konnossements der Übergabe der Ware gleich stehe oder der Empfang des Konnossements gleich dem Besitzerwerb der Ware sei.[151] Auch habe der durch das Konnossement begründete „obligatorische Nexus eine solche Zuverlässigkeit, dass sich der Berechtigte schon vor Empfang der Ware getrost so gerieren könne, als hätte er sie wirklich empfangen".[152] Auch dem Verkehrsbedürfnis des Handels würde die Streichung der Vorschrift nicht entgegenstehen, denn „der hauptsächliche Zweck, den der Inhaber des Konnossements zu erreichen wünsche, bestehe darin, dass er aufgrund desselben mit voller Sicherheit über die schwimmende Ladung verfügen könne[153], wozu die Erlangung des Besitzes der Ware nicht erforderlich sei.[154]

Dagegen wurde hervorgebracht, dass die Vorschrift aufgrund der Bedürfnisse des Handelsverkehrs nicht entbehrlich sei, da sich in der Handelswelt die Ansicht gefestigt habe, dass die Auslieferung des Konnossements die volle Herrschaft über die Ware selbst gewähre. Jeder, der aufgrund von Eigentumserwerb oder Pfandrechtserwerb das Konnossement übergeben erhalte, sei der Ansicht, völlig sicher zu sein.[155] Diese Sicherheit dürfe keine eingebildete, sondern müsse eine wirkliche sein oder der Verkehr leide den größten Schaden.[156] Sie lasse sich

149 Lassalle, Besitzverhältnisse, S. 12 f.
150 Schulz, Entstehung des Seerechts, S. 35.
151 HGB-Protokolle, S. 2217.
152 HGB-Protokolle, S. 2217.
153 HGB-Protokolle, S. 2220.
154 Lassalle, Besitzverhältnisse, S. 13 f.
155 HGB-Protokolle, S. 2223 f.
156 HGB-Protokolle, S. 2224.

nur dadurch erreichen, dass man in der Übergabe des Konnossements eine symbolische Übergabe der Ware selbst finde.[157]

Trotz der von der Gegenseite vorgebrachten Bedenken, dass die Übergabe des Konnossements nicht den Besitz der Ware, sondern nur rechtlich die Stelle der Übergabe vertreten solle, und der Verweis auf das ausländische Recht, insbesondere England, wo „nie darüber ein Zweifel bestanden habe, dass die Übergabe des Konnossements die Tradition der Waren zu ersetzen im Stande sei", wurde eine entsprechende Bestimmung über das Konnossement in den Entwurf des Seerechts in erster Lesung nicht aufgenommen und Art. 388 ADHGB wurde gestrichen.[158]

In der zweiten und damit auch letzten Lesung des Seerechts wurden wiederholt Anträge auf Aufnahme des abgelehnten Satzes für das Konnossement gestellt mit der Begründung, dass der Satz „Die Übergabe des Konnossements steht der Übergabe des Gutes gleich", nur bedeuten könne, dass die Übergabe des Konnossements alle diejenigen Rechtswirkungen hervorbringt, welche entstanden wären, wenn der Indossant dem Indossatar das Gut selbst in dem Zeitpunkt der Konnossementsübergabe übergeben hätte. Hieraus würde folgen, dass der Ablader, welcher Eigentümer der Ware ist, und ebenso der Konnossementserwerber, welchem das Konnossement zur Erfüllung eines auf Eigentumsübertragung gerichteten Vertrags übertragen ist, vor der Weiterübertragung des Konnossements über das schwimmende Gut auch ohne Übergabe des Konnossements wirksam verfügen könnte.[159]

Am 14.03.1861 legte die Gesetzgebungskommission der Bundesversammlung den Entwurf eines Handelsgesetzbuches vor.[160] Mit Rücksicht auf die Verkehrsanschauung und die Handelsinteressen wurde Art. 649 in das ADHGB in folgender Fassung aufgenommen: „Die Übergabe des an Order lautenden Konnossements an denjenigen, welcher durch dasselbe zur Empfangnahme legitimiert wird, hat, sobald die Güter wirklich abgeladen sind, für den Erwerb der von der Übergabe der Güter abhängigen Rechte dieselben rechtlichen Wirkungen wie die Übergabe der Güter."[161] Für Inhaber- und Rektakonnossemente

157 HGB-Protokolle, S. 2223 f.

158 HGB-Protokolle, S. 2226.

159 HGB-Protokolle, S. 4022 f.

160 Schulz, Entstehung des Seerechts, S. 36.

161 Goldschmidt, Handbuch des Handelsrechts, S. 717; Heymann, FG Dahn, S. 137; Krüger, Konnossement, S. 23; Lassalle, Besitzverhältnisse, S. 16; Schlodtmann, Konnossement, S. 8 f.

sowie für den Ladeschein und den Lagerschein wurde keine entsprechende Norm aufgenommen.[162] Fast alle zum Deutschen Bund gehörigen Staaten führten diesen Gesetzentwurf in den Jahren 1861 bis 1865 unter dem Namen „Allgemeines Deutsches Handelsgesetzbuch" ein.[163]

Auch Art. 14 Nr. 1 des Einführungsgesetzes zur Reichskonkursordnung[164] aus dem Jahre 1877 besagte, dass das Absonderungsrecht des Pfandgläubigers im Konkurse auch ohne Übergabe der Sache bestehe, „sofern nach den Reichsgesetzen oder Landesgesetzen die Übergabe von Konnossementen und ähnlichen Papieren über Waren oder andere bewegliche Sachen der Übergabe derselben [...] gleichstehe." Dieser für die Landesgesetzgebung enthaltene Vorbehalt wurde ausgefüllt durch § 5 des Ausführungsgesetzes zur Deutschen Konkursordnung[165], wonach „bei der Verpfändung von aufgespeicherten oder niedergelegten Waaren, Fabrikaten, Boden- oder Bergwerkserzeugnissen sowie auf dem Transport befindlichen Gütern die Übergabe des auf den Gläubiger übertragenen Konnossements, Ladescheins, Lagerscheins oder ähnlichen Papiers der Übergabe der Sache gleichsteht, sofern der Gläubiger mittels des Papiers in der Lage ist, über den Gegenstand der Verpfändung zu verfügen."

Die Gesetzgebung des Deutschen Reichs hat sodann im zweiten Entwurf zum neuen HGB[166] aus dem Jahre 1897 diesen Rechtssatz für das Konnossement in § 639 übernommen und dabei die frühere Beschränkung auf Orderkonnossemente aufgehoben.[167] § 639 des Entwurfs zum neuen HGB ist in § 647 des neuen HGB unverändert Gesetz geworden.[168] Nach § 647 HGB a.F. hat die Übergabe des Konnossements an denjenigen, welcher durch das Konnossement zur Empfangnahme legitimiert wird, sobald die Güter von dem Schiffer oder einem anderen Vertreter der Reeders zur Beförderung übernommen sind, für den Erwerb von Rechten an den Gütern dieselben Wirkungen wie die Übergabe der Güter. Diese Bestimmung weicht in mehreren Punkten von Art. 649 ADHGB ab. Zum einen gab es keine Beschränkung mehr auf das Orderkonnossement. Die Vorschrift galt daher sowohl für Order- als auch für Inhaber- und Namenskonnossemente. Zum anderen wurde hinsichtlich des Beginns der dinglichen

162 Heymann, FG Dahn, S. 137; Krichauff Transportpapiere, S. 83; Krüger, Konnossement, S. 23.
163 Schulz, Entstehung des Seerechts, S. 37.
164 Einführungsgesetz zur Konkursordnung für das Deutsche Reich vom 10.02.1877.
165 Preußisches Ausführungsgesetz zur Deutschen Konkursordnung vom 06.03.1879.
166 Der erste Entwurf zum neuen HGB aus dem Jahr 1896 enthielt kein Seerecht.
167 Denkschrift in: Hahn und Mugdan, S. 424; Schlodtmann, Konnossement, S. 9.
168 Lassalle, Besitzverhältnisse, S. 16; Schlodtmann, Konnossement, S. 9.

Wirkung nicht mehr auf die „Abladung der Güter“, sondern auf die „Übernahme der Güter“ abgestellt.[169]

Ein weiterer Unterschied besteht in den Worten „die von der Übergabe abhängigen Rechte“ des Art. 649 ADHGB und „Rechten an den Gütern“ in § 647 HGB a.F., die den Umfang der Traditionswirkung umschreiben sollen. Da es eine umstrittene Frage war, ob der Besitz „ein von der Übergabe abhängiges Recht“ sei, änderte der Gesetzgeber bei Abfassung des HGB den Wortlaut und wählte den jeglichen Besitzübergang ausschließenden Ausdruck „Rechte an den Gütern“.[170]

169 Schlenzka, Konnossementsrecht, S. 50; Pappenheim, Seerecht III, S. 345.
170 Schlenzka, Konnossementsrecht, S. 50; Pappenheim, Seerecht III, S. 345.

I. Das 4. Seerechtsänderungsgesetz

Mit dem 4. Seerechtsänderungsgesetz vom 20. April 2013[171] wurde die Traditionswirkung des Konnossements in § 524 HGB (§ 650 HGB a.F.) neu formuliert bzw. geregelt. § 524 S. 1 HGB lautet nun wie folgt:

> „Die Begebung des Konnossements an den darin benannten Empfänger hat, sofern der Verfrachter das Gut im Besitz hat, für den Erwerb von Rechten an dem Gut dieselben Wirkungen wie die Übergabe des Gutes.“

§ 650 HGB a.F. lautete:

> „Die Übergabe des Konnossements, an den, der durch das Konnossement zur Empfangnahme legitimiert wird, hat, sobald die Güter von dem Kapitän oder einem anderen Vertreter des Verfrachters zur Beförderung übernommen sind, für den Erwerb von Rechten an den Gütern dieselben Wirkungen wie die Übergabe der Güter.“

§ 524 HGB	**§ 650 HGB a.F.**
Die Begebung des Konnossements	Die Übergabe des Konnossements
an den darin benannten Empfänger hat	an den, der durch das Konnossement zur Empfangnahme legitimiert wird
sofern der Verfrachter das Gut im Besitz hat	sobald die Güter von dem Kapitän oder einem anderen Vertreter des Verfrachters zur Beförderung übernommen sind
für den Erwerb von Rechten an dem Gut dieselben Wirkungen wie die Übergabe des Gutes.	für den Erwerb von Rechten an den Gütern dieselben Wirkungen wie die Übergabe der Güter.

Canaris war der Ansicht, dass „zwei Federstriche des Gesetzgebers, durch welche die beiden Präzisierungen des Wortlauts der §§ 448, 475g HGB und § 650 HGB a.F. vorgenommen würden, ausreichend wären, um das gesamte Problemfeld im Wesentlichen zu bereinigen und dem Text des Gesetzes zu uneingeschränkter Subsumtionsfähigkeit zu verhelfen.“[172] Er schlug zwei Präzisierungen des

171 BGBl. vom 24. April 2013.
172 Canaris in GK-HGB, § 363 Rn 166.

Wortlauts im Wege der Rechtsfortbildung vor: „…, dass die Übertragung[173] des Papiers dieselben Wirkungen wie die Übergabe des Gutes hat, sofern der Schuldner des verbrieften Herausgabeanspruchs Besitz[174] an diesem hat.“[175]

Laut Abschlussbericht der Sachverständigengruppe zur Reform des Seehandelsrechts wurden, die von *Canaris* vorgeschlagenen Formulierungen wörtlich übernommen:[176]

> „Die Übertragung des Konnossements an den darin benannten Empfänger hat, sofern der Verfrachter Besitz an dem Gut hat, für den Erwerb von Rechten an dem Gut dieselben Wirkungen wie die Übergabe des Gutes. Gleiches gilt für die Übertragung des Konnossements durch Indossament.“[177]

Der Referentenentwurf des Bundesministeriums der Justiz hatte diese Formulierung in § 524 HGB mit wenigen Änderungen übernommen:

> „Die Übertragung des Konnossements an den darin benannten Empfänger hat, sofern der Verfrachter das Gut im Besitz hat, für den Erwerb von Rechten an dem Gut dieselben Wirkungen wie die Übergabe des Gutes. Gleiches gilt für die Übertragung des Konnossements an Dritte durch Indossament.“[178]

Der Gesetzentwurf der Bundesregierung stellte anstelle der „Übertragung des Konnossements“ auf die „Begebung des Konnossements“ ab:[179]

---

173 Canaris in GK-HGB, § 363 Rn 163: „Denn die Traditionswirkung kann nur auf dem Übergang des verbrieften Herausgabeanspruchs beruhen.“

174 Canaris in GK-HGB, § 363 Rn 164: hier wendet Canaris eine teleologische Reduktion an, da die Traditionswirkung auf dem Übergang des verbrieften Herausgabeanspruchs beruht und dieser mangels Besitz nicht besteht.

175 Canaris in: GK-HGB, § 363 Rn 165.

176 Rabe, TranspR 2015, 429 (431).

177 Abschlussbericht der Sachverständigengruppe zur Reform des Seehandelsrechts 2009, S. 123, https://www.bundesgerichtshof.de/SharedDocs/Downloads/DE/Bibliothek/Gesetzesmaterialien/17_wp/SeehandelsR/abschlussb.pdf;jsessionid=145643CEF345DA59A094A05B7D43FBA2.1_cid359?__blob=publicationFile&v=1 (20.07.2019).

178 Referentenentwurf des Bundesministeriums der Justiz vom 05.05.2011, S. 32, https://www.bundesgerichtshof.de/SharedDocs/Downloads/DE/Bibliothek/Gesetzesmaterialien/17_wp/SeehandelsR/refe.pdf;jsessionid=145643CEF345DA59A094A05B7D43FBA2.1_cid359?__blob=publicationFile&v=1 (20.07.2019).

179 Gesetzentwurf der Bundesregierung vom 30.04.2012, S. 34, https://www.bundesgerichtshof.de/SharedDocs/Downloads/DE/Bibliothek/Gesetzesmaterialien/17_wp/SeehandelsR/rege.pdf;jsessionid=DDF7758E223882BA0886928B635A89C9.2_cid294?__blob=publicationFile&v=1 (21.07.2019).

> „Die Begebung des Konnossements an den darin benannten Empfänger hat, sofern der Verfrachter das Gut im Besitz hat, für den Erwerb von Rechten an dem Gut dieselben Wirkungen wie die Übergabe des Gutes. Gleiches gilt für die Übertragung des Konnossements an Dritte."

Die Änderung des Wortlauts in „Begebung" wird damit begründet, dass § 524 Satz 1 HGB den Fall der Begründung der wertpapierrechtlichen Verpflichtungen aus dem Konnossement erfasse. Damit soll auch der Fall der Übertragung an den ersten Nehmer eines Rekta- oder Orderpapiers erfasst werden, wenn dieser im Papier als Empfänger benannt ist, denn auch das Rektakonnossement wird begeben, kann allerdings nicht wertpapiermäßig vom ersten Nehmer weiter übertragen werden.[180] Ebenso wie beim Orderkonnossement erhält der in einem Rektakonnossement genannte Empfänger seine Rechte durch Begebung des Konnossements.[181] Mit dem schuldrechtlichen Begebungsvertrag entsteht die im Wertpapier verbriefte Verbindlichkeit. Durch den sachenrechtlichen Begebungsvertrag wird das im Wertpapier verbriefte Recht wie eine Sache gemäß § 929 BGB übertragen.[182] Der mehrdeutige Begriff „Übertragung" hätte insoweit Zweifel aufkommen lassen können. Daher ist dieser Begriff durch „Begebung des Konnossements" ersetzt worden.[183] Nach *Rabe* habe sich inhaltlich gegenüber dem Vorschlag der Sachverständigengruppe nichts geändert. Dies ergebe sich auch aus § 522 Abs. 2 HGB, in dem ebenfalls „übertragen" durch „begeben" ersetzt wurde, ohne dass diese Änderung in der Begründung zum Regierungsentwurf besonders erwähnt wird.[184]

---

180 BT-Drucks. 17/10309, S. 99.

181 BT-Drucks. 17/10309, S. 97.

182 Creifelds, Rechtswörterbuch, S. 186.

183 Rabe in: Rabe/Bahnsen, Seehandelsrecht, § 524 Rn 7; Rabe, TranspR 2015, 429 (431).

184 Rabe, TranspR 2015, 429 (431); BT-Drucks. 17/10309, S. 97: „Die Regelung entspricht im Wesentlichen dem Vorschlag der Sachverständigengruppe (§ 504)."

J. Voraussetzungen der Traditionswirkung

Nach § 524 HGB hat die Begebung des Konnossements an den darin benannten Empfänger, sofern der Verfrachter das Gut im Besitz hat, für den Erwerb von Rechten an dem Gut dieselben Wirkungen wie die Übergabe des Gutes. Die Voraussetzungen für die dingliche Wirkung sind:

1. der Besitz des Verfrachters und
2. die Begebung des Konnossements, d.h. Übereignung des Traditionspapiers (Eigentum am Papier und obligatorische Rechte aus dem Papier werden erlangt).

I. Besitz des Verfrachters

Die Traditionswirkung wird nur dann vom Gesetz angeordnet, wenn der Verfrachter bzw. der Lagerhalter das Gut im Besitz hat. Danach muss zunächst der Verfrachter oder ein Vertreter die Güter übernehmen und diese als Fremdbesitzer in seinem mittelbaren oder unmittelbaren[185] Besitz haben.[186] Die Übernahme der Güter durch den Verfrachter und das damit entstehende tatsächliche Herrschaftsverhältnis des Verfrachters über die Güter bildet somit die Grundlage der dinglichen Wirkung. Denn vor einer solchen Übernahme fehlt es an jeglicher sachenrechtlichen Beziehung zwischen dem Aussteller des Traditionspapiers und dem Gut. Daher kann eine Verfügung mittels Traditionspapiers noch nicht in Betracht kommen.[187] Da der Verfrachter nach der Übernahme in der Regel die tatsächliche Sachherrschaft unmittelbar ausübt, ist er unmittelbarer Besitzer der Waren.

II. Begebung des Traditionspapiers

Der Begriff „Begebung" erfasst nach dem Gesetzesentwurf der Bundesregierung die Begründung der wertpapierrechtlichen Verpflichtungen aus dem

185 Heyck, Seefrachtvertrag, S. 15.

186 Hesse in MüKo, HGB, § 475g Rn 8; Herber in MüKo, HGB, § 524 Rn 7, der das Ausreichen des mittelbaren Besitzes als h.M. ansieht; Gehrke, Transportdokument, S. 102; Gönen, Einwendungen des Verfrachters, S. 20.

187 Canaris in: GK-HGB, § 363 Rn 106.

Konnossement.[188] Der Empfänger erhält seine Rechte aus dem Konnossement durch die Begebung desselben.

Fraglich ist, ob die Übergabe des Papiers auch durch Übergabesurrogate ersetzt werden kann. Diese Frage hat erhebliche praktische Bedeutung, weil Traditionspapiere nicht selten bei einem Dritten, wie zum Beispiel bei einem Kreditinstitut, gelagert werden und Verfügungen über sie dann nicht durch ihre körperliche Übergabe, erfolgen können.[189] Zum Teil wird vertreten, dass aufgrund der Eigenschaft des Konnossements als Traditionspapier nur dessen tatsächliche Übergabe die Traditionswirkung auslösen könne und der Übergabe nicht die Übergabesurrogate der §§ 930, 931 BGB gleichzustellen seien.[190]

Der Wortlaut der §§ 448, 475g, 524 HGB, wonach die Übergabe des Traditionspapiers an den darin bezeichneten Empfänger erfolgt, könnte den Schluss nahe legen, dass für die Traditionswirkung die Verschaffung des unmittelbaren Besitzes an dem Papier nötig ist, da sich eine Legitimation nur aus dem unmittelbaren Besitz des Konnossements ergeben könne. Die Gesetzesformulierung ist aber als abkürzende Ausdrucksweise für die Übertragung des Papiers und des darin verbrieften Herausgabeanspruchs zu verstehen.[191] Somit kann die Übergabe des Papiers auch durch ein Übergabesurrogat und somit die Übertragung mittelbaren Besitzes ersetzt werden.[192] Denn dieses reicht auch sonst für die Übertragung eines Orderpapiers aus.[193]

Nicht erforderlich ist die Übergabe des vollen Satzes, den sog. „full set", aller Konnossementsausfertigungen,[194] und zwar auch nicht bei der Verpfändung der

188 BT-Drucks. 17/10309, S. 99.

189 Canaris in: GK-HGB, § 363 Rn 104.

190 Schaps/Abraham, Seehandelsrecht, § 650 Rn 14; Liesecke in: Schlegelberger/Liesecke, § 650 Anm. 5; Dumke, Konnossement, S. 80 f.; Gönen, Einwendungen des Verfrachters, S. 21; Heyck, Seefrachtvertrag, S. 15; Killig, Ladeschein, S. 38; Mai, Traditionspapiere, S. 125 f.; Schnauder, NJW 1991, 1642(1645); a.A. Canaris in: GK-HGB, § 363 Rn 163; Langenbucher in: MüKo, HGB, § 363 Rn 62, die ein Übergabesurrogat ausreichen lassen.

191 BT-Drucks. 17/10309, S. 99; Canaris in: GK-HGB, § 363 Rn 103.

192 Langenbucher in: MüKo, HGB, § 363 Rn 62; Canaris in: GK-HGB, § 363 Rn 104; Makower, HGB, § 424 Anm. I c 1; Pappenheim, Seerecht III, S. 351; Jacobi in: Ehrenbergs Handbuch, S. 548.

193 Langenbucher in: MüKo, HGB, § 363 Rn 62.

194 Schaps/Abraham, Seehandelsrecht, § 650 Rn 14; Liesecke in: Schlegelberger/Liesecke, § 650 Anm. 5; Rabe, Seehandelsrecht, § 650 Rn 9; Dumke, Konnossement, S. 80; Gönen, Einwendungen des Verfrachters, S. 21; Hermann, Abladegeschäft, S. 69;

Güter.[195] Dieser Schluss kann aus § 521 Abs. 3 S. 1 HGB gezogen werden, der als Legitimation eine Konnossementsausfertigung genügen lässt. Auch wäre es technisch unmöglich, die schwimmenden Waren mit Hilfe des Konnossements erst zu verpfänden und dann zu veräußern.[196]

1. Übertragung des verbrieften Anspruchs

Notwendig ist eine Übertragung des verbrieften Anspruchs unter Beachtung der wertpapierrechtlichen Erfordernisse. Das Konnossement kann als Order-, Namens- oder Inhaberkonnossement ausgestellt werden. Daher muss hinsichtlich der Übertragung des Rechts aus dem Konnossement differenziert werden.

a) Rektakonnossement

Rektapapiere (Namenspapiere) sind solche Wertpapiere, die eine namentlich bezeichnete Person als berechtigt ausweisen.[197] Nur der namentlich Berechtigte oder sein Rechtsnachfolger, der den Rechtsübergang nachweisen muss, ist zur Geltendmachung des Anspruchs befugt.[198] Die im Rektapapier verbriefte Forderung wird durch Abtretung gemäß § 398 BGB übertragen. Das Recht am Papier folgt dem Recht aus dem Papier.[199] Die Übergabe des Papiers ist zum Rechtserwerb nur in bestimmten Fällen erforderlich, z.B. bei der Hypothek gemäß § 1154 Abs. 1 BGB.[200] Die Ware wird bei einem Rektakonnossement an den namentlich bezeichneten Empfänger übergeben, der seine Identität nachzuweisen hat. Hat

Wüstendörfer, Seehandelsrecht, S. 311; a.A. Wolff, ZHR 58, 619(623), der bei der Verpfändung den vollen Satz verlangt.

195 Schaps/Abraham, Seehandelsrecht, § 650 Rn 14; Liesecke in: Schlegelberger/Liesecke, § 650 Anm. 5; Dumke, Konnossement, S. 80; Wüstendörfer, Seehandelsrecht, S. 311; a.A. Jacobi in: Ehrenbergs Handbuch, S. 549; Wolff, ZHR 58, 619(623), die bei der Verpfändung den vollen Satz der Traditionspapierexemplare verlangen, da ansonsten der Verpfänder noch eine Einwirkungsmöglichkeit hätte.

196 Schaps/Abraham, Seehandelsrecht, § 650 Rn 14; Wüstendörfer, Seehandelsrecht, S. 311.

197 Sprau in: Palandt, BGB, Einf v § 793 Rn 2; Brox/Henssler, Handelsrecht, Rn 530; Hueck, Recht der Wertpapiere, S. 13.

198 Sprau in: Palandt, BGB, Einf v § 793 Rn 2; Hueck, Recht der Wertpapiere, S. 13 f.

199 Brox/Henssler, Handelsrecht, Rn 530; Hueck, Recht der Wertpapiere, S. 14.

200 Brox/Henssler, Handelsrecht, Rn 532; a.A.: Schaps/Abraham, Seehandelsrecht, Vor § 642 Rn 19, § 650 Rn 1: wonach immer die Übergabe der Urkunde erfolgen muss.

er seine Rechte aus dem Konnossement abgetreten, so muss der Papierinhaber seine Berechtigung mit außerhalb des Papiers liegenden Mitteln nachweisen.[201]

Aufgrund des 4. Seerechtsänderungsgesetzes vom 20. April 2013 kommt der Empfänger eines Rektakonnossements in gleicher Weise wie der Erwerber eines Orderkonnossements in den Genuss des Gutglaubensschutzes bezüglich der Beschreibung und der Mängelfreiheit des Gutes, da der erste Nehmer des Papiers nun über § 522 Abs. 2 HGB geschützt wird.[202]

b) Inhaberkonnossement

Enthält das Konnossement weder eine Orderklausel noch den Namen eines bestimmten Empfängers, so handelt es sich um ein Inhaberkonnossement. Inhaberpapiere sind solche Wertpapiere, die den jeweiligen Inhaber als berechtigt ausweisen, das im Papier verbriefte Recht geltend zu machen.[203] Der Aussteller verspricht die Leistung an den jeweiligen Inhaber des Wertpapiers aufgrund des widerleglichen Rechtsscheins der Inhaberschaft.[204] Die Übertragung der Forderung erfolgt nach sachenrechtlichen Grundsätzen durch Übereignung des Papiers, also durch Einigung über den Eigentumsübergang bezüglich der Urkunde und deren Übergabe bzw. durch Vereinbarung eines Übergabesurrogats. Das Recht aus dem Papier folgt demnach dem Recht am Papier.[205] In der Praxis kommt das Inhaberkonnossement wegen der damit verbundenen Verlustgefahr kaum vor.[206]

c) Orderkonnossement

Der Regelfall ist die Ausstellung eines Orderkonnossements. Nach § 513 Abs. 1 HGB hat der Verfrachter dem Ablader auf dessen Verlangen ein Orderkonnossement auszustellen, sofern nicht etwas Abweichendes vereinbart ist. Orderpapiere nehmen eine Stellung zwischen Rekta- und Inhaberpapieren ein. Zum einen benennen sie den Berechtigten namentlich, zum anderen kann das verbriefte Recht durch Indossament gemäß § 363 Abs. 2 HGB übertragen

---

201 Gehrke, Transportdokument, S.97.

202 BT-Drucks. 17/10309, S. 97; Herber, FS Magnus, S. 676, 682.

203 Brox/Henssler, Handelsrecht, Rn 521; Hueck, Recht der Wertpapiere, S. 15.

204 Sprau in: Palandt, BGB, Einf v § 793 Rn 3; Hueck, Recht der Wertpapiere, S. 15.

205 Rabe, Seehandelsrecht, § 647 Rn 1; Schaps/Abraham, Seehandelsrecht, Vor § 642 Rn 19; Abraham, Das Seerecht, S. 169 f.; Brox/Henssler, Handelsrecht, Rn 523; Hueck, Recht der Wertpapiere, S. 15.

206 Vgl. Herber, FS Magnus, S. 676.

werden.[207] Die Übertragung der Forderung erfolgt durch Übereignung des indossierten Papiers. Neben der Einigung und der Übergabe nach §§ 929 ff. BGB muss der das Recht Übertragende ein Indossament zugunsten des Erwerbers auf das Papier setzen und es unterschreiben. Er muss seinerseits vorher in der Urkunde als Berechtigter namentlich bezeichnet sein. [208]

Das Indossament ist der schriftliche Übertragungsvermerk auf einem Orderpapier, durch den die Rechte aus dem Orderpapier ganz oder teilweise auf einen neuen Begünstigten übertragen werden sollen.[209] Der Aussteller verspricht „an A oder dessen Order" leisten zu wollen. A setzt nun, wenn er das Papier übertragen will, auf dieses den Vermerk „für mich an die Order von B". Dadurch wird in Verbindung mit der Übergabe des Wertpapieres an B das Recht auf B übertragen.[210]

Gemäß § 364 Abs. 1 HGB gehen durch das Indossament alle Rechte aus dem indossierten Papier auf den Indossatar über.

Die Forderung aus einem Orderpapier kann auch durch eine einfache formlose Abtretung der Rechte nach § 398 BGB und Übergabe der Urkunde übertragen werden. Eine solche Übertragung hat aber nicht die spezifischen Wirkungen eines Indossaments.[211]

Nur das Orderkonnossement in ein Wertpapier im engeren Sinne, das durch Übergabe und Indossament übertragen werden kann und den gutgläubigen Erwerber aufgrund der Beweisfunktion schützt.[212]

2. Einigung bezüglich der Rechtsänderung an der Sache

Neben der Übereignung des Scheins bedarf es zusätzlich einer Einigung über den Eigentumsübergang[213] bzw. über die Bestellung eines beschränkt dinglichen Rechts an der Ware.[214] Dies ergibt sich unmittelbar aus dem Wortlaut des

207 Sprau in: Palandt, BGB, Einf v § 793 Rn 4; Hueck, Recht der Wertpapiere, S. 14.
208 Brox/Henssler, Handelsrecht, Rn 525.
209 Brox/Henssler, Handelsrecht, Rn 525.
210 Hueck, Recht der Wertpapiere, S. 14.
211 Schaps/Abraham, Seehandelsrecht, § 647 Rn 4; Brox/Henssler, Handelsrecht, Rn 534, 531; Darreye, Traditionspapiere, S. 2.
212 Herber, FS Magnus, S. 676.
213 Langenbucher in: MüKo, HGB, § 363 Rn 61; Gass in: Ebenroth/Boujong/Joost, HGB, § 448 Rn 3; Canaris in: GK-HGB, § 363 Rn 105; Horn in: Heymann, HGB, § 363 Rn 25; Zöllner, Wertpapierrecht, § 25 IV 1.
214 Canaris in: GK-HGB, § 363 Rn 105; Stengel, Traditionsfunktion, S. 163.

Gesetzes. § 524 HGB ordnet an, dass die Übergabe des Konnossements lediglich dieselben Wirkungen hat wie die Übergabe des Gutes. Gemäß § 929 S. 1 BGB ist zur Übertragung des Eigentums die Einigung über den Eigentumsübergang zusätzlich zur Übergabe der Sache erforderlich. Auch aus praktischen Gründen kann auf eine Einigung nicht verzichtet werden, da sich erst aus ihrem Inhalt ergibt, ob die Übertragung des Eigentums oder eine andere Verfügung gewollt ist.[215]

III. Legitimation des Erwerbers

Gemäß § 519 S. 2 HGB wird zugunsten des legitimierten Besitzers des Konnossements vermutet, dass er der aus dem Konnossement Berechtigte ist. Nach § 519 S. 3 HGB ist legitimierter Besitzer des Konnossements, wer ein Konnossement besitzt, das auf den Inhaber lautet, an Order lautet und den Besitzer als Empfänger benennt oder durch eine ununterbrochene Reihe von Indossamenten ausweist oder auf den Namen des Besitzers lautet. Diese formelle Legitimation des Konnossementsinhabers muss zur Übergabe des Konnossements hinzutreten. Sie bestimmt sich nach den Regeln des Wertpapierrechts.

Bei einem Orderkonnossement ist dies der Inhaber bzw. der letzte Indossatar, auf den eine ununterbrochene Indossamentenkette hinführt.[216] Bei einem Rektakonnossement ist es der im Konnossement benannte Empfänger oder derjenige, dem der Empfänger das Konnossement unter Abtretung seiner Ansprüche übertragen hat.[217] Bei einem Inhaberkonnossement ergibt sich die formelle Legitimation aus der Vorlage des Papiers, da die Vermutung sachlicher Berechtigung für den Besitzer besteht.[218] Die Legitimation kann jedoch auch durch außerhalb der Urkunde liegende Nachweise geführt oder vervollständigt werden, insbesondere durch den Nachweis ihrer Abtretung oder der Gesamtnachfolge.[219]

215 Canaris in: GK-HGB, § 363 Rn 105.

216 Brox/Henssler, Handelsrecht, Rn 526; Heyck, Seefrachtvertrag, S. 16; Honnef, Traditionspapier, S. 4.

217 Rabe, Seehandelsrecht, § 650 Rn 10; Prüssmann, HGB, § 650 Anm. C 3b; Heyck, Seefrachtvertrag, S. 156; Honnef, Traditionspapier, S. 4.

218 Brox/Henssler, Handelsrecht, Rn 522; Heyck, Seefrachtvertrag, S. 16; Honnef, Traditionspapier, S. 4.

219 Schaps/Abraham, Seehandelsrecht, § 650 Rn 15; Heyck, Seefrachtvertrag, S. 16.

K. Verfügung über das Gut ohne Traditionspapier

Mit der Ausstellung eines Traditionspapiers ist der Anspruch auf Herausgabe des Gutes im Wertpapier verbrieft und es stellt sich die Frage, ob infolgedessen ausschließlich mit dem Traditionspapier über die Ware verfügt werden kann und die sachenrechtlichen Übereignungsregeln gesperrt sind, oder ob auch ohne Übergabe der Urkunde über das Gut verfügt werden kann. Die Möglichkeit zu Verfügungen über das Gut nach den allgemeinen Normen des BGB wird durch die Ausstellung eines Traditionspapiers grundsätzlich nicht berührt.[220]

Der Besitz als solcher ist bei der Übertragung von Rechten an beweglichen Sachen der Publizitätsträger im deutschen Recht. Daher ist eine Verfügung durch Einigung und unmittelbarer Besitzverschaffung nach § 929 S. 1 BGB ohne weiteres möglich.[221] Die Übereignung des Gutes nach § 929 S. 1 BGB durch Einigung und Übergabe der Ware ist daher auch ohne Übergabe eines Traditionspapiers möglich.[222] Dies ist beispielsweise der Fall, wenn das

220 BGHZ 49, 160(162); Hefermehl in: Schlegelberger, HGB, § 363 Rn. 58; Liesecke in: Schlegelberger/Liesecke, § 650 Anm. 10; Gadow in: Staub, HGB, § 365 Anm. 10; Rabe in: Rabe/Bahnsen, Seehandelsrecht, § 524 Rn 17; Rabe, Seehandelsrecht, § 650 Rn 15; Helm in: GK-HGB, § 450 Rn 7; Langenbucher in: MüKo, HGB, § 363 Rn 73; Herber/Harm in MüKo, HGB, § 448 Rn 6; Baur/Stürner, § 51 Rn 40; Brox/Henssler, Handelsrecht, Rn 642; Dumke, Konnossement, S. 91; Eichler, Sachenrecht, S. 149; Hermann, Abladegeschäft, S. 73; Hueck/Canaris, Wertpapiere, S. 204; Münster, Warenpapiere, S. 47; Schumann, Handelsrecht, S. 644; a.A. v. Schwerin, Recht der Wertpapiere, S. 210, der eine Übergabe nur mittels Konnossements zulässt.

221 BGHZ 49, 160(162); Hefermehl in: Schlegelberger, HGB, § 363 Rn. 58; Liesecke in: Schlegelberger/Liesecke, § 650 Anm. 10; Gadow in: Staub, HGB, § 365 Anm. 10; Canaris in: GK-HGB, § 363 Rn 142; Rabe in: Rabe/Bahnsen, Seehandelsrecht, § 524 Rn 17; Baur/Stürner, § 51 Rn 40; Dumke, Konnossement, S. 91; Eichler, Sachenrecht, S. 149; Hermann, Abladegeschäft, S. 73; Münster, Warenpapiere, S. 47; Schumann, Handelsrecht, S. 644.

222 BGH, Urteil vom 12.03.1952, Az. I ZR 90/51; Liesecke in: Schlegelberger/Liesecke, § 650 Anm. 10; Gadow in: Staub, HGB, § 365 Anm. 10; Langenbucher in: MüKo, HGB, § 363 Rn 73; Rabe in: Rabe/Bahnsen, Seehandelsrecht, § 524 Rn 17; Dumke, Konnossement, S. 91; Eichler, Sachenrecht, S. 149; Hermann, Abladegeschäft, S. 73; Münster, Warenpapiere, S. 47; Schmidt, Handelsrecht, § 24 III 4.

Konnossement im Bestimmungshafen noch nicht vorliegt, das Gut jedoch an den als Empfänger bezeichneten ausgehändigt wird.[223] Eine Übergabe der Güter durch den Berechtigten ist allerdings bei den auf See befindlichen Waren selten. Vielmehr kommt ein Erwerb vom Nichtberechtigten nach §§ 929, 932 BGB in Betracht.

Auch eine Übereignung der Ware durch Einigung und Abtretung des Herausgabeanspruchs nach § 931 BGB ist zulässig.[224] Dafür ist jedoch die gleichzeitige Übergabe des Traditionspapiers erforderlich,[225] da der Anspruch auf

223 Liesecke in: Schlegelberger/Liesecke, § 650 Anm. 10; Gadow in: Staub, HGB, § 365 Anm. 10; Hermann, Abladegeschäft, S. 73.

224 Schaps/Abraham, Seehandelsrecht, § 650 Rn. 18; Hefermehl in: Schlegelberger, HGB, § 363 Rn. 58; Liesecke in: Schlegelberger/Liesecke, § 650 Anm. 11; Gadow in: Staub, HGB, § 365 Anm. 10, der dies für den Fall eines nicht oder nicht richtig indossierten Dispositionspapiers annimmt und dingliche Wirkung zuspricht; Canaris in: GK-HGB, § 363 Rn 142; Langenbucher in: MüKo, HGB, § 363 Rn 73, die dies mit den allgemeinen wertpapierrechtlichen Grundsätzen begründet; Herber/Harm in MüKo, HGB, § 448 Rn 6; Rabe in: Rabe/Bahnsen, Seehandelsrecht, § 524 Rn 18; Abraham, Das Seerecht, S. 173; Abraham, Lagerschein, S. 107; Baur/Stürner, § 51 Rn 40; Beuth, Orderpapiere, S. 82; Brox/Henssler, Handelsrecht, Rn 642; Dumke, Konnossement, S. 91; Jacobi in: Ehrenbergs Handbuch, S. 547; Eichler, Sachenrecht, S. 149; Hueck/Canaris, Wertpapiere, S. 204; Killig, Ladeschein, S. 44; Gehrke, Transportdokument, S. 103; Hermann, Abladegeschäft, S. 78; Münster, Warenpapiere, S. 47; Schumann, Handelsrecht, S. 644.

225 RGZ 119, 215(218); BGHZ 49, 160(163) zum Orderlagerschein; BGH NJW 1968, 591(592) zum Orderladeschein; BGH WM 1977, 171(172) zum Konnossement; Schaps/Abraham, Seehandelsrecht, § 650 Rn 18; Canaris in: GK-HGB, § 363 Rn 142; Hefermehl in: Schlegelberger, HGB, § 363 Rn 58; Liesecke in: Schlegelberger/Liesecke, § 650 Anm. 10; Helm in: GK-HGB, § 450 Rn 7; Langenbucher in: MüKo, HGB, § 363 Rn 73; Herber/Harm in MüKo, HGB, § 448 Rn 6; Rabe in: Rabe/Bahnsen, Seehandelsrecht, § 524 Rn 18; Abraham, Das Seerecht, S. 173; Abraham, Lagerschein, S. 108; Baur/Stürner, § 51 Rn 40; Beuth, Orderpapiere, S. 83; Brox/Henssler, Handelsrecht, Rn 642; Dumke, Konnossement, S. 91; Jacobi in: Ehrenbergs Handbuch, S. 547; Eichler, Sachenrecht, S. 149; Gehrke, Transportdokument, S. 103; Hermann, Abladegeschäft, S. 78; Hueck/Canaris, Wertpapiere, S. 204; Killig, Ladeschein, S. 44; Münch, Lagerschein, S. 71 f.; Münster, Warenpapiere, S. 47 f.; Schumann, Handelsrecht, S. 644; Schmidt, Handelsrecht, § 24 III 4, hält die Begründung des BGH für kritikwürdig, da der BGH in einem weiteren Fall (BGH, NJW 1979, 2037) diese Argumentation auch für einen Namenslagerschein anwendete, obwohl der Namenslagerschein zu dieser Zeit noch kein Traditionspapier war. Schmidt begründet das Übergabeerfordernis mit der Orderpapierqualität.

Herausgabe der Ware im Papier verkörpert ist und deshalb ohne dieses nicht abtretbar ist.[226]

Zudem ist eine Übereignung gemäß §§ 929, 930 BGB durch Vereinbarung eines Besitzkonstitutes möglich.[227] Dies ist aber deshalb ohne praktische Bedeutung, weil ohne Vorlage des Konnossements das Recht nicht durchgesetzt werden kann und durch den gutgläubigen Erwerb Dritter gefährdet ist.[228]

---

226 BGHZ 49, 160(163); Schaps/Abraham, Seehandelsrecht, § 650 Rn 18; Hefermehl in: Schlegelberger, HGB, § 363 Rn 58; Herber/Harm in MüKo, HGB, § 448 Rn 6; Abraham, Lagerschein, S. 108; Beuth, Orderpapiere, S. 83; Brox/Henssler, Handelsrecht, Rn 642; Dumke, Konnossement, S. 91; Gehrke, Transportdokument, S. 103.

227 Canaris in: GK-HGB, § 363 Rn 149; Rabe, Seehandelsrecht, § 650 Rn 17; Dumke, Konnossement, S. 91; Hermann, Abladegeschäft, S. 79, der dies als Eigentumsübertragung zur Sicherung der Bank erläutert.

228 Rabe, Seehandelsrecht, § 650 Rn 17, der auch in für diesen Fall die Übergabe des Traditionspapiers für sinnvoll erachtet; Dumke, Konnossement, S. 91.

L. Vorteile der Verfügung mittels Traditionspapiers

Um den Bedürfnissen des Handelsverkehrs zu genügen hat die Verfügung mittels Traditionspapiers erhebliche Vorteile gegenüber einer Übereignung nach den allgemeinen sachenrechtlichen Grundsätzen.

I. Einwendungsausschluss nach § 364 Abs. 2 HGB

Zum einen ist bei einer Verfügung mittels Traditionspapiers der Einwendungsausschluss nach § 364 Abs. 2 HGB anwendbar. Insoweit werden zugunsten des Zweiterwerbers des Papiers die Einwendungen beschränkt, die dem Schuldner nach § 404 BGB zustünden.[229] Nach § 404 BGB kann der Schuldner dem neuen Gläubiger die Einwendungen entgegensetzen, die zur Zeit der Abtretung der Forderung gegen den bisherigen Gläubiger begründet waren. Denn ein Gläubigerwechsel verändert nicht den Inhalt der Forderung. Der Begriff der Einwendungen ist hier weit zu verstehen und umfasst alle rechtsvernichtenden und rechtshindernden Einwendungen.[230] Um die Umlauffähigkeit der kaufmännischen Orderpapiere zu schützen, kann der Schuldner dem legitimierten Besitzer der Urkunde gemäß § 364 Abs. 2 nur solche Einwendungen entgegensetzen:

1. welche die Gültigkeit seiner Erklärung in der Urkunde betreffen (Zurechenbarkeitseinwendungen),
2. sich aus dem Inhalt der Urkunde ergeben (urkundliche Einwendungen) oder
3. ihm unmittelbar gegen den Besitzer zustehen (unmittelbare Einwendungen).

Ein Einwendungsausschluss kann auch zugunsten des ersten Nehmers analog § 364 Abs. 2 HGB in Betracht kommen.[231] Der Empfänger ist bei Traditionspapieren regelmäßig erster Nehmer im Sinne des Wertpapierrechts, weil das Papier an seine Order gestellt ist.[232] Hat der Schuldner mit dem Inhaber des Traditionspapiers beispielsweise eine Sicherungsabrede oder eine Stundung vereinbart, so

---

229 Langenbucher in: MüKo, HGB, § 364 Rn 21; Liesecke in: Schlegelberger/Liesecke, § 650 Anm. 11.

230 Grüneberg in: Palandt, BGB, § 404 Rn 2.

231 Hopt in: Baumbach/Hopt, HGB, § 364 Rn 3; Canaris in: GK-HGB, § 363 Rn 61; Langenbucher in: MüKo, HGB, § 364 Rn 22.

232 Langenbucher in: MüKo, HGB, § 364 Rn 22.

kann diese Vereinbarung nicht jedem Inhaber des Traditionspapiers entgegengesetzt werden, sondern nur demjenigen zu dem die Rechtsbeziehung besteht, auf die sich die Einwendung gründet. Gegenüber späteren Erwerbern des Traditionspapiers sind diese Einwendungen präkludiert.[233] Wurde die Stundung dagegen auf der Urkunde vermerkt, so kann sich der Schuldner gegenüber jedem Erwerber darauf berufen,[234] da es sich dann um eine urkundliche Einwendung handelt.

II. Gutgläubiger Erwerb (§ 365 Abs. 1 HGB i.V.m. Art. 16 Abs. 2 WG[235])

Im Gegensatz zur bloßen Zession nach § 398 BGB besteht die Möglichkeit des gutgläubigen Erwerbs nach § 365 Abs. 1 HGB i.V.m. Art. 16 Abs. 2 WG analog.[236] § 365 Abs. 1 HGB verweist auf das Wechselgesetz. Danach finden die Vorschriften der Art. 13, 14 Abs. 2, Art. 16 und 40 Abs. 3 S. 2 WG bei kaufmännischen Orderpapieren entsprechende Anwendung.[237] Gemäß Art. 16 Abs. 2 WG ist der neue Wechselinhaber, wenn der Wechsel einem früheren Inhaber irgendwie abhandengekommen ist, zur Herausgabe des Wechsels nur verpflichtet, wenn er ihn in bösem Glauben erworben hat oder ihm beim Erwerb eine grobe Fahrlässigkeit zur Last fällt.

Der wechselrechtliche Begriff des Abhandenkommens hat nicht dieselbe Bedeutung wie der bürgerlich-rechtliche Begriff in § 935 BGB. „Irgendwie abhanden gekommen" bedeutet hier nicht nur der unfreiwillig aus dem Besitz gelangte (gestohlene, verlorene) Wechsel, sondern jeder Wechsel, der ohne rechtswirksame Übertragung in fremde Hände gelangt ist. Der Herausgabeanspruch des Art. 16 Abs. 2 WG liegt jedoch nur dann vor, wenn der Erwerber den Wechsel in bösem Glauben erworben hat oder ihm beim Erwerb eine grobe Fahrlässigkeit zur Last gelegt werden kann. Erwirbt demnach ein gutgläubiger Dritter ohne grobe Fahrlässigkeit ein an Order gestelltes Traditionspapier, so erlangt er gemäß Art. 16 Abs. 2 WG analog gutgläubig Eigentum.

---

233 Langenbucher in: MüKo, HGB, § 364 Rn 47
234 Langenbucher in: MüKo, HGB, § 364 Rn 29.
235 Wechselgesetz, im Folgenden WG abgekürzt.
236 Langenbucher in: MüKo, HGB, § 364 Rn 45.
237 § 365 Abs. 1 Fn 2.

III. Rechte Dritter § 936 Abs. 3 BGB

Des Weiteren können bei der Übereignung durch Abtretung des Herausgabeanspruchs Rechte dritter Personen an den übereigneten Gütern nach § 936 Abs. 3 BGB in den Fällen bestehen bleiben, in denen der Rechtsinhaber unmittelbarer oder mittelbarer Besitzer ist, z.B. gesetzliche Pfandrechte.[238] Bei der Übereignung mittels Traditionspapiers ist die Anwendung von § 936 Abs. 3 BGB davon abhängig, welcher Theorie zur dinglichen Wirkung der Traditionspapiere man folgt.

238 Hefermehl in: Schlegelberger, HGB, § 363 Rn 59; Liesecke in: Schlegelberger/Liesecke, § 650 Anm. 11; Gehrke, Transportdokument, S. 103.

M. Geschichtliche Entwicklung der Theorien zur dinglichen Wirkung der Traditionspapiere

Im früheren Recht fehlte es an einer ausdrücklichen gesetzlichen Anerkennung der dinglichen Wirkung. Daher bewegte sich die Streitfrage damals in zwei Richtungen: Eine Ansicht leugnete jede dingliche Wirkung und gestand der Übertragung von Traditionspapieren nur obligatorische Wirkungen zu. Die andere Ansicht versuchte, die Wirkung rein dinglich zu erklären.[239]

I. Dingliche Theorien / Traditionstheorien (Besitztheorien)

Die ältesten dinglichen Theorien, die Traditionstheorien, gingen davon aus, dass der Destinatär durch den Erhalt des Konnossements das Eigentum an der verfrachteten Ware erwirbt. Diesen Eigentumserwerb versuchte man in verschiedenster Weise mit den Grundsätzen des römischen Rechts in Einklang zu bringen und die Konnossementsübergabe als Tradition der verladenen Güter zu konstruieren, so dass sie den Eigentumsübergang auf einen Besitzerwerb gründeten.[240] Die vier ältesten Konstruktionsversuche sind Folgende[241]:

1. Symbolische Tradition[242]

Das Konnossement sei das Symbol der Ware. Die Übersendung bzw. die Übergabe des Konnossements räume dem Erwerber den symbolischen Besitz und das Eigentum an der im Papier verzeichneten Ware ein.[243]

---

239 Mannschatz, Konnossement, S. 9 ff, der die juristischen Konstruktionen der Konnossementsübertragung ausführlich darstellt.

240 Beyerlein, Konnossement, S. 2; Exner, Rechtserwerb, S. 186; Heymann, FG Dahn, S. 137 f.; Mannschatz, Konnossement, S. 11; Schlodtmann, Konnossement, S. 10.

241 Krüger, Konnossement, S. 48 ff.; Mannschatz, Konnossement, S. 11 ff.; Schlodtmann, Konnossement, S. 10 f.

242 Vertreter: Bender, Handelsrecht, S. 193 f.; Pöhls, Handelsrecht I, S. 181; Pöhls, Handelsrecht III, S. 456 f.

243 Bender, Handelsrecht, S. 193 f.; Pöhls, Handelsrecht I, S. 181; Pöhls, Handelsrecht III, S. 456 f.

2. Constitutum possessorium[244]

Der Ablader übertrage durch die Konnossementsbegebung mittels constitutum possessorium[245] an sich selbst, als Stellvertreter des Destinatärs, den Besitz an den verfrachteten Waren. Er erkläre durch die Übersendung des Konnossements, die Ware nicht mehr im eigenen Namen, sondern für den Destinatär, und zwar durch den Schiffer besitzen zu wollen. Dieser gebe seine Zustimmung durch Annahme des Konnossements.[246]

3. Schiffer besitzt für Konnossementsinhaber[247]

Der Schiffer ergreife, indem er die zu übersendende Ware vom Ablader übernimmt, als Mandatar[248] oder negotiorum gestor[249] des zukünftigen Konnossementsinhabers für diesen den Besitz, da er sich unmittelbar dem Konnossementsinhaber verpflichte. Wenn der Schiffer die Waren an Bord nehme und dafür ein Konnossement ausstelle, so habe er Kenntnis bezüglich der Verpflichtung, die Waren dem Konnossementsinhaber herausgeben zu müssen. Deshalb trete er für diesen in den Besitz der Waren. Durch die Annahme des Konnossements genehmige der Konnossementsinhaber die Besitzergreifung und die Geschäftsführung.[250]

4. Schiffer als Besitzerwerbsstellvertreter

Der Ablader handle bei der Bestellung des Schiffers als Beauftragter oder negotiorum gestor[251] des Destinatärs und mache hierdurch den Schiffer zu dessen Besitzerwerbsstellvertreter.[252] Diese Traditionstheorien waren allerdings nicht in der Lage, den Anforderungen des Warenverkehrs zu genügen, so dass der

244 Vertreter: OAG zu Rostock in Seufferts Archiv, Bd. 1, S. 12.
245 Besitzmittlungsverhältnis, Besitzkonstitut.
246 Urteil d. OAG zu Rostock in Seufferts Archiv, Bd. 1, S. 12.
247 Vertreter: Elvers, Praktische Arbeiten, S. 105 f.; Holtius, Abhandlungen, S. 120 f.; Wilda in: Weiskes Rechtslexikon III, S. 34 f.
248 Auftragnehmer.
249 Geschäftsführer ohne Auftrag.
250 Elvers, Praktische Arbeiten, S. 105 f.; Holtius, Abhandlungen, S. 120 f.; Wilda in: Weiskes Rechtslexikon III, S. 34 f.
251 Geschäftsführer ohne Auftrag.
252 So besonders die französischen Juristen; siehe Goldschmidt, Handbuch des Handelsrechts, S. 630 Fn. 39 m.w.N.

Konnossementsübergabe eine dingliche Wirkung abgesprochen und lediglich obligatorische Wirkungen mit ihr verbunden wurden.[253]

II. Obligatorische Theorien[254]

Die Vertreter der obligatorischen Theorien ließen das dingliche Recht an der Ware erst mit ihrer tatsächlichen Inbesitznahme entstehen.[255] Durch die Übergabe des Papiers sollte lediglich ein Anspruch des Destinatärs auf Herausgabe der Waren begründet werden.[256] Teilweise zielten die obligatorischen Theorien darauf ab, die obligatorischen Wirkungen des Konnossements so zu gestalten, dass sie „denen einer eigentlichen Tradition faktisch gleichkommen".[257] Dies ergibt sich aus den Protokollen zur Beratung eines allgemeinen deutschen Handelsgesetzbuchs, wonach das rechtliche Element vielmehr lediglich in der formellen Natur der Verpflichtung liegt, welche der Schiffer dem künftigen Konnossementsinhaber gegenüber auf Auslieferung der Ware übernimmt. Die Hauptwirkung dieser formellen Verpflichtung ist, dass der Konnossementsinhaber aus dem Konnossement ein selbständiges Klagerecht hat, dem der Schiffer keine Einreden aus der Person des Abladers oder des Indossanten entgegensetzen kann.[258] Dadurch erhält der obligatorische Anspruch eine solche Zuverlässigkeit, dass sich der Berechtigte schon vor Empfang der Ware so verhalten kann, als hätte er sie wirklich empfangen.[259]

Diese rein obligatorischen Konstruktionen, die vor Inkrafttreten des ADHGB aufgestellt wurden, haben ihr Ende durch die Fassung des Art. 649 ADHGB gefunden: „Die Übergabe des an Order lautenden Konnossements an

253 Beyerlein, Konnossement, S. 4; Heymann, FG Dahn, S. 138; Schlodtmann, Konnossement, S. 11.

254 Vertreter: Bluntschli, Deutsches Privatrecht, S. 473; v. Gerber, Deutsches Privatrecht, S. 369; Laband, Zeitschrift für deutsches Recht, 121(126).

255 Bluntschli, Deutsches Privatrecht, S. 473; V. Gerber, Deutsches Privatrecht, S. 369; Laband, Zeitschrift für deutsches Recht, 121(126); Mannschatz, Konnossement, S. 9.

256 Bluntschli, Deutsches Privatrecht, S. 473 f.; Laband, Zeitschrift für deutsches Recht, 121(126); a.A. Gesterding, Irrtümer, S. 229: der aufgrund des Konnossements weder ein Recht an der Ware noch ein Klagerecht anerkennt, sondern das Konnossement lediglich als Anweisung des Absenders an den Empfänger versteht, die Waren in Empfang zu nehmen.

257 Laband, Zeitschrift für deutsches Recht, 121(126); so auch Mannschatz, Konnossement, S. 10.

258 V. Gerber, Deutsches Privatrecht, S. 369.

259 HGB-Protokolle, S. 2217; so auch Mannschatz, Konnossement, S. 10.

denjenigen, welcher durch dasselbe zur Empfangnahme legitimiert wird, hat, sobald die Güter wirklich abgeladen sind, für den Erwerb der von der Übergabe der Güter abhängigen Rechte dieselben rechtlichen Wirkungen wie die Übergabe der Güter." Denn durch die obligatorischen Theorien kann eine Rechtswirkung, welche zur Folge hat, dass durch die Übergabe des Konnossements die gleichen rechtlichen Wirkungen wie durch die Übergabe der Güter hervorgerufen werden, nicht erzielt werden kann.[260]

III. Zessionstheorie[261]

Nach der Zessionstheorie behält der Befrachter einerseits Besitz und Eigentum bis zur Entgegennahme der Waren durch den Empfänger oder dessen Stellvertreter. Andererseits fasst *Jhering* die Übersendung des Konnossements an den Empfänger als eine Zession auf, mit der vom Befrachter die ihm aus dem Frachtvertrag gegen den Schiffer zustehenden Rechte und teilweise die ihm zustehenden Besitz- und Eigentumsklagen – vor allem die ihm als Eigentümer zustehende rei vindicatio – stillschweigend zediert werden. Sollte der Schiffer den Besitz verlieren oder sich die Waren selbst aneignen, kommen diese Klagen in Betracht.[262]

Da die Zession ein formloser Vertrag ist, müsste nach der Zessionstheorie jede formlose Verabredung zwischen Absender und Empfänger des Inhalts, dass jener diesem sowohl seine persönlichen Ansprüche gegen den Schiffer als auch seine Eigentumsklage abtrete, die Übersendung des Konnossements ersetzen. Dies würde aber dem im heutigen Handelsverkehr anerkannten Grundsatz, dass diese besonderen Rechtswirkungen eben nur mit der Übergabe des Papiers an sich verbunden sind, widersprechen.[263] Nach *Goldschmidt* bietet die Übertragung des Konnossements für die Annahme einer Zession nicht den geringsten Anlass, da dem Ablader zur Zession oft kein Recht zustehe, weil er selbst nur Besitzer oder Detentor sei.[264]

Diesen rein obligatorischen Theorien stehen die Konstruktionen gegenüber, die der Konnossementsübergabe eine unmittelbare dingliche Wirkung zuschreiben und sich dazu auf die allgemeine Rechtsanschauung der Kaufleute und den

260 Beyerlein, Konnossement, S. 5; Schlodtmann, Konnossement, S. 12.

261 Vertreter: Jhering, Jahrbücher, S. 182.

262 Jhering, Jahrbücher, S. 182.

263 Exner, Rechtserwerb, S. 190; Laband, Zeitschrift für deutsches Recht, 121(122 f.); so auch Mannschatz, Konnossement, S. 9 f.

264 Goldschmidt, Handbuch des Handelsrechts, S. 706; so auch Mannschatz, Konnossement, S. 10; Schlodtmann, Konnossement, S. 13.

vom Handelsgesetzbuch aufgenommenen Gewohnheitsrechtssatz, dass sich an den Konnossementserwerb die gleichen dinglichen Rechte knüpfen wie an den unmittelbaren Besitzerwerb der Ware, berufen.[265]

IV. Dingliche Theorien

1. Detentionstheorie[266]

Goldschmidt veröffentlichte die Detentionstheorie im Jahre 1868 und verschaffte sich damit fast überall Anerkennung. Mehr als 30 Jahre haben sich Wissenschaft und Praxis danach gerichtet.[267] Das Reichsoberhandelsgericht[268] und das Reichsgericht[269] beriefen sich in ihren Entscheidungen auf *Goldschmidt* und seine Ausführungen.[270] Darüber hinaus ist vor allem der Detentionstheorie die heutige gesetzliche Anerkennung der dinglichen Wirkung für die Traditionspapiere zu verdanken.[271]

Mit der Detentionstheorie stellte *Goldschmidt* auf den Besitzwillen des Schiffers ab. Da der Schiffer unmittelbar gegen den im Konnossement bezeichneten Empfänger zur Auslieferung der Ladung verpflichtet ist, gehe sein Wille nicht dahin, für den Ablader, sondern für diejenige Person die Ware zu kustodieren[272], welcher er zur Auslieferung verbunden ist; bei einem Namenskonnossement für den namentlich bezeichneten Empfänger, bei einem Orderkonnossement für den Indossatar. Indem der Ablader eines der Konossementsexemplare versendet, ermöglicht er dem Empfänger den Erwerb der Detention, welche der Schiffer für den Empfänger ausübt. Es wird so der Konnossementsempfänger nicht durch den Schiffer, sondern mittels der durch den Ablader geschehenen Konnossementsübertragung Detentor der Ware. [273] Da die Detention des Schiffers eine bleibende ist und jeder berechtigte Konnossementserwerber durch den Schiffer detiniert bzw. besitzt, kann durch jede weitere Konnossementsbegebung

265 Schlodtmann, Konnossement, S. 13; vgl. Mayer, Lagerschein, S. 7 ff.
266 Lat. detentor: jmd., der etwas (zurück)behält; (veraltet) Inhaber, Mieter, Pächter.
267 Nöthling, Traditionspapiere, S. 17.
268 ROHG Bd. 11 S. 415, Bd. 25 S. 355 ff.
269 RG Bd. 5 S. 79.
270 Mannschatz, Konnossement, S. 14.
271 Nöthling, Traditionspapiere, S. 17; Heymann, FG Dahn, S. 138; Honnef, Traditionspapier, S. 10.
272 Aufbewahren.
273 Goldschmidt, Handbuch des Handelsrechts, S. 721 f.

die Detention, und je nach den Umständen juristischer Besitz oder Eigentum auf den weiteren Konnossementserwerber übergehen.

Der Ablader kann jedoch auf niemanden sonst als auf einen Konnossementsinhaber den juristischen Besitz übertragen, etwa durch constitutum possessorium, weil nicht er durch den Schiffer, sondern der Schiffer für den Konnossementsinhaber detiniert.[274]

Goldschmidt konstruierte die dingliche Wirkung in konsequenter Durchführung der Grundsätze des bürgerlichen Rechts vom Besitzerwerb durch Stellvertreter.[275] Der Konnossementsinhaber galt als unmittelbarer Detentor, wenn auch die unmittelbare Detention der Schiffer hatte. Die Nachteile der Detentionstheorie waren u.a., dass sie alles auf den besitzrechtlichen Vertretungswillen des Schiffers abstellte und zudem die Problematik der Ausstellung mehrerer Konnossemente.[276] Für den Zweck, die dingliche Wirkung auf alle Traditionspapiere auszudehnen, reichte sie jedoch vollkommen aus.[277]

2. Die Theorien von Exner und Brunner

a) Die Theorie Exners

Exner stimmt mit *Goldschmidt* darin überein, dass die dingliche Wirkung des Konnossements auf dem im HGB aufgenommenen Gewohnheitsrechtssatz des Seehandels beruht, dass sich an den Konnossementserwerb die gleichen dinglichen Rechte knüpfen wie an den unmittelbaren Besitzerwerb der Ware. Er weicht jedoch in der Begründung von *Goldschmidt* ab.[278] *Exner* sieht als erster in der Konnossementsübertragung eine mit den Grundsätzen des römischen Rechts unvereinbare, vom modernen Handelsverkehr erzeugte neue Form des dinglichen Vertrags, der nach dem Willen der Parteien ohne Tradition Eigentum überträgt.[279] „Die Übergabe des Konnossements sei niemals Tradition, könne aber unter Umständen rechtlich wie eine Tradition wirken, d.h. den vertragsmäßigen Erwerb dinglicher Rechte für den Destinatar begründen.“[280] Für *Exner*

274 Goldschmidt, Handbuch des Handelsrechts, S. 722.
275 Nöthling, Traditionspapiere, S. 18 f.; Schlodtmann, Konnossement, S. 13.
276 Nöthling, Traditionspapiere, S. 18 f.
277 Nöthling, Traditionspapiere, S. 20.
278 Alexander, Lagerschein, S. 8; Beyerlein, Konnossement, S. 7 f.
279 Exner, Rechtserwerb, S. 208 f.
280 Exner, Rechtserwerb, S. 207.

ist die Übergabe eines Traditionspapiers demnach eine eigenständige Übereignungsform, die neben der Tradition steht.[281]

Die Besitzfrage lässt *Exner* dabei völlig unberührt.[282] Das Konnossement sei zum einen Träger eines obligatorischen Rechts, der Forderung des Konnossementsinhabers gegen den Schiffer, zum anderen enthalte es eine dingliche Berechtigung. Das zu bestellende dingliche Recht selbst sei im Konnossement „inkorporiert" und frei transferibel gemacht, sodass es auf Grund beiderseitigen Konsenses durch die Übernahme des Papiers erworben wird. Der Empfänger des Konnossements wird Eigentümer oder Pfandberechtigter unter denselben Voraussetzungen, unter denen er es durch Apprehension des Sachbesitzes geworden wäre, und mit denselben Wirkungen. Er hat somit als Eigentümer die Eigentumsklage sowohl gegen den Absender und Schiffer als auch gegen jeden dritten Inhaber der Ware.[283] *Exner* begründete seine Auffassung damit, dass es die Hauptaufgabe des Konnossements sei, den Rechtserwerb vom Sacherwerb unabhängig zu machen und damit Zeit zu sparen.[284]

b) Die Theorie Brunners

Brunner hält die dingliche Wirkung des Konnossements nicht für ein Institut des modernen Rechts, sondern nimmt einen viel weiter zurückreichenden Zusammenhang an.[285] Er steht auf dem Standpunkt, dass die Wurzeln des heutigen Traditionspapiers bereits in der fränkisch-romanischen Urkunde des 7. und 8. Jahrhunderts zu finden sein. Schon damals habe die Urkunde zur Begründung und Übertragung von Rechten gedient, die den Gegenstand der Beurkundung dienten.[286] Es läge eine traditio cartae (traditio per cartam) vor.

Den Theorien von *Exner* und *Brunner* schlossen sich hauptsächlich *Strohal*[287], *Adler*[288], *Kohler*[289] und *Staub*[290] an.

---

281 Feige Lagerschein, S. 18.

282 Beyerlein, Konnossement, S. 8.

283 Exner, Rechtserwerb, S. 210; auch Henke, Konnossement, S: 35 sieht das Eigentumsrecht im Papier verbrieft.

284 Exner, Rechtserwerb, S. 209.

285 Krüger, Konnossement, S. 54; Heymann, FG Dahn, S. 140; Mannschatz, Konnossement, S. 16.

286 Brunner, ZHR 22, 505(526); sich anschließend: Krichauff, Transportpapiere, S. 11; Nöthling, Traditionspapiere, S. 45.

287 Strohal, Succession in den Besitz, S. 215 f.

288 Adler, Warrants, S. 665; ders. Lagerhausrecht, S. 173.

289 Kohler, Grünhuts Zeitschrift, Bd. 14, S. 167.

290 Staub, ADHGB, Art. 413 § 5.

Nach *Strohal* ist die Konnossementsübertragung ein besonderer Fall der traditio per instrumentum und damit ein Mittel zur Besitzübertragung. Besitzerwerb sei selbst dann möglich, wenn die Übergabe der Urkunde durch einen Nichtberechtigten erfolgt, solange der Erwerber in gutem Glauben ist. Eine weitere Eigentümlichkeit ergebe sich beim Eigentumserwerb, der nach den Grundsätzen des römischen Rechts ohne Besitzerlangung nicht möglich sei. Nach Art. 649 ADHGB komme es zum sofortigen Eigentumserwerb an der Ware auf Seiten des rechtmäßigen Erwerbers des Traditionspapiers auch dann, wenn von einem gleichzeitigen Besitzerwerb deshalb keine Rede sein könne, weil die Detention des Schiffers kurz vor der Übergabe des Papiers gebrochen worden sei.[291] Dieser Sichtweise schließt sich *Lassalle* an, der in dem Besitzerwerb durch Konnossement einen Fall derivativen Besitzerwerbs annimmt, bei welchem es auf den Willen des Schiffers nicht ankommt.[292] *Adler* ist der Ansicht, dass der dingliche Rechtserwerb durch ein Traditionspapier nicht auf einem eventuellen Besitzerwerb, sondern unabhängig davon ist, wo sich die Ware zur Zeit des Erwerbs des Traditionspapiers (z.B. im Besitz eines Diebes) befindet. Für solche Fälle sei die dingliche Wirkung gerade erforderlich.[293]

Im Ganzen konnten sich die Theorien von *Exner* und *Brunner* vom Rechtserwerb ohne gleichzeitigen Besitzerwerb, so sehr sie auch dem Gewohnheitsrechtssatz zu entsprechen schien, gegenüber der Detentionstheorie *Goldschmidts* zunächst keine Geltung verschaffen.[294] Die Praxis hielt an der streng römischen Besitzlehre fest, die auch in der Wissenschaft die Oberhand behielt.[295]

Heymann hat die verschiedenen Auffassungen zur dinglichen Wirkung der Traditionspapiere zusammengestellt.[296] Er unterscheidet dabei die absolute Theorie, die streng relative Theorie und die Repräsentationstheorie (relative Theorie), wobei sich aus der *Goldschmidtschen* Theorie (Detentionstheorie) die sog. relative Theorie bzw. Repräsentationstheorie entwickelte[297]

291 Strohal, Succession in den Besitz, S. 212, 215 f.

292 Lassalle, Besitzverhältnisse, S. 28; Strohal, Succession in den Besitz, S. 212 ff.

293 Adler, Warrants, S. 665; ders. Lagerhausrecht, S. 173.

294 Krüger, Konnossement, S. 55, Mannschatz, Konnossement, S. 18.

295 Mannschatz, Konnossement, S. 18.

296 Heymann, FG Dahn, S. 11 ff.

297 Feige, Lagerschein, S. 21; Henke, Konnossement, S. 14; Krüger, Konnossement, S. 58; Feld, Konnossement, S. 56; Heidemann, Lagerschein, S. 64; Mayer, Lagerschein, S. 9; Schlodtmann, Konnossement, S. 16 f.; Schubert, Orderlagerschein, S. 41; a.A. Heymann, FG Dahn, S. 161, der darin keine Fortsetzung der Detentionstheorie sieht.

und aus den Theorien von *Exner* und *Brunner* sich die sog. absolute Theorie entwickelte.[298]

Die absolute Theorie sieht von der Besitzfrage in Bezug auf die Güter ganz ab und lässt Einigung und Übergabe des Traditionspapiers zum Rechtserwerb an der Ware genügen. Die relativen Theorien halten entsprechend der Grundidee des Bürgerlichen Rechts neben der Einigung über die Rechtsänderung und der Übergabe der Urkunde die Übertragung des Besitzes an der Ware für erforderlich.[299] Innerhalb der relativen Theorien ist wiederum zwischen der streng relativen Theorie und der Repräsentationstheorie zu unterscheiden.

In der Folgezeit haben sich drei weitere Theorien herausgebildet:

1. die wertpapierrechtlich fortgebildete streng relative Theorie,
2. die Theorie des wertpapierrechtlichen, aber sachenrechtsbezogenen Rechtsschutzes und
3. die Wertpapierrechtliche Theorie.

Im Folgenden werden diese sechs Theorien hinsichtlich ihres Inhalts und den jeweiligen Konsequenzen dargestellt, verglichen und bewertet.

298 Bosdas, Konnossement, S. 72; Feige, Lagerschein, S. 21; Henke, Konnossement, S. 14; Krüger, Konnossement, S. 58; Feld, Konnossement, S. 58; Göder, Lombardgeschäft, S. 42; Heymann, FG Dahn, S. 146; Mayer, Lagerschein, S. 9; Krüger, Konnossement, S. 58.

299 Eben-Worlée, Übereignung mittels Konnossement, S. 22 f.; Göder, Lombardgeschäft, S. 32 f.; vgl. Schubert, Orderlagerschein, S. 41 f.

N. Absolute Theorie[300]

I. Inhalt der absoluten Theorie

Die absolute Theorie sieht in der dinglichen Wirkung der Traditionspapiere eine besondere dem Handelsrecht zuzuordnende Form des Sachenrechtserwerbs.[301] Diese tritt gleichwertig neben die Erwerbstatbestände des Bürgerlichen Gesetzbuchs (§§ 929 ff. BGB) und kommt in ihrer Wirkung der körperlichen Übergabe der Sache gleich.[302] Überall dort, wo Rechte durch Einigung und Sachübergabe begründet werden, tritt an die Stelle der Übergabe der Waren die Übergabe des Traditionspapiers.[303] Hinsichtlich der Besitzfrage genügt es den Vertretern der absoluten Theorie, dass der Verfrachter die Güter einmal übernommen hat.

---

300 Vertreten von: Heymann-Kötter, HGB, § 424 Anm 2; v. Arnswaldt, Orderlagerschein, S. 145; v. Boetticher, Traditionspapiere, S. 138; Feld, Konnossement, S. 60; Feige, Lagerschein, S. 14, 32; Göder, Lombardgeschäft, S. 47; Heidemann, Lagerschein, S. 73 bezogen auf den Pfandrechtserwerb; Henke, Konnossement, S. 33; Heymann, FG Dahn, S. 133; Hildebrandt, Wertpapierrecht, S. 134; Strohal in: Jherings Jahrbücher, S. 95; Krichauff, Transportpapiere, S. 101; Kühlberg, Verkehrsschutz, S. 48; Lehmann, JW 1934, 1334; Mannschatz, Konnossement, S. 33; Mayer, Lagerschein, S. 12; Meyer-Cording/Drygala, Wertpapierrecht, S. 97; Michaelis, Traditionspapier, S. 33; Nöthling, Traditionspapiere, S. 8; Pappenheim, Seerecht III, S. 374; Puttfarken, Seehandelsrecht, S. 38; Schlenzka, Konnossementsrecht, S. 54; Schnabel, Lagerschein, S. 36; Schubert, Orderlagerschein, S. 54; Wolff/Raiser, Bürgerliches Recht, S. 246.

301 Heymann-Kötter, HGB, § 424 Anm. 4; v. Arnswaldt, Orderlagerschein, S. 133; Feld, Konnossement, S. 65; Feige, Lagerschein, S. 30; Heidemann, Lagerschein, S. 65, 71; Henke, Konnossement, S. 33; Heymann, FG Dahn, S. 161; Strohal in: Jherings Jahrbücher, S. 95; Krichauff, Transportpapiere, S. 100; Mannschatz, Konnossement, S. 29; Mayer, Lagerschein, S. 12; Meyer-Cording/Drygala, Wertpapierrecht, S. 97; Michaelis, Traditionspapier, S. 27; Schlenzka, Konnossementsrecht, S. 46; Schubert, Orderlagerschein, S. 44.

302 Heymann-Kötter, HGB, § 424 Anm. 4; v. Arnswaldt, Orderlagerschein, S. 133; Heidemann, Lagerschein, S. 71; Henke, Konnossement, S. 26; Mannschatz, Konnossement, S. 29; Mayer, Lagerschein, S. 12; Meyer-Cording/Drygala, Wertpapierrecht, S. 97; Michaelis, Traditionspapier, S. 27; Nöthling, Traditionspapiere, S. 53; Schlenzka, Konnossementsrecht, S. 46; Schubert, Orderlagerschein, S. 44 f.; Strohal in: Jherings Jahrbücher, S. 95.

303 Heymann-Kötter, HGB, § 424 Anm. 4; Henke, Konnossement, S. 32; Mannschatz, S. 29; Mayer, Lagerschein, S. 12; Schlenzka, Konnossementsrecht, S. 49; Schubert, Orderlagerschein, S. 44 f.

Einem späteren Besitzverlust seitens des Verfrachters misst diese Theorie keine Bedeutung bei.[304]

Daher ist es nach der absoluten Theorie für den Rechtserwerb unerheblich, ob durch die Übergabe des Traditionspapiers irgendein Besitz am Gut beim Erwerber selbst entsteht. "Die Rechtserwerbsfrage ist von der Besitzfrage völlig losgelöst".[305] Auch wenn der Schiffer oder Lagerhalter nicht mehr im Besitz der Ware ist, vollzieht sich durch die Papierbegebung grundsätzlich der Rechtsübergang an der Ware.[306]

II. Konstruktion des Rechtserwerbs

Der Erwerb dinglicher Rechte mittels Traditionspapiers wird nach der absoluten Theorie größtenteils als eigenständige Erwerbsform bzw. eigenständiges Übergabesurrogat angesehen, die bzw. das zusätzlich zu denen im BGB geregelten sachenrechtlichen Tatbeständen hinzukommt.[307] Demnach ist ein Rückgriff auf die Vorschriften des BGB grundsätzlich ausgeschlossen.[308] Allerdings sind in manchen Fällen die Normen des BGB subsidiär heranzuziehen.[309] Speziell sind die Regelungen für die Übergabe von Sachen anwendbar.[310] Somit ist § 929

304 Kühlberg, Verkehrsschutz, S. 55; V. Arnswaldt, Orderlagerschein, S. 134; Feige, Lagerschein, S. 24; Heidemann, Lagerschein, S. 68; Heymann, FG Dahn, S. 161; Krichauff, Transportpapiere, S. 100f.

305 Heymann, FG Dahn, S. 161; Feld, Konnossement, S. 59; Feige, Lagerschein, S. 30; Henke, Konnossement, S. 32; Strohal in: Jherings Jahrbücher, S. 95; Krichauff, Transportpapiere, S. 100, Lehmann, JW 1934; 1334; Mannschatz, Konnossement, S. 33; Mayer, Lagerschein, S. 12; Michaelis, Traditionspapier, S. 27; Nöthling, Traditionspapiere, S. 40; Schlenzka, Konnossementsrecht, S. 50; Schubert, Orderlagerschein, S. 49.

306 Horn in: Heymann, § 363 Rn 24; Heymann, FG Dahn, S. 161; Mannschatz, Konnossement, S. 33; Nöthling, Traditionspapiere, S. 40; V. Arnswaldt, Orderlagerschein, S. 134; Feige, Lagerschein, S. 24; Heidemann, Lagerschein, S. 68; Henke, Konnossement, S. 33; Strohal in: Jherings Jahrbücher, S. 95; Krichauff, Transportpapiere, S: 100; Mayer, Lagerschein, S. 12; Schubert, Orderlagerschein, S. 49.

307 Heymann-Kötter, HGB, § 424 Anm. 2; v. Arnswaldt, Orderlagerschein, S. 126; Feige, Lagerschein, S. 30; Henke, Konnossement, S. 32 f.; Heymann, FG Dahn, S. 161; Krichauff, Transportpapiere, S: 100; Lehmann, JW 1934, 1334; Mannschatz, Konnossement, S. 29; Mayer, Lagerschein, S. 12; Meyer-Cording/Drygala, Wertpapierrecht, S. 97; Michaelis, Traditionspapier, S. 27; Schlenzka, Konnossementsrecht, S. 46; Schnabel, Lagerschein, S. 36 f.; Schubert, Orderlagerschein, S. 45.

308 Henke, Konnossement, S. 33; Schubert, Orderlagerschein, S. 49.

309 Henke, Konnossement, S. 34.

310 Göder, Lombardgeschäft, S. 60; Strohal, Sukzession in den Besitz, S. 215 Note 70.; Schubert, Orderlagerschein, S. 49.

S. 1 BGB, abgesehen vom Erfordernis der Sachübergabe, auf eine Übereignung mittels Traditionspapiers anzuwenden.[311]

Voraussetzung für den Rechtserwerb sind folglich die dingliche Einigung und die Übergabe des Traditionspapiers.[312] Die Papierbegebung tritt an Stelle der sonst zum Sachenrechtserwerb erforderlichen Sachübergabe.[313] Alle Folgen der Übergabe der Ware treten mit der Übertragung des Traditionspapiers ein.[314] Ob der Erwerber durch die Papierbegebung gleichzeitig den Besitz an den Gütern selbst erwirbt oder nicht, spielt für das entstehende Sachenrecht keine Rolle. Seine Übertragung ersetzt die Übergabe des Gutes selbst dann, wenn der Verfrachter nicht mehr im Besitz des Gutes ist oder sich die Ware selbst angeeignet hat, also auch, wenn er dem rechtmäßigen Inhaber des Papiers nicht oder nicht mehr den Besitz mittelt.[315] Denn die Rechtserwerbsfrage ist von der Besitzfrage völlig losgelöst.[316] Aus den die Traditionswirkung anordnenden Vorschriften könne man nur ableiten, dass die Übergabe des Papiers als solche – ohne

311 Heymann-Kötter, HGB, § 424 Anm. 2; Mannschatz, Konnossement, S. 33; Meyer-Cording/Drygala, Wertpapierrecht, S. 97; Pappenheim, Seerecht III, S. 357; Kühlberg, Verkehrsschutz, S. 48, der § 929 S. 1 BGB i.V.m. §§ 424 (450, 650) HGB als Übereignungsnormen ansieht.

312 Heymann-Kötter, HGB, § 424 Anm. 2; Serick, FS Schmidt, S. 327; v. Arnswaldt, Orderlagerschein, S. 126; Feld, Konnossement, S. 59, 65; Feige, Lagerschein, S. 30; Henke, Konnossement, S. 34; Heymann, FG Dahn, S. 161; Krichauff, Transportpapiere, S. 100; Kühlberg, Verkehrsschutz, S. 48; Lehmann, JW 1934, 1334; Mannschatz, Konnossement, S. 33; Mayer, Lagerschein, S. 12; Meyer-Cording/Drygala, Wertpapierrecht, S. 97; Michaelis, Traditionspapier, S. 27; Nöthling. Traditionspapiere, S. 40, 60; Puttfarken, Seehandelsrecht, S. 37; Schnabel, Lagerschein, S. 27, 33; Schubert, Orderlagerschein, S. 44, 49; Wolff/Raiser, Bürgerliches Recht, S. 246.

313 Serick, FS Schmidt, S. 327; Kühlberg, Verkehrsschutz, S. 48; Mannschatz, Konnossement, S. 33; Michaelis, Traditionspapier, S. 27.; Nöthling, Traditionspapiere, S. 60; Feige, Lagerschein, S. 30; Heymann, FG Dahn, S. 161; Mayer, Lagerschein, S. 12; Pappenheim, Seerecht III, S. 356 f.; Puttfarken, Seehandelsrecht, S. 37; Schnabel, Lagerschein, S. 27.

314 Serick, FS Schmidt, S. 327; Kühlberg, Verkehrsschutz, S. 48; Mannschatz, Konnossement, S. 33; Michaelis, Traditionspapier, S. 27.; Nöthling, Traditionspapiere, S. 60; Feige, Lagerschein, S. 30; Heymann, FG Dahn, S. 161; Mayer, Lagerschein, S. 12.

315 Heymann-Kötter, § 424 Rn 2; Heymann, FG Dahn, S. 161; Kühlberg, Verkehrsschutz, 48, 55 f.; Krichauff, Transportpapiere, S: 100; Mannschatz, Konnossement, S. 33; Mayer, Lagerschein, S. 12; Michaelis, Traditionspapier, S. 27.

316 Heymann, FG Dahn, S. 161; Mannschatz, Konnossement, S. 29. Schlenzka, Konnossementsrecht, S. 88; Krichauff, Transportpapiere, S. 100; Mayer, Lagerschein, S. 12; Michaelis, Traditionspapier, S. 27.

Rücksicht auf den Besitzübergang – die Wirkung hat, welche sonst der Übergabe des Gutes zukommt, und zwar der Übergabe des unmittelbaren Besitzes: das ist die absolute Wirkung der Papierbegebung.[317]

III. Die Begründung der Theorie

1. Historische Grundlagen

Diese Theorie wird in der Hauptsache historisch begründet, und zwar mit der Entwicklung des Instituts der Traditionspapiere.[318] Die Traditionspapiere sind älter als das BGB und ihre frühere Entwicklung verlief deshalb unabhängig vom jetzigen Bürgerlichen Recht.[319] Folglich muss auch die Übergabewirkung der Traditionspapiere unabhängig vom BGB aus sich heraus erklärt werden.[320]

Heymann führt in Anlehnung an die Meinung *Brunners*, der die Anfänge des Traditionspapiers in der fränkisch-romanischen Urkunde sieht,[321] die Wirkungen der Traditionspapiere auf die mittelalterliche traditio cartae zurück.[322] Schon in der fränkischen Periode und in den folgenden Jahrhunderten diente die Übergabe der Urkunde als ein Akt zur Begründung und Übertragung von Rechten, welche den Gegenstand der Beurkundung bildeten.[323]

2. Ersetzung des Besitzes als Publizitätsträger durch Übergabe des Traditionspapiers

Die insbesondere von *Heymann* entwickelte Theorie vertritt den Standpunkt, dass beim Traditionspapier die Urkunde als solche und nicht der Besitz das sachenrechtliche Legitimationsmittel ist, an das sich der dingliche Rechtserwerb

---

317 Heymann, FG Dahn, S. 177; a.A. Strohal in: Jherings Jahrbücher, S. 95, der den mittelbaren Besitz als übertragen ansieht; so auch: Herber in MüKo, HGB, § 524 Rn 5.
318 Heymann, FG Dahn, S. 187 ff.; Schlenzka, Konnossementsrecht, S. 47 f.; Mayer, Lagerschein, S. 7 f.; Michaelis, Traditionspapier, S. 28.
319 Heymann, FG Dahn, S. 187; Schumann, Handelsrecht II, S. 437.
320 Schumann, Handelsrecht II, S. 438.
321 Brunner, ZHR 22, 505(526); sich anschließend: Michaelis, Traditionspapier, S. 28.
322 Heymann, FG Dahn, S. 189 ff.; auch: Mayer, Lagerschein, S. 7; Michaelis, Traditionspapier, S. 28; Schlenzka, Konnossementsrecht, S. 49; Schnabel, Lagerschein, S. 35; a.A. Honnef, Traditionspapier, S. 16 ff., der diese Annahme als verfehlt ansieht, da eine Entwicklung und Abwandlung des Rechts stattgefunden hat und das Institut der dinglichen Wirkung sich erst seit dem frühmittelalterlichen Handelsrecht entwickelt hat.
323 Bosdas, Konnossement, S. 72 f.; Brunner, ZHR 22, 505(526).

knüpft.[324] Die Besitzübergabe hat ihre rechtsübertragende Funktion deshalb, weil die Übergabe mit dem Besitz das „sachenrechtliche Legitimationsmittel", also diejenige Beziehung zum Gegenstand auf den Erwerber überträgt, mittels derer die Verfügungen über das übertragene Recht möglich sind.[325] Unserem Sachenrecht liegt das Publizitätsprinzip zu Grunde. Demnach müssen dingliche Rechte, die gegenüber jedermann wirken, für alle erkennbar sein. Daher ist für das Immobiliarsachenrecht das Grundbuch der Publizitätsträger und für Mobilien der Besitz an der Sache. Wer die Sache besitzt bzw. im Grundbuch steht, hat die Vermutung des Eigentums auf seiner Seite.[326] „Entscheidend für die Rechtsübertragung durch Besitzverschaffung ist der Umstand, dass der Veräußerer diejenige Beziehung zur Sache aufgibt, welche die Verfügung über sie ermöglicht, und dass der Erwerber in diese Beziehung eintritt."[327] Dadurch wird die Übertragung des Sachenrechts auch für Dritte erkennbar.[328]

Dieselbe Sicherheit wie die Übergabe des Besitzes an einer Sache bietet die Übergabe eines Traditionspapiers, da auch hier der Besitz am Wertpapier den Rechtsschein, Inhaber des Vollrechts zu sein, setzt.[329]

Seitdem das Konnossement Präsentationspapierqualität besitzt, der unmittelbare Besitzer die Waren also ohne Rückgabe des Papiers nicht herausgibt, ist es als Traditionssurrogat geeignet.[330] Von dem Zeitpunkt an, wo die Ware vom Schiffer übernommen ist, ist eine rechtmäßige Veräußerung oder Belastung durch bloße Besitzübergabe ausgeschlossen. Der Besitz scheidet somit als selbständiges sachenrechtliches Legitimationsmittel aus und das Konnossement

324 Heymann, FG Dahn, S. 211 f.; Mayer, Lagerschein, S. 16; Michaelis, Traditionspapier, S. 28 f.

325 Heymann, FG Dahn, S. 211 f.; Mayer, Lagerschein, S. 16; Michaelis, Traditionspapier, S. 28 f.

326 Mayer, Lagerschein, S. 16.

327 Heymann, FG Dahn, S. 211 f.; Mayer, Lagerschein, S. 16; Michaelis, Traditionspapier, S. 29.

328 Heymann, FG Dahn, S. 212; Mayer, Lagerschein, S. 16.

329 Mayer, Lagerschein, S. 16.

330 Heymann, FG Dahn, S. 214; Michaelis, Traditionspapier, S. 29; a.A. Jacobi, Legitimationsmittel, S. 66 ff, 83 ff., nach dem nicht die Präsentationspapierqualität allein die dingliche Wirkung erklären kann; Mayer, Lagerschein, S. 17, der sich Jacobi anschließt und argumentiert, dass der Lagerschein zunächst nur Träger eines obligatorischen Anspruchs sei. Die dingliche Wirkung würde durch das Gesetz ausdrücklich bestimmt.

nimmt diese Funktion nunmehr wahr, denn nur wer das Papier hat, kann Rechte an der Ware übertragen.[331]

3. Wortlaut des § 650 a.F. HGB

Schließlich dient auch der Wortlaut des § 650 a.F. HGB als Begründung für die absolute Wirkung des Konnossements. Aus diesem lässt sich schließen: „Für den Erwerb von Rechten hat die Papierübergabe dieselbe Wirkung wie die Warenübergabe, also, für die Wirkung auf den Erwerb von Rechten, ersetzt die Papierübergabe die Warenübergabe, anstelle der Publizitätsform des Besitzes tritt die der Papierübergabe."[332] Auch kann der Formulierung des § 650 a.F. HGB nicht entnommen werden, dass der Fortbestand des Besitzes des Verfrachters an der Ware Voraussetzung für den Eigentumsübergang mittels Traditionspapiers ist.[333] Deshalb endet die Traditionswirkung nicht mit dem Wegfall des mittelbaren Besitzes zwischen Konnossementsinhaber und Verfrachter.[334]

IV. Konsequenzen der absoluten Theorie

1. Eigentumserwerb vom Berechtigten

Nach der absoluten Theorie findet die Übertragung eines dinglichen Rechts durch Einigung über den Rechtsübergang und Übergabe des Traditionspapiers statt. Diese Form der Rechtsübertragung ist von dem Zeitpunkt an möglich, in dem die Ware vom Verfrachter übernommen worden ist, bis zu dem Moment, in dem sie aufgrund der Papierpräsentation dem Präsentanten ausgehändigt ist.[335] Da ein Besitzmittlungsverhältnis des Traditionspapierinhabers für einen Rechtserwerb nicht vorliegen muss, ist in der Konsequenz ein Eigenbesitz des

331 Heymann, FG Dahn, S. 214; Mayer, Lagerschein, S. 18, der im Interesse der Verkehrssicherheit auch annimmt, dass sich Besitz und Traditionspapier als Publizitätsträger einander ausschließen; a.A. Schlenzka, Konnossementsrecht, S. 36, der eine ausschließliche Surrogation durch das Konnossement nicht billigt.

332 Vgl. Schnabel, Lagerschein, S. 35.

333 Heymann-Kötter, HGB, § 424 Anm. 2; v. Arnswaldt, Orderlagerschein, S. 134; Feige, Lagerschein, S. 24; Kühlberg, Verkehrsschutz, S. 56; Michaelis, Traditionspapier, S. 19; Schlenzka, Konnossementsrecht, S. 55; Vgl. Schnabel, Lagerschein, S. 35 f.; Nöthling. Traditionspapiere, S. 42.

334 Heymann-Kötter, HGB, § 424 Anm. 2; v. Arnswaldt, Orderlagerschein, S. 134; Feige, Lagerschein, S. 24; Kühlberg, Verkehrsschutz, S. 56; Michaelis, Traditionspapier, S. 19; Schlenzka, Konnossementsrecht, S. 55; Vgl. Schnabel, Lagerschein, S. 35 f.

335 Heymann, FG Dahn, S 166; Mannschatz, Konnossement, S. 33.

Verfrachters für einen Rechtserwerb durch Übergabe des Traditionspapiers nicht hinderlich.

2. Eigentumserwerb vom Nichtberechtigten

a) Übergabe des Gutes durch den unmittelbaren Besitzer (Ausnahme)

Wird das Gut, über welches ein Traditionspapier ausgestellt ist, durch einen Nichtberechtigten (z.B. den Aussteller des Verfügungspapiers) an einen Dritten ohne das Traditionspapier durch Übergabe der Ware selbst veräußert, so hindert das Vorhandensein eines Papierberechtigten nicht den Eigentumserwerb des Dritten.[336] Dies kann der Fall sein, wenn der Aussteller des Papiers das Gut unterschlagen hat und ohne Papier darüber verfügt, das Gut an den Berechtigten herausgegeben hat, ohne sich das Traditionspapier aushändigen zu lassen und dieser nun ohne Papier verfügt oder der Aussteller das Gut versehentlich an jemanden herausgegeben hat, der das Gut wiederum veräußert.[337] Nach der absoluten Theorie stellt der rechtmäßige Erwerb des Traditionspapiers in der Regel auch einen rechtmäßigen Erwerb des Gutes dar. Stehen sich nun Ware und Traditionspapier als einander gleichberechtigte Publizitätsträger gegenüber, so ergibt sich zwangsläufig die Möglichkeit von Kollisionen, wenn z.B. Ware und Papier gleichzeitig an verschiedene Personen übertragen werden. Veräußert der nichtberechtigte Kapitän die auf ein Konnossement abgeladene Ware an einen gutgläubigen Dritten, so erwirbt dieser das Eigentum durch Einigung und Übertragung des unmittelbaren Besitzes. Erfolgt daraufhin eine ordnungsgemäße Weiterübertragung des Konnossements und folgt man konsequent der absoluten Theorie, so muss der Warenempfänger, da Miteigentum nicht in Betracht kommt, infolge der Gleichwertigkeit beider Publizitätsformen sein Eigentum verlieren und der Konnossementserwerber es erlangen.[338]

Hier macht die absolute Theorie aber eine Ausnahme[339] für den Fall, dass die Ware durch Übertragung des unmittelbaren Besitzes an einen Dritten veräußert

---

336 V. Boetticher, Traditionspapiere, S. 143 f.; Nöthling, Traditionspapiere, S. 40; Schnabel, Lagerschein, S. 38; a.A. Schlenzka, Konnossementsrecht, S. 37, der den Erwerber vom Schiffer nicht als gutgläubig ansieht, da er davon ausgehen muss, dass ein Konnossement über die schwimmende Ware ausgestellt wurde.

337 v. Arnswaldt, Orderlagerschein, S. 137 FN 345; a.A. Schlenzka, Konnossementsrecht, S. 37, der den Erwerber vom Schiffer nicht als gutgläubig ansieht, da er davon ausgehen muss, dass ein Konnossement über die schwimmende Ware ausgestellt wurde.

338 V. Boetticher, Traditionspapiere, S. 143 f.

339 Nöthling, Traditionspapiere, S. 59, der darin eine positive Ausnahme aufgrund dringender wirtschaftlicher Bedürfnisse sieht; Kühlberg, Verkehrsschutz, S. 72 will es

wird und dieser daran gutgläubig Eigentum erwirbt, wie etwa im Fall der Unterschlagung und Veräußerung der Güter durch den Verfrachter.[340] Der Papierempfänger soll in diesem speziellen Fall durch die Übertragung des Konnossements kein dingliches Recht mehr an der Ware erwerben können.[341] Steht also einem gutgläubigen Konnossementserwerber ein gutgläubiger Warenerwerber gegenüber, so geht letzterer dem gutgläubigen Konnossementserwerber vor.[342]

Teilweise wird diese Ausnahme auf die Regel „Hand wahre Hand" gestützt.[343] Nach *Heymann* wirkt der Besitz der Ware in diesem besonderen Fall „nicht bloß formal, sondern auch materiell (nicht bloß relativ, sondern absolut) als sachenrechtliches Legitimationsmittel, und diese Wirkung setze der ausschließlichen Legitimationswirkung des Konnossements ein Ende."[344] Der Rechtsscheintatbestand des Besitzes muss demnach als der stärkere angesehen werden,[345] denn

---

gerade nicht als Ausnahme bezeichnen, weil keine Inkonsequenz seitens der absoluten Theorie vorliegt, da wie bei der Behandlung abhanden gekommener Güter die Einschränkung des Verkehrsschutzes gerechtfertigt ist.

340 Heymann-Kötter, HGB, § 424 Anm. 2; Heymann, FG Dahn, S 169; v. Arnswaldt, Orderlagerschein, S. 138; Mannschatz, Konnossement, S. 35; Kühlberg, Verkehrsschutz, S. 72; Lehmann, JW 1934, 1334 (1335); vgl. Schnabel, Lagerschein, S. 38; a.A.: v. Boetticher, Traditionspapiere, S. 147 f., Nöthling, Traditionspapiere, S. 59.

341 Henke, Konnossement, S. 34; Laube, Lagerschein, S. 47; Nöthling, Traditionspapiere, S. 40, 59; Schlenzka, Konnossementsrecht, S. 38; vgl. Schubert, Orderlagerschein, S. 50; v. Arnswaldt, Orderlagerschein, S. 137; Kühlberg, Verkehrsschutz, S. 72; Lehmann, JW 1934, 1334 (1335); a.A. v. Boetticher, Traditionspapiere, S. 147 f., der in der „Ausnahme" der Absoluten Theorie einen Widerspruch zum Inhalt der Theorie sieht und eine Kollisionsnorm entsprechend dem Art. 925 Abs. 2 ZGB vom Gesetzgeber fordert.

342 Adler, Lagerhausrecht, S. 172, 174; Müller-Erzbach, Handelsrecht II, S. 518; Schlenzka, Konnossementsrecht, S. 37 f.; v. Arnswaldt, Orderlagerschein, S. 136; Henke, Konnossement, S: 34; Kühlberg, Verkehrsschutz, S. 72; Lehmann, JW 1934, 1334 (1335); Mannschatz, Konnossement, S. 35; Nöthling, Traditionspapiere, S. 59; vgl. Schnabel, Lagerschein, S. 38; a.A. v. Boetticher, Traditionspapiere, S. 147 f.

343 Heymann, FG Dahn, S. 215; v. Arnswaldt, Orderlagerschein, S. 136 f.; Henke, Konnossement, S: 33 f.; a.A. Schlenzka, Konnossementsrecht, S: 36 für den eine ausschließliche Surrogation der Ware durch das Traditionspapier nicht in Betracht kommt.

344 Heymann, FG Dahn, S. 215; a.A. Schlenzka, Konnossementsrecht, S: 36 für den eine ausschließliche Surrogation der Ware durch das Traditionspapier nicht in Betracht kommt.

345 Schnabel, Lagerschein, S. 38; v. Arnswaldt, Oderlagerschein, S. 145.

eine Ausnahme von den Bestimmungen der §§ 932 ff. BGB bedürfte einer Normierung wie z.B. § 935 BGB.[346]

Andere Vertreter der absoluten Theorie begründen die Ausnahme von der absoluten Wirkung des Traditionspapiers damit, dass eine Konnossementsübergabe immer dann kein Eigentum mehr an der Ware verschaffen kann, wenn sie aufgehört hat, „sachliches bzw. reales Substrat" des Konnossements zu sein.[347] Das ist sowohl bei einem gutgläubigen Warenerwerb als auch dann der Fall, wenn das Konnossement auf in Wahrheit nicht übernommene Ware ausgestellt, die Ware vom Schiffer ohne Konnossementsrückgabe dem Eigentümer ausgehändigt oder sonst wie widerrechtlich in seine Hand gelangt ist.[348] „Die Ware ist hier nach § 932 BGB unantastbar in den Rechtsbereich eines Dritten übergegangen."[349] Aufgrund der damit erfolgten gesetzlichen Entziehung der Warenpapiereigenschaft ist das Konnossement sachenrechtlich als „inhaltsleer" anzusehen, weil es „eines realen Substrates entbehrt"[350]. Dass der gutgläubige Warenerwerb mit der absoluten Theorie vereinbar ist, zeigt ihr Grundsatz: „Das Konnossement ist solange Warenpapier, wie hinter ihm die Ware steht."[351] Das ist wiederum der Fall vom Zeitpunkt der Übernahme der Güter bis zur Auslieferung an den Berechtigten.[352]

Kühlberg sieht allein das „schutzwürdige Beharrungsinteresse des Dritten" als ausschlaggebend an, denn dieser sei Eigentümer und zugleich unmittelbarer Besitzer der Güter.[353] Es wird gerade nicht auf den Besitzverlust abgestellt, sondern eine Einschränkung des Verkehrsschutzes nach § 935 Abs. 1 BGB zugunsten des unmittelbar besitzenden Eigentümers vorgenommen.[354] Fraglich ist, ob dem Eigentümer bei einer Unterschlagung der Ware durch den Schiffer die Ware

346 Schnabel, Lagerschein, S. 38; v. Arnswaldt, Oderlagerschein, S. 145; Nöthling, Traditionspapiere, S. 59.

347 Feld, Konnossement, S. 60; Schlenzka, Konnossementsrecht, S. 38; Lehmann, JW 1934, 1334 (1335); a.A. v. Boetticher, Traditionspapiere, S. 145, der darin einen Widerspruch zur Gleichwertigkeit beider Publizitätsträger sieht.

348 Feld, Konnossement, S. 60; Schlenzka, Konnossementsrecht, S. 38.

349 Schlenzka, Konnossementsrecht, S. 38; Lehmann, JW 1934, 1334 (1335).

350 Feld, Konnossement, S. 60; Schlenzka, Konnossementsrecht, S. 38; Lehmann, JW 1934, 1334 (1335); a.A. v. Boetticher, Traditionspapiere, S. 145, der darin einen Widerspruch zur Gleichwertigkeit beider Publizitätsträger sieht.

351 Schlenzka, Konnossementsrecht, S. 38 f.

352 Schlenzka, Konnossementsrecht, S. 38; Lehmann, JW 1934, 1334 (1335).

353 Kühlberg, Verkehrsschutz, S. 72.

354 Kühlberg, Verkehrsschutz, S. 72.

abhanden gekommen ist und folglich ein gutgläubiger Erwerb gar nicht möglich wäre. Gemäß § 935 Abs. 1 S. 1 BGB tritt der Erwerb des Eigentums aufgrund der §§ 932-934 BGB nicht ein, wenn die Sache dem Eigentümer gestohlen worden, verloren gegangen oder sonst abhandengekommen war. Abhandengekommen ist eine Sache dann, wenn der Eigentümer oder sein Besitzmittler den unmittelbaren Besitz ohne seinen Willen verloren hat.[355] Ein gutgläubiger Erwerb ist daher möglich, wenn der Besitzmittler ohne den Willen des Eigentümers die Sache fortgibt, unterschlägt oder sonst das Besitzmittlungsverhältnis beendet.[356] Folglich steht einem gutgläubigen Erwerb der Güter § 935 BGB nicht entgegen.

Der Erwerber müsste zudem auch gutgläubig sein. Gemäß § 932 Abs. 1 BGB ist der Erwerber dann nicht in gutem Glauben, wenn ihm bekannt oder infolge grober Fahrlässigkeit unbekannt ist, dass die Sache nicht dem Veräußerer gehört. Jeder muss zumindest bei der Tatsache, dass sich das Gut auf einem Schiff befindet, damit rechnen, dass über eine Seefracht auch ein Konnossement ausgestellt worden ist.[357] Folglich ist ein gutgläubiger Erwerb erst in dritter Hand möglich.[358]

b) Übergabe des Traditionspapiers

Veräußert ein Nichtberechtigter die Ware durch Übergabe des Konnossements, so erlangt der gutgläubige Erwerber Eigentum gemäß § 932 BGB[359], und zwar ohne jede Rücksicht auf die Besitzverhältnisse.[360] Der Eigentumserwerb tritt mit der Papierübergabe ein.[361] Die absolute Theorie bejaht den gutgläubigen Erwerb der Ware auch dann, wenn der Verfrachter nicht mehr Besitzmittler ist, weil die Traditionskraft entsprechend dem Verkehrsbedürfnis nur an das „Übernommensein", nicht aber an das „Übernommenbleiben" der Ware knüpft, und daher der gutgläubige Erwerb des Papiernehmers möglich sei, solange nicht die Ware

355 Herrler in: Palandt, BGB, § 935 Rn 3.

356 Herrler in: Palandt, BGB, § 935 Rn 7.

357 Schlenzka, Konnossementsrecht, S. 37; so auch v. Arnswaldt, Orderlagerschein, S. 144 für den Lagerschein.

358 Schlenzka, Konnossementsrecht, S. 37; so auch v. Arnswaldt, Orderlagerschein, S. 144 f. für den Lagerschein.

359 Heymann-Kötter, HGB, § 424 Anm. 2; Heymann, FG Dahn, S. 169; Mannschatz, Konnossement, S. 33, Meyer-Cording/Drygala, Wertpapierrecht, S. 97; Pappenheim, Seerecht III, S. 357.

360 Heymann, FG Dahn, S. 169; Mannschatz, Konnossement, S. 33.

361 Heymann, FG Dahn, S. 170 f.

durch einen Dritten, insbesondere kraft guten Glaubens, erworben werde.[362] Somit macht die Papierübergabe den mittelbaren Besitz als Rechtsscheingrundlage entbehrlich.[363]

3. Wirkung des Eigentumserwerbs auf belastende Rechte Dritter

Grundsätzlich erlöschen Rechte Dritter gemäß § 936 Abs. 1 S. 1 BGB mit dem Erwerb des Eigentums. Voraussetzungen für das Erlöschen von Rechten Dritter ist zum einen der Eigentumserwerb vom Berechtigten aufgrund eines Erwerbstatbestandes der §§ 929 - 931 BGB oder vom Nichtberechtigten nach §§ 932 - 934 BGB und zum anderen die Erlangung des Besitzes. Dies ist beim Erwerb vom Nichtberechtigten schon Voraussetzung für den Eigentumserwerb und beim Erwerb vom Eigentümer bzw. Berechtigten zusätzliche Voraussetzung für die Lastenfreiheit des erworbenen Eigentums. § 936 Abs. 3 BGB statuiert insofern eine Ausnahme, als bei Übertragung des mittelbaren Besitzes durch Abtretung des Herausgabeanspruchs (§§ 931, 934 BGB) der Rechtsinhaber sein Recht nicht verlieren kann, solange er unmittelbarer oder mittelbarer Besitzer der Sache ist.[364] Ist der Papiererwerber bezüglich der Rechte Dritter gutgläubig, so erlöschen diese Rechte nach der absoluten Theorie gemäß § 936 Abs. 1 S. 1 und Abs. 2 BGB sofort mit der Übergabe des Papiers, da diese den Eigentumsübergang herbeiführt.[365] Denn die Übergabe des Traditionspapiers wird als Surrogat für die Besitzübertragung an der Ware angesehen.[366] Es erlöschen auch die Rechte des unmittelbaren Besitzers, da sich der Erwerb nicht nach § 931 BGB vollzieht und daher die Anwendung des § 936 Abs. 3 BGB, die dessen Recht bestehen ließe, ausgeschlossen ist.[367]

Ausnahmen bilden die Rechte, welche sich aus dem Text des Traditionspapiers oder unmittelbar aus dem Gesetz ergeben, wie die gesetzlichen Pfandrechte des Verfrachters (§ 495 HGB), Lagerhalters (§ 475 b HGB) und Frachtführers

362 Hildebrandt, Wertpapierrecht, S. 133 f.; v. Arnswaldt, Orderlagerschein, S. 145; Heymann, FG Dahn, S. 169.

363 Hildebrandt, Wertpapierrecht, S. 133 f.

364 Wolf, Sachenrecht, Rn 582.

365 Heymann, FG Dahn, S. 171; Mannschatz, Konnossement, S. 35; v. Arnswaldt, Orderlagerschein, S. 140.

366 Mannschatz, Konnossement, S. 35; v. Arnswaldt, Orderlagerschein, S. 140.

367 Mannschatz, Konnossement, S. 35; Göder, Lombardgeschäft, S. 61; Heymann, FG Dahn, S. 171 f.; Hildebrandt, Wertpapierrecht, S. 133; Pappenheim, Seerecht III, S. 357.

(§ 440 HGB). Bezüglich dieser Rechte fehlt der gute Glaube nach § 936 Abs. 2 BGB und damit erlöschen sie nicht. Man kann sich daher bei Zugrundelegung der absoluten Theorie auf den Inhalt des Traditionspapiers verlassen.[368] Das Traditionspapier gewährt nach der absoluten Theorie für den gutgläubigen Erwerb lastenfreien Eigentums völlige Sicherheit.[369]

4. Bestellung eines vertraglichen Pfandrechts an der Ware durch den Berechtigten mittels eines Traditionspapiers

Die Bestellung eines Pfandrechts erfolgt gemäß § 1205 Abs. 1 BGB durch Einigung über die Entstehung des Pfandrechts und Übergabe der Sache, die mit dem Pfandrecht belastet werden soll. Da die Übergabe des Konnossements dieselben Wirkungen wie die Übergabe der Güter hat, erfolgt demnach die Bestellung eines Pfandrechts nach der absoluten Theorie durch Einigung über das Pfandrecht und Übergabe des Traditionspapiers.[370]

Hat die aus dem Papier verpflichtete Person zur Zeit der Verpfändung der Ware, bzw. zur Zeit der Übergabe des indossierten Papiers, noch den Besitz an der Ware oder hat sie ihn vor oder nach der Indossierung und Übergabe verloren, so entsteht ohne weiteres mit der Übergabe des Traditionspapiers ein Pfandrecht.[371] Somit ist auch die Pfandrechtsbestellung unabhängig vom Besitz des Verfrachters zu beurteilen.[372]

Gemäß § 1205 Abs. 2 BGB kann die Übergabe einer im mittelbaren Besitz des Eigentümers befindlichen Sache dadurch ersetzt werden, dass der Eigentümer den mittelbaren Besitz auf den Pfandgläubiger überträgt und die Verpfändung dem Besitzer anzeigt. Nach der absoluten Theorie ist die Übergabe der Ware der Übergabe des Traditionspapiers gleichzustellen. Somit erfolgt die

---

368 Heymann, FG Dahn, S. 172; v. Arnswaldt, Orderlagerschein, S. 140; Mannschatz, Konnossement, S. 35; Hildebrandt, Wertpapierrecht, S. 133.

369 Laube, Lagerschein, S. 30.

370 Heymann, FG Dahn, S. 172; Henke, Konnossement, S. 35; Mannschatz, Konnossement, S. 36; v. Arnswaldt, Orderlagerschein, S. 141; Göder, Lombardgeschäft, S. 50; Heidemann, Lagerschein, S. 71; Henke, Konnossement, S. 35; Kühlberg, Verkehrsschutz, S. 54; Laube, Lagerschein, S. 30 f.; Mannschatz, Konnossement, S. 36; Pappenheim, Seerecht III, S. 357.

371 Heidemann, Lagerschein, S. 71; v. Arnswaldt, Orderlagerschein, S. 141; Kühlberg, Verkehrsschutz, S. 54.

372 v. Arnswaldt, Orderlagerschein, S. 141; Kühlberg, Verkehrsschutz, S. 54.

Pfandrechtsbestellung nach § 1205 Abs. 1 BGB[373] und eine Verpfändungsanzeige ist nicht notwendig. [374] Denn die Papierübergabe hat die „Zeichenkraft der Verpfändungsanzeige".[375]

Eine Verpfändung nach den allgemeinen Vorschriften des BGB ist nur durch Abtretung des im Traditionspapier verbrieften Herausgabeanspruchs möglich. Hinzukommen muss die Übergabe des Traditionspapiers und die Verpfändungsanzeige an den unmittelbaren Besitzer.[376]

5. Bestellung eines vertraglichen Pfandrechts an der Ware durch einen Nichtberechtigten mittels eines Traditionspapiers

Gemäß § 1207 BGB finden auf die Verpfändung durch einen Nichtberechtigten die für den Erwerb des Eigentums geltenden Vorschriften der §§ 932, 934, 935 BGB entsprechende Anwendung. Wie oben bereits dargelegt, wendet die absolute Theorie bezüglich des Eigentumserwerbs vom Nichtberechtigten § 932 BGB entsprechend an. Somit erfolgt die Bestellung eines Pfandrechts durch einen Nichtberechtigten, vorausgesetzt der Erwerber ist gutgläubig, direkt mit der Übergabe des Traditionspapiers[377] gemäß §§ 1207,1208 BGB i.V.m. § 424 HGB a.F.[378]

6. Bestellung eines gesetzlichen Pfandrechts an der Ware mittels eines Traditionspapiers

Gemäß § 1257 BGB finden die Vorschriften über das durch Rechtsgeschäft bestellte Pfandrecht auf ein kraft Gesetzes entstandenes Pfandrecht entsprechende Anwendung. Es können daher auch die gesetzlichen Pfandrechte des Verfrachters (§ 495 HGB), des Lagerhalters (§ 475 b HGB) und des Frachtführers (§ 440 HGB) genauso wie das Vertragspfandrecht durch die Übergabe des Traditionspapiers erworben werden.[379] Nach § 495 Abs. 2 HGB besteht das

---

373 Heymann, FG Dahn, S. 172, Mannschatz, Konnossement, S. 36, Pappenheim, Seerecht III, S. 357; a.A. Göder, Lombardgeschäft, S. 50; Heidemann, Lagerschein, S. 71; Schubert, Orderlagerschein, S. 53, die § 424 a.F., also die Norm des HGB als Rechtsgrundlage nehmen.

374 Henke, Konnossement, S: 35; Hildebrandt, Wertpapierrecht, S. 132; Kühlberg, Verkehrsschutz, S. 46; Pappenheim, Seerecht III, S. 357.

375 Hildebrandt, Wertpapierrecht, S. 132.

376 Göder, Lombardgeschäft, S. 50 f.

377 Heymann, FG Dahn, S. 175; Mannschatz, Konnossement, S. 37.

378 Göder, Lombardgeschäft, S. 59 f.

379 Mannschatz, Konnossement, S. 37.

Pfandrecht, „solange der Verfrachter das Gut in seinem Besitz hat, insbesondere solange er mittels Konnossements, Ladescheins oder Lagerscheins darüber verfügen kann." Für den Bestand eines gesetzlichen Pfandrechts genügt, im Falle des Verlustes des unmittelbaren Besitzes an den Gütern die Verfügungsmacht mittels Konnossements. Die Formulierung „insbesondere" soll kein „noch im Besitz haben" als Voraussetzung aufstellen, sondern lediglich klarstellen, dass die Innehabung eines Konnossements genügt, da die Verfügungsmacht des Konnossements selbständig der Verfügungsmacht durch Besitz gegenübersteht. Der Pfandberechtigte hat daher ein Befriedigungsrecht an den Waren, auch wenn der Schiffer den unmittelbaren Besitz der Güter verloren hat.[380]

Gemäß § 495 Abs. 1 HGB hat der Verfrachter für alle Forderungen aus dem Stückgutfrachtvertrag ein Pfandrecht an dem ihm zur Beförderung übergebenen Gut des Befrachters, des Abladers oder eines Dritten, der der Beförderung des Gutes zugestimmt hat. Das Pfandrecht betrifft die sog. konnexen Forderungen,[381] wie die Fracht und den Ersatz von Aufwendungen, soweit diese für das Gut gemacht wurden, also z.B. Liegegeld oder ausgelegte Zölle. Nach § 494 Abs. 1 HGB hat der Verfrachter das Gut, gegen Erfüllung der Verpflichtungen aus dem Stückgutfrachtvertrag abzuliefern. Solange der Empfänger seinen Verpflichtungen jedoch nicht nachgekommen ist, bleibt die Ware im unmittelbaren Besitz des Verfrachters.

7. Verpfändung des Anspruchs aus dem Traditionspapier

Die Bestellung eines Pfandrechts ist nicht nur an den Gütern selbst, sondern auch durch Verpfändung des Traditionspapiers, folglich der Verpfändung des Anspruchs aus dem Traditionspapier, möglich. Das Pfandrecht an dem im Konnossement verbrieften Herausgabeanspruch gegen den Schiffer richtet sich nach den allgemeinen Regeln der Verpfändung von Rechten, wie sie in §§ 1273 ff. BGB geregelt sind.[382] Gemäß § 1274 BGB erfolgt die Bestellung des Pfandrechts an einem Recht nach den für die Übertragung des Rechts geltenden Vorschriften. Je nachdem, ob das Traditionspapier als Order-, Inhaber- oder Rektapapier ausgestaltet ist, unterscheidet sich die Übertragung der verbrieften Forderung.

Rektapapiere werden nach den Vorschriften über die Abtretung der in ihnen verbrieften Forderung gemäß § 1274 BGB i.V.m. § 398 BGB mit Übergabe des Papiers verpfändet. Auf Rektapapiere findet die Vorschrift des § 1280 BGB,

380 Mannschatz, Konnossement, S. 38 f.
381 Paschke in: Oetker, HGB, § 495 Rn 2.
382 Henke, Konnossement, S. 36.

wonach zur Wirksamkeit der Pfandbestellung eine Anzeige an den Schuldner (Verfrachter) notwendig ist, keine Anwendung. Dies ergibt sich aus der Formulierung des Gesetzes, das nur dort eine Anzeige für erforderlich hält, wo zur Übertragung der Abtretungsvertrag genügt. Zur Abtretung eines in einem Wertpapier verbrieften Forderungsrechtes ist zusätzlich noch die Übergabe des Wertpapiers notwendig.[383]

Nach § 1293 BGB gelten für das Pfandrecht an einem Inhaberpapier die Vorschriften über das Pfandrecht an beweglichen Sachen. Gemäß § 1205 Abs. 1 BGB sind damit Einigung über die Pfandrechtsbestellung und Übergabe des Inhaberpapiers notwendig, gemäß dem Grundsatz „Das Recht aus dem Papier folgt dem Recht am Papier".

Zur Verpfändung eines Orderpapiers genügen nach § 1292 BGB die Einigung zwischen Gläubiger (Konnossementsinhaber) und Pfandgläubiger über die Verpfändung und die Übergabe des indossierten Papiers. Die Verpfändung kann durch offenes oder verdecktes Pfandindossament erfolgen.[384] Eine Anzeige an den Schuldner nach § 1280 BGB ist nicht erforderlich, da zur Übertragung ein Abtretungsvertrag nicht genügt. Diese Form der Pfandrechtsbestellung unterscheidet sich äußerlich nicht von derjenigen, welche für die Bestellung eines Pfandrechts am Gut selbst erforderlich ist. Entscheidend ist daher der Inhalt der Willenseinigung.[385] Der Pfandgläubiger erwirbt daher ein Pfandrecht an der Ware, wenn die Willenseinigung sich auf die Verpfändung der Ware richtet, jedoch nur ein Pfandrecht am Orderpapier als solchem bzw. an dem in ihm verkörperten Herausgabeanspruch, wenn die Einigung sich lediglich darauf bezieht.[386] Ist nicht das Gut selbst, sondern der Anspruch aus dem Traditionspapier verpfändet worden, so hat der Pfandgläubiger nach § 1294 BGB ein Einziehungsrecht in voller Höhe der verpfändeten Forderung, und zwar schon vor Eintritt der Verwertungsbefugnis.[387]

Fraglich ist, ob ein Pfandrecht am Papier und ein Pfandrecht an der Ware gleichzeitig bestehen können. Um ein Pfandrecht an der Ware zu bestellen muss das Papier übergeben werden. Um ein Pfandrecht am Traditionspapier zu bestellen, muss auch das Papier übergeben werden. Somit kann, wenn nur ein

383 Eben-Worlée, Übereignung mittels Konnossement, S. 58.

384 Wicke in Palandt, BGB, § 1292 Rn 3 f.

385 Schaps/Abraham, Seehandelsrecht, § 650 Rn 20; Abraham, Lagerschein, S. 111; Eben-Worlée, Übereignung mittels Konnossement, S. 57.

386 Schaps/Abraham, Seehandelsrecht, § 650 Rn 20; Münch, Lagerschein, S. 75.

387 Wicke in: Palandt, BGB, § 1294 Rn 1; Schaps/Abraham, Seehandelsrecht, § 650 Rn 20.

Konnossement im Umlauf ist, entweder ein Pfandrecht an der Ware oder am Papier entstehen. Sind mehrere Konnossemente im Umlauf, so stellt die Verpfändung eines Traditionspapiers im Zweifel die Verpfändung der Ware selbst dar.[388]

8. Wirkung der Papierübergabe nach dem Untergang der Güter

Nach der absoluten Theorie ist eine Eigentumsübertragung an untergegangenen Sachen nicht möglich, da die diesbezügliche Einigung gegenstandslos wäre.[389]

9. Der Rechtserwerb der Ware durch ein gestohlenes Traditionspapier

Bei der Problematik des Rechteerwerbs bei Diebstahl des Traditionspapiers geht es um den Fall, dass die Ware vom Berechtigten beim Schiffer oder Lagerhalter abgeladen, über sie ein Konnossement bzw. Lagerschein ausgestellt wird und dieses bzw. dieser z. B. mit Blankoindossament versehen, dem Berechtigten gestohlen und dann die Ware durch Übergabe des Papiers weiterveräußert wird.[390] Ist das Konnossement über eine nicht abhanden gekommene Sache abhanden gekommen, so gilt die Ware nicht schon wegen des Verlustes des Traditionspapiers als abhanden gekommen.[391]

Nach § 365 Abs. 1 HGB finden die Vorschriften der Art. 13, 14 Abs. 2, Art. 16 und 40 Abs. 3 S. 2 WG bei kaufmännischen Orderpapieren entsprechende Anwendung.[392] Gemäß Art. 16 Abs. 2 WG ist der neue Wechselinhaber, wenn der Wechsel einem früheren Inhaber irgendwie abhandengekommen ist, zur Herausgabe des Wechsels nur verpflichtet, wenn er ihn in bösem Glauben erworben hat oder ihm beim Erwerb eine grobe Fahrlässigkeit zur Last fällt. Der wechselrechtliche Begriff des Abhandenkommens hat nicht dieselbe Bedeutung wie der bürgerlich-rechtliche in § 935 BGB. „Irgendwie abhanden gekommen" ist hier nicht nur der unfreiwillig aus dem Besitz gelangte (gestohlene, verlorene)

388 Wicke in: Palandt, BGB, § 1292 Rn 6; Henke, Konnossement, S. 37 mwN.

389 Kühlberg, Verkehrsschutz, S. 67 f.

390 Feige, Lagerschein, S. 43; Henke, Konnossement, S. 47; Strohal in: Jherings Jahrbücher, S. 96; v. Arnswaldt, Orderlagerschein, S. 149, der zu Recht annimmt, dass dieser Fall selten eintreten wird und damit praktisch kaum bedeutsam ist.

391 Vgl. Schnabel, Lagerschein, S. 46; v. Arnswaldt, Orderlagerschein, S. 150; Feige, Lagerschein, S. 39; Henke, Konnossement, S. 50; a.A. Michaelis, Traditionspapier, S. 38 f., der ein abhandenkommen der Waren auch annimmt, wenn lediglich das Traditionspapier abhandengekommen ist.

392 § 365 Abs. 1 Fn 2.

Wechsel, sondern jeder Wechsel, der ohne rechtswirksame Übertragung in fremde Hände gelangt ist. Bei einem gestohlenen kaufmännischen Orderpapier ist somit ein „Abhandenkommen" nach WG und BGB gegeben.

Der Herausgabeanspruch des Art. 16 Abs. 2 WG liegt jedoch nur dann vor, wenn der Erwerber den Wechsel in bösem Glauben erwirbt oder ihm beim Erwerb eine grobe Fahrlässigkeit zur Last fällt. Erwirbt demnach ein gutgläubiger Dritter ohne grobe Fahrlässigkeit ein an Order gestelltes Traditionspapier, so erlangt er gemäß Art. 16 Abs. 2 WG dingliche Rechte an und aus dem Papier[393] sowie an der Ware.[394] Die Übereignung des abhanden gekommenen Traditionspapiers ersetzt die Übergabe der Ware und führt zum Erwerb des Eigentums an den nicht abhanden gekommenen Gütern.[395]

Nach einer anderen Ansicht ist es für das „Abhandenkommen" einer Sache wesentlich, dass dem Eigentümer wider seinen Willen und ohne sein Zutun die Verfügungsgewalt über diese Sache verloren geht. Es sei demnach gleichgültig, ob die Verfügungsgewalt dadurch verloren geht, dass der Besitz an der Sache selbst verloren geht oder dadurch, dass der Besitz an einem über die Ware ausgestellten Traditionspapier verloren geht.[396] Da nach der absoluten Theorie das sachenrechtliche Legitimationsmittel des Besitzes durch das Traditionspapier ersetzt wird, muss der Schutz des § 935 BGB auch für das abhanden gekommene Traditionspapier gelten. Das Abhandenkommen eines Traditionspapiers sei dieselbe Situation, als wenn die Sache selbst „entrissen" worden wäre. Demzufolge kann an den Waren, über die ein Traditionspapier ausgestellt wurde und dieses gestohlen wurde, kein Eigentum erworben werden.[397]

393 Henke, Konnossement, S. 49; v. Arnswaldt, Orderlagerschein, S. 149; Feige, Lagerschein, S. 42; Heymann, FG Dahn, S. 231; Puttfarken, Seehandelsrecht, S. 37; Schnabel, Lagerschein, S. 43 f.

394 Heymann-Kötter, HGB, § 424 Anm. 4; v. Arnswaldt, Orderlagerschein, S. 150; Feige, Lagerschein, S. 42; Henke, Konnossement, S. 50; Heymann, FG Dahn, S. 231; Puttfarken, Seehandelsrecht, S. 37; Schnabel, Lagerschein, S. 46; Strohal in: Jherings Jahrbücher, S. 96.

395 Meyer-Cording/Drygala, Wertpapierrecht, S. 98.

396 Michaelis, Traditionspapier, S. 39.

397 Michaelis, Traditionspapier, S. 38 f.

10. Wirkung der Papierübergabe bezüglich abhanden gekommener Güter

Grundsätzlich kann auf Grundlage des BGB an gestohlenen Sachen wegen § 935 Abs. 1 BGB kein Eigentum erworben werden. Fraglich ist, ob diese Regelung durch Verwendung eines Traditionspapiers umgangen werden kann. Als konsequente Folgerung der absoluten Theorie, nach der die Papierbegebung ein selbständiges Rechtsübertragungsmittel ist, das selbständig neben den Rechtsübertragungsformen des bürgerlichen Rechts steht und sich der Sachenrechtserwerb durch Einigung und Übergabe des Traditionspapiers ohne Rücksicht auf den Besitz an den Waren vollzieht, bestehen die an dem Papier erworbenen Rechte immer parallel zu den Rechten, die an den Waren erworben werden. Folglich bedeutet Eigentum am Papier auch Eigentum an der Ware und Pfandrecht am Papier auch Pfandrecht an der Ware. Es besteht danach ein Parallelismus zwischen Traditionspapier- und Warenerwerb.[398] Wenn das Papier ordnungsgemäß ausgestellt und zum Zwecke der Eigentumsübertragung indossiert und mit dem entsprechenden Willen übergeben worden ist, so müsste demzufolge der gutgläubige Erwerber des Traditionspapiers das Eigentum an dem Papier und damit auch das Eigentum an den in dem Papier verbrieften Waren erwerben,[399] und zwar unabhängig davon, ob diese gestohlen sind oder nicht.[400]

Das Prinzip des § 935 Abs. 1 BGB wird gem. § 935 Abs. 2 BGB bereits für den Fall des Geldes und der Inhaberpapiere durchbrochen. Der Grund für diese Durchbrechung kann auch für den Eigentumserwerb mittels Traditionspapiers Geltung beanspruchen. Denn auch in diesem Fall wird die abhanden gekommene Sache mittels Traditionspapiers in den überseeischen Handelsverkehr gebracht, so dass eine Nachprüfung der Herkunft der Ware nicht zumutbar ist und damit eine Ausnahme zugunsten des Verkehrsinteresses gemacht werden muss.[401]

---

398 Heymann, FG Dahn, S. 230, 232; Feige, Lagerschein, S. 38; Goldschmidt, S. 815 Anm. 13; Exner, S. 213 ff.; Michaelis, Traditionspapier, S. 44; Mai, Traditionspapiere, S. 107.

399 Honnef, Traditionspapier, S. 43 f.; Heymann, FG Dahn, S. 231; Michaelis, Traditionspapier, S. 44 f.

400 Adler, Warrants, S. 665; Feige, Lagerschein, S. 38; Goldschmidt, Handbuch des Handelsrechts, S. 825; Heymann, FG Dahn, S. 231; Michaelis, Traditionspapier, S. 44 f.; Strohal, Sukzession in den Besitz, S. 215; a.A. v. Arnswaldt, Oderlagerschein, S. 149, der im Falle des Abhandenkommens der Ware keinen Parallelismus von Eigentum am Papier und dementsprechend an der Ware annimmt.

401 Heymann, FG Dahn, S. 232.

Andere Literaturstimmen argumentieren, dass für die absolute Theorie keine Notwendigkeit besteht, die dingliche Wirkung der Traditionspapiere im Falle des § 935 Abs. 1 BGB zu bejahen, da die absolute Theorie lediglich besage, dass die dingliche Wirkung der Traditionspapiere vom Besitz unabhängig ist. Es stelle sich daher nur die Frage, ob der Eigentümer abhanden gekommener Güter auch gegenüber papiermäßigen Verfügungen nach § 935 BGB geschützt wird.[402]

Der Rechtsscheintatbestand der Papierübergabe tritt nach der absoluten Theorie an die Stelle des Rechtsscheintatbestandes des Besitzes, aber mit der Beschränkung, dass sich an Ersteren nicht stärkere Rechtswirkungen knüpfen können als an Letzteren.[403] Könnte ein voller Parallelismus zwischen Papiererwerb und Warenerwerb angenommen werden, so ergäbe sich als Resultat: der gutgläubige Erwerber eines Traditionspapiers erwirbt immer Eigentum am Papier und am Gut, und zwar ganz gleichgültig, ob Papier oder Gut oder beide abhanden gekommen sind. Die Konsequenzen sind dann: Veräußert der Dieb eine gestohlene Sache, so erwirbt der gutgläubige Erwerber nicht Eigentum. Lagert der Dieb sie vorher ein und veräußert sie durch Indossierung des Lagerscheins, so wird der Erwerber Eigentümer.[404] Diesen Schluss kann man jedoch aufgrund des Wortlauts der §§ 448, 475g, 524 HGB nicht zulassen. Danach hat die Übergabe des Papiers „dieselben" und keine stärkeren Wirkungen als die Übergabe des Gutes. Ist also ein gutgläubiger Erwerb durch Übergabe des Gutes wegen § 935 BGB nicht möglich, so kann ein gutgläubiger Erwerb an den Waren auch nicht durch Übergabe des Traditionspapiers möglich sein. Die allgemeinen Regeln des Sachenrechtserwerbes müssen auch bei Verfügungen mittels Traditionspapieren gelten.[405] Sonst würde ein Grundgedanke des deutschen Rechts umgangen werden, denn aus § 935 BGB ergibt sich der Wille des Gesetzgebers, dass bei beweglichen Sachen, wenn sie gestohlen oder sonst abhanden gekommen sind, ein gutgläubiger Erwerb ausgeschlossen sein soll.[406]

---

402 Kühlberg, Verkehrsschutz, S. 69 f.

403 Schnabel, Lagerschein, S. 45; v. Arnswaldt, Orderlagerschein, S. 149.

404 Schnabel, Lagerschein, S. 44 f.; Kühlberg, Verkehrsschutz, S. 71; Pappenheim, Seerecht III, S. 359.

405 Heymann, FG Dahn, S. 233; Mannschatz, Konnossement, S. 34; v. Arnswaldt, Orderlagerschein, S. 149; Kühlberg, Verkehrsschutz, S. 70; Meyer-Cording/Drygala, Wertpapierrecht, S. 97 f.; Pappenheim, Seerecht III, S. 358 f.; Schnabel, Lagerschein, S. 45.

406 Mai, Traditionspapiere, S. 158; Kühlberg, Verkehrsschutz, S. 70f.; Schnabel, Lagerschein, S. 45.

Die Durchbrechung dieses Prinzips das unser Gesetz so stark betont, hätte einer Gesetzesvorschrift nach Art der §§ 935 Abs. 1, 1244 BGB bedurft.[407]

Der Sinn der Traditionspapiere bzw. der Traditionswirkung besteht darin, ein zusätzliches und gleichwertiges Legitimationsmittel neben dem Besitz zu schaffen. Dass § 935 Abs. 1 BGB im Handel mit Traditionspapieren nicht anwendbar sein soll, geben die §§ 448, 475g, 524 HGB nicht zu erkennen. Im Gegenteil, durch die Formulierung „...dieselben Wirkungen..." kommt zum Ausdruck, dass die Regelung die Gleichsetzung der beiden Veräußerungslegitimationen bezweckt.[408] Somit versagt die Traditionswirkung bei abhanden gekommenen Gütern. Ein gutgläubiger Sachenrechtserwerb an gestohlenen, verlorenen oder sonst abhanden gekommenen Gütern durch Übergabe des Traditionspapiers findet nicht statt.[409]

11. Begebung mehrerer Konnossementsexemplare

Es war alte seerechtliche Verkehrssitte, dass von jedem Konnossement drei oder mehr Exemplare ausgestellt wurden. Eine Ausfertigung erhielt der Schiffer, die zweite wurde dem Warenempfänger zugesandt, die Übrigen erhielt der Ablader als Beweismittel und um ggf. weitere Verfügungen vornehmen zu können.[410] Schwierig ist die Beurteilung der Rechtslage, wenn mehrere Konnossementsausfertigungen über dieselbe Ware ausgestellt und vom Ablader oder späteren Indossanten an verschiedene Empfänger zum Zwecke der Rechtsübertragung an der Ware übergeben worden sind. Der Urkundenbesitz als solcher stellt das sachenrechtliche Legitimationsmittel dar. Bei einer Mehrheit von Konnossementsexemplaren sind es somit mehrere selbständige, voneinander unabhängige Legitimationsmittel, die jedes für sich geeignet sind, zusammen mit dem sachenrechtlichen Übertragungswillen ein dingliches Recht zu übertragen.[411] Da der Verfrachter gemäß § 514 Abs. 3 HGB dem Ablader ein Konnossement in so vielen Ausfertigungen auszustellen hat, wie dieser es verlangt, bleibt es nicht aus, dass hierdurch Kollisionen zwischen den Konnossementsinhabern entstehen,

407 Schnabel, Lagerschein, S. 45.

408 Kühlberg, Verkehrsschutz, S. 70; Reinicke, BB 1960, 1368(1370).

409 BGH NJW 58, 1485; Heymann-Kötter, HGB, § 424 Anm. 4; Nöthling, Traditionspapiere, S. 40 f., 60; v. Arnswaldt, Orderlagerschein, S. 149; Göder, Lombardgeschäft, S. 55; Henke, Konnossement, S: 45 f.; Meyer-Cording/Drygala, Wertpapierrecht, S. 97 f.; Puttfarken, Seehandelsrecht, S. 37.

410 Krüger, Konnossement, S. 24.

411 Henke, Konnossement, S. 41.

sei es, dass der Besitzer der Konnossemente mehrmals die Ware durch das Papier veräußert, ein Konnossement gestohlen oder an einem gutgläubigen Dritten weiterbegeben wird.[412]

Grundsatz der Prävention § 651 HGB a.F.

Um eine Abwicklung zwischen den verschiedenen Rechtsinhabern zu bewirken, stellte § 651 HGB a.F. den Grundsatz der Prävention auf. Danach konnte die dingliche Wirkung vom Inhaber einer Ausfertigung, nicht zum Nachteil dessen geltend gemacht werden, der aufgrund einer anderen Ausfertigung die Auslieferung der Güter von dem Kapitän erlangt hat, bevor der Anspruch auf Auslieferung von dem Inhaber der ersteren Ausfertigung erhoben worden ist. Wurde die Ware vom Verfrachter dem dinglich Berechtigten und zugleich formell Legitimierten ausgehändigt, so konnten zum Nachteil dieses Berechtigten andere dingliche Rechte an dem Frachtgut nicht mehr geltend gemacht werden. Diesem formell Legitimierten stand gegenüber jedem anderen dinglich Berechtigten die Einrede der Prävention zu. Durch § 651 HGB a.F. wurden jedoch weitergehende dingliche Rechte und schuldrechtliche Ansprüche der Ausgeschlossenen nicht berührt. Wurde die Ware z.B. vom Pfandgläubiger entgegengenommen, so war der Eigentümer nicht gehindert, sein weitergehendes Recht geltend zu machen, soweit hierdurch der vorrangige Pfandgläubiger in seiner Rechtsstellung nicht beeinträchtigt wird.[413]

Prioritätsprinzip § 652 HGB a.F.

Lagen die Voraussetzungen des § 651 HGB a.F. nicht vor, haben sich z.B. mehrere legitimierte Konnossementsinhaber gleichzeitig gemeldet und der Verfrachter daraufhin die Auslieferung gemäß § 649 HGB a.F. verweigert, so trat nach § 652 HGB a.F. das Prioritätsprinzip an die Stelle des Präventionsgrundsatzes. Danach ging derjenige Konnossementsinhaber vor, welcher seine Ausfertigung von dem gemeinschaftlichen Vormann, der mehrere Konnossements-ausfertigungen an verschiedene Personen übertrug, zuerst erhalten hatte. Das Motiv für die Anwendung des Prioritätsgrundsatzes lag darin, dass jeder Erwerber eines Konnossementsduplikats mit der Möglichkeit rechnen musste, dass vor ihm bereits ein anderer der Erwerber eines Duplikats geworden war.[414]

---

412 Henke, Konnossement, S. 37.
413 Dumke, Konnossement, S. 87.
414 Hellwig, Verträge auf Leistung an Dritte, S. 511.

Ausnahmen vom Präventions- und Prioritätsprinzip

Für den Fall, dass weder Priorität noch Prävention entscheiden konnten, insbesondere, wenn gleichzeitig verschiedene, einander entgegenstehende Rechte übertragen wurden, musste nach der absoluten Theorie durch Anwendung des Grundsatzes: „dass niemand mehr Recht übertragen kann als er selbst hat", entschieden werden.[415] Sind verschiedene Konnossementsexemplare gleichzeitig begeben, so kommt es danach darauf an, zu welchem Zweck die Begebung erfolgt ist.[416] Bei gleichzeitiger Begebung mehrerer Konnossementsexemplare zum Zweck der Eigentumsübertragung entsteht Miteigentum der verschiedenen Konnossementsinhaber.[417] Bei gleichzeitiger Begebung zum Zwecke der Begründung mehrerer Pfandrechte existieren diese Rechte nebeneinander. Es entstehen gleichrangige Pfandrechte.[418]

Wird schließlich Eigentum und Pfandrecht durch gleichzeitige Begebung mehrerer Exemplare übertragen, so geht das Eigentum mit dem Pfandrecht belastet auf den Erwerber über.[419] Auch nach einer differenzierenden Auffassung geht zwar Alleineigentum belastet mit einem Pfandrecht auf den Erwerber über. Jedoch belastet das Pfandrecht danach nur den hälftigen Bruchteil der Sache und nicht die ganze Sache, da es ansonsten zu einer einseitigen Begünstigung des Gläubigers käme.[420]

Durch das Seerechtsänderungsgesetz vom 20.04.2013 wurden die §§ 651, 652 HGB ersatzlos gestrichen. In dem Fall, dass sich mehrere legitimierte Besitzer melden, hat der Verfrachter nach § 521 Abs. 3 S. 2 HGB das Gut in einem

415 Heymann, FG Dahn, S. 222 f.; Mannschatz, Konnossement, S. 45; Nöthling, Traditionspapiere, S. 71.

416 Heymann, FG Dahn, S. 222 f.; Mannschatz, Konnossement, S. 45.

417 Heymann, FG Dahn, S. 223; Kühlberg, Verkehrsschutz, S. 78; Mannschatz, Konnossement, S. 45; Pappenheim, Seerecht III, S. 379; Schlenzka, Konnossementsrecht, S. 108.

418 Heymann, FG Dahn, S. 223; Henke, Konnossement, S. 41 f.; Kühlberg, Verkehrsschutz, S. 77 f.; Mannschatz, Konnossement, S. 45; Pappenheim, Seerecht III, S. 379; Schlenzka, Konnossementsrecht, S. 108.

419 Heymann, FG Dahn, S. 223; Henke, Konnossement, S. 42; Kühlberg, Verkehrsschutz, S. 79 f.; Mannschatz, Konnossement, S. 45; Pappenheim, Seerecht III, S. 379 f.; a.A. Nöthling, Traditionspapiere, S. 71, der das Pfandrecht dem Eigentum nicht vorzieht, sondern wie Jacobi die Erwerber als gleichberechtigt ansieht; Schlenzka, Konnossementsrecht, S. 99, der aus dem Gesetz keine Unmöglichkeit nacheinander erfolgter konkurrierender Konnossementsbegebungen schlussfolgert.

420 Kühlberg, Verkehrsschutz, S. 79 f.; Jacobi, Das Wertpapier als Legitimationsmittel, S. 71 ff.

öffentlichen Lagerhaus oder in sonst sicherer Weise zu hinterlegen und die Besitzer, die sich gemeldet haben, unter Angabe der Gründe seines Verfahrens zu benachrichtigen. Eine Regelung, die das Prioritäts- oder Präventionsprinzip zum Gegenstand hat, gibt es nicht mehr. Daher kann nach der absoluten Theorie nunmehr nur noch der Grundsatz angewandt werden, dass niemand mehr Recht übertragen kann als er selbst hat. Auf die obigen Ausführungen wird dazu verwiesen.

12. Ende der dinglichen Wirkung

Das Traditionspapier entfaltet eine dingliche Wirkung von der Übernahme der Güter an bis zur Auslieferung derselben an den legitimierten Empfänger gegen Rückgabe des Traditionspapiers.[421] Die dingliche Wirkung versagt bei Anwendung der absoluten Theorie, wenn das Papier gefälscht ist oder zirkuliert, nachdem die Waren ohne Papierrückgabe an den Papierinhaber ausgehändigt worden sind[422], ein Dritter gutgläubig Eigentum an der Ware erworben hat (Ausnahme) oder die Waren untergegangen sind.[423]

V. Die Argumente für die absolute Theorie

1. Auslegung nach dem Wortlaut – kein Erfordernis des dauerhaften Besitzes des Verfrachters

Aus der Formulierung der §§ 424, 650 HGB a.F. ergab sich kein zwingender Anhaltspunkt dafür, dass der Lagerhalter bzw. Verfrachter nach der Übernahme die Güter weiterhin im Besitz haben oder den Besitz noch mitteln müsse.[424] Das Gesetz formulierte: „sobald die Güter […] zur Beförderung übernommen sind

421 Heymann, FG Dahn, S. 228; Nöthling, Traditionspapiere, S. 41; anders Schlenzka, Konnossementsrecht, S. 83, der die dingliche Wirkung auch dann als beendet ansieht, wenn der Schiffer sich das Konnossement nicht zurückgeben hat lassen, da Schlenzka bezüglich Beginn und Ende der Traditionsqualität auf „Eintritt und Verlust der auf konnossementsrechtlicher Spezifikation der Ware beruhenden Substration des Konnossements“ abstellt.

422 A.A. Schlenzka, Konnossementsrecht, S. 83.

423 Nöthling, Traditionspapiere, S. 41; Heymann, FG Dahn, S. 228.

424 Heymann-Kötter, HGB, § 424 Anm. 2; v. Arnswaldt, Orderlagerschein, S. 134; Feige, Lagerschein, S. 24; Michaelis, Traditionspapier, S. 19; Schlenzka, Konnossementsrecht, S. 55; Schnabel, Lagerschein, S. 35 f.; Göder, Lombardgeschäft, S. 40 f.; Kühlberg, Verkehrsschutz, S. 55; Mayer, Lagerschein, S. 14; Nöthling, Traditionspapiere, S. 42.

[…]" Das Wort „übernommen" drückte zwar aus, dass der Lagerhalter das Gut einmal erhalten haben muss, aber keineswegs, dass er es noch weiter besitzen muss.[425]

Dementsprechend wurde zwischen einem „übernommen haben" und einem „übernommen bleiben" der Güter unterschieden. „Übernommen-Haben" deutet auf einen Vorgang hin, für den eine gewisse Dauer bzw. Zeitspanne nicht erforderlich ist. Diese Unterscheidung zwischen der Besitzübernahme als einen Zeitpunkt oder einer Zeitspanne wird durch das einleitende Wort „sobald" in § 650 HGB a.F., aber auch durch das Wort „wenn" in §§ 448, 475 g HGB a.F. unterstrichen. Als Synonyme für „wenn" lassen sich „für den Fall" bzw. „sofern" verwenden. Es beschreibt somit keinen dauerhaften Zustand, sondern ist lediglich eine Bedingung für den Eintritt der dinglichen Wirkung. Die Ware muss übernommen worden sein. Daran eine zeitliche Komponente zu knüpfen, ginge zu weit. Auch das Wort „sobald" bedeutet lediglich „sofort" bzw. „wenn", beschreibt damit kein Dauermoment und lässt eindeutig auf eine aufschiebende Bedingung schließen. Hätte der Gesetzgeber beabsichtigt, dass die dingliche Wirkung der Traditionspapiere bei fehlendem Besitz des Schiffers nicht mehr besteht, hätte er das in den Gesetzestext mit einer auflösenden Bedingung aufnehmen können.[426] Dies ist jedoch nicht erfolgt. Daher muss das „sobald" auch als „sobald" verstanden und darf nicht in ein „solange" umgedeutet werden.[427]

Mit dem Seerechtsänderungsgesetz vom 20.04.2013 hat der Gesetzgeber die Traditionswirkung des Konnossements in § 524 HGB teilweise neu formuliert: „Die Begebung des Konnossements […] hat, sofern der Verfrachter das Gut im Besitz hat, für den Erwerb von Rechten […]" Laut Gesetzesbegründung[428] ist Voraussetzung für die Traditionswirkung, dass der Verfrachter im Zeitpunkt der Übertragung des Konnossements noch den Besitz am Gut hat, es also übernommen hat und den Besitz hieran weder aufgegeben noch verloren hat. Aufgrund dieser eindeutigen neuen Formulierung kann nicht mehr zwischen einem „übernommen haben" und einem „übernommen bleiben" unterschieden werden. Folglich muss der Verfrachter die Güter im Besitz haben, um eine dingliche Wirkung des Traditionspapiers hervorrufen zu können.

---

425 Feige, Lagerschein, S. 24; Göder, Lombardgeschäft, S. 40 f.; Kühlberg, Verkehrsschutz, S. 55 f.; Mayer, Lagerschein, S. 14; Michaelis, Traditionspapier, S. 19; Nöthling, Traditionspapiere, S. 42; Schlenzka, Konnossementsrecht, S. 55.

426 Feige, Lagerschein, S. 24; Schlenzka, Konnossementsrecht, S. 54 f.

427 Kühlberg, Verkehrsschutz, S. 56; Michaelis, Traditionspapier, S. 19.

428 BT-Drucks. 17/10309, S. 173.

Als weiteres Argument gegen einen notwendigen dauerhaften Besitz des Verfrachters führte die absolute Theorie das Pfandrecht des Frachtführers (§ 440 Abs. 2 HGB), des Lagerhalters (§ 475 b Abs. 3 HGB) und des Verfrachters (§ 495 Abs. 2 HGB) an. Dieses besteht, solange der Frachtführer/Lagerhalter/Verfrachter das Gut in seinem Besitz hat, insbesondere solange er mittels Konnossements, Ladescheins oder Lagerscheins darüber verfügen kann. Mit dem Wort „insbesondere" sollte nicht ein Unterfall des „noch im Besitz haben" eingeführt, sondern nur zum Ausdruck gebracht werden, dass für den Fortbestand der gesetzlichen Pfandrechte bei Verlust des unmittelbaren Besitzes die Verfügungsmacht mittels Konnossements etc. genüge.[429] Somit bedürfen nach der absoluten Theorie die durch Konnossementsübergabe erworbenen gesetzlichen Pfandrechte weder zu ihrem Entstehen noch zu ihrer Fortdauer des Besitzes. Nach dem Wortlaut des HGB war es unzweifelhaft, dass „insbesondere" sich nicht auf den Besitz beziehen sollte. Die Verfügungsmacht mittels Konnossements steht dem Besitz hier vielmehr selbständig gegenüber. Wäre dies nicht der Fall, so könnten auch der Dieb und der Finder mittels eines Blankokonnossements über die Güter verfügen. Das Gesetz vertritt jedoch nicht den Standpunkt, dass diese Personen mit der Verfügungsmacht auch den Besitz der im Konnossement verzeichneten Güter erlangt hätten.[430] Zwar wurde mit dem 4. Seerechtsänderungsgesetz der Wortlaut der Paragraphen über das Pfandrecht nicht geändert, der Gesetzgeber hat mit der Umformulierung der Traditionswirkung in „noch im Besitz haben" jedoch eindeutig klargestellt, dass der Besitz Voraussetzung für die Traditionswirkung ist.

2. Systematische Auslegung

Das BGB enthält mit dem Besitzkonstitut i.S.d. § 930 BGB und der Abtretung des Herausgabeanspruchs gemäß § 931 BGB zwei Übereignungsformen, bei denen die Übergabe durch die Vereinbarung eines Besitzmittlungsverhältnisses bzw. durch die Abtretung des Herausgabeanspruchs ersetzt wird. In diese Gruppe von Surrogationsbestimmungen reiht sich die Übereignung mittels Traditionspapiers ein. Nach der absoluten Theorie tritt § 524 HGB als Surrogationsbestimmung selbständig neben die §§ 930, 931 BGB und erleichtert damit die Eigentumsübertragung gegenüber § 929 S. 1 BGB wegen nicht notwendiger Sachübergabe. Dieser systematische Zusammenhang mit den §§ 929 ff. BGB

429 Mannschatz, Konnossement, S. 38; Kühlberg, Verkehrsschutz, S. 68.

430 Mannschatz, Konnossement, S. 38 f.

wird nicht deshalb aufgelöst, weil § 524 HGB eine Vorschrift des Handelsrechts ist.[431] Dem Gesetzgeber kam es darauf an, die Vorschriften der §§ 929 ff. BGB übersichtlich zu halten und sie nicht mit solchen Vorschriften zu verkomplizieren, die den Handelsverkehr betreffen.[432]

Dieser systematischen Einordnung steht auch nicht entgegen, dass in den §§ 930, 931 BGB von einer „Ersetzung“ der Sachübergabe, in § 524 HGB aber davon die Rede ist, dass die Übergabe des Papiers „dieselben Wirkungen“ wie die Übergabe des Gutes habe. Während durch die „Ersetzung“ der Sachübergabe in §§ 930, 931 BGB die Eigentumsübertragung im Verhältnis zu § 929 S. 1 BGB lediglich erleichtert wird, ist durch die abweichende Formulierung in § 524 HGB zugleich bestimmt, dass der Erwerber des Papiers trotz fehlender Sachübergabe auch von den verstärkten Verkehrsschutzgarantien profitieren soll, die mit einer Übereignung nach § 929 S. 1 BGB verbunden sind. Die Formulierung „die Begebung des Papiers hat dieselben Wirkungen wie die Übergabe des Gutes“ dient daher einem über die §§ 930, 931 BGB hinausgehenden Regelungszweck.[433]

Andererseits wird argumentiert, dass § 524 HGB nicht mit den §§ 930, 931 BGB verglichen werden könne. Die Formulierung „kann ersetzt werden“ in den §§ 930, 931 BGB bedeute, dass statt der tatsächlichen Übergabe die Abtretung des Herausgabeanspruchs oder ein Besitzkonstitut vereinbart werden könne. Daraus gehe hervor, dass es sich bei § 524 HGB gerade nicht um eine Surrogationsbestimmung handele, sondern es werde der Papierübergabe derselbe Effekt beigelegt. Folglich werde eine besondere Eigentumserwerbsart aufgestellt.[434] Der Ausdruck „hat die gleiche Wirkung wie“ stelle unter Beachtung bestimmter Tatbestandsvoraussetzungen, wie z.B. Einigung und Papierübergabe, eine Fiktion in der Rechtsfolge her. Im Fall der Traditionswirkung sollen die Rechtsfolgen der Übergabe fingiert werden. Ein Rückgriff auf die §§ 930, 931 BGB sei daher ausgeschlossen.[435]

Auch *Heymann* sieht in der absoluten Wirkung der Papierbegebung „eine besondere, von den sonstigen verschiedene Form des Erwerbs der Sachenrechte“, wonach der Erwerb durch Einigung und Papierbegebung herbeigeführt wird.[436] Dennoch soll im Falle der Veräußerung durch einen Nichteigentümer

---

431 Kühlberg, Verkehrsschutz, S. 63.
432 Kühlberg, Verkehrsschutz, S. 64.
433 Kühlberg, Verkehrsschutz, S. 64.
434 Henke, Konnossement, S. 32 f.; vgl. Schubert, Orderlagerschein, S. 46 ff.
435 Schubert, Orderlagerschein, S. 48 f.
436 Heymann, FG Dahn, S. 161.

mittels eines Konnossements das Eigentum gutgläubig nach § 932 BGB erworben werden.[437] Somit stellt auch *Heymann* eine Verbindung zur Erwerbsform des § 929 BGB her und stellt damit die Unabhängigkeit des § 524 HGB zu den Regelungen des BGB in Frage.

3. Historische Auslegung

Die absolute Wirkung der Traditionspapiere lässt sich historisch belegen, da die Übereignung mittels Traditionspapier auf der gemeineuropäischen traditio cartae[438] als eigenständiger, von der Besitzübertragung unabhängiger Übereignungsform beruht.[439] Weder ADHGB noch HGB wollten dies ändern und insbesondere nicht die Papierübereignung an die Besitzübertragung koppeln, denn die eigenständige handelsrechtliche Form sollte erhalten werden.[440] Die traditio cartae hatte seit dem frühen Mittelalter hauptsächlich Bedeutung für Immobiliargeschäfte. Im römischen Vulgarrecht[441] bestand der gewohnheitsrechtliche Satz, dass zur Übertragung von Besitz und Eigentum an Grundstücken die Übergabe der traditio cartae genüge.[442] Die Übereignung und Verpfändung von ganzen Mobiliarvermögen mittels der carta fand schon sehr früh in Italien statt. Auch eine Sklavenveräußerung durch die carta, als Fall der Übereignung einzelner Fahrnisstücke, wurde häufig vorgenommen.[443] Die umfassendste Verwertung fand die Begebung der carta im Mittelalter in den italienischen und marseillaiser Notariatsurkunden. Die Übergabe der Urkunde verschaffte das Recht ohne Rücksicht darauf, ob Besitz überging oder nicht.[444] Für die tatsächliche Übergabe der Ware hafteten Bürgen.[445] Einer grenzenlosen Ausdehnung der dinglichen Wirkung, die eine bedenkliche Rechtsunsicherheit zur Folge hatte, wurde am Anfang des 19. Jahrhunderts durch *Savignys* Besitzlehre ein

437 Heymann, FG Dahn, S. 169.

438 Rechtsübertragung durch Aushändigung einer Urkunde.

439 Heymann, FG Dahn, S. 187 ff.; so auch Mannschatz, Konnossement, S. 30 f.; Nöthling, Traditionspapiere, S. 43; Puttfarken, Seehandelsrecht, S. 38; Schnabel, Lagerschein, S. 35.

440 Puttfarken, Seehandelsrecht, S. 38.

441 Lat.: vulgaris: allgemein, gewöhnlich; Römisches Recht in der Zeit nach Kaiser Diokletian, das in einer starken Vereinfachung des klassischen römischen Rechts bestand.

442 Strohal, Sukzession in den Besitz, S. 9.

443 Heymann, FG Dahn, S. 189; ihm folgend: Schlenzka, Konnossementsrecht, S. 47.

444 Heymann, FG Dahn, S. 190; Mannschatz, Konnossement, S. 31; Nöthling, Traditionspapiere, S. 46; Schlenzka, Konnossementsrecht, S. 47.

445 Schlenzka, Konnossementsrecht, S. 47.

Ende gesetzt.[446] Zur Sachenrechtsübertragung wurde nämlich die körperliche Übergabe der Ware gefordert. Damit entzog die herrschende streng römische Besitzlehre der Übergabe der Urkunde jede dingliche Wirkung. Die traditio cartae behielt ihre Bedeutung im Handelsgebrauch, insbesondere in der Begebung des Konnossements, die sich als ein einfacher Anwendungsfall der Instrumentaltradition darstellt.[447] So formuliert Mannschatz: „Angesichts dieser Sachlage erscheint die besondere Regelung der dinglichen Wirkung der Konnossementsbegebung in unserem heutigen Handelsgesetzbuch als gesetzliche Fixierung eines schon lange bestehenden Handelsgebrauchs gerechtfertigt.“[448]

4. Auslegung unter Beachtung der Entstehungsgeschichte

Heymann weist darauf hin, dass besonders die Entstehungsgeschichte der reichsrechtlichen Bestimmungen über die Traditionspapiere für die absolute Theorie spreche.[449] Der Entwurf des ADHGB war von der Besitzlehre *Savignys* geprägt. Daher vermeiden es die Protokolle, zur Konstruktionsfrage der dinglichen Wirkung von Traditionspapieren Stellung zu nehmen.[450] In der ersten Seerechtsberatung wurde die dingliche Wirkung des Konnossements unter anderem wegen ihrer „Unkonstruierbarkeit“ gestrichen.[451] In der zweiten Lesung wurde es abgelehnt, die Formulierung: „die Übergabe des Konnossements steht der Übergabe der Güter gleich“ in den Gesetzestext aufzunehmen. Es wurde jedoch in den Entwürfen und Protokollen der jetzige Wortlaut des § 524 HGB „dieselben Wirkungen wie die Übergabe der Güter“ so ausgelegt, dass damit eine Gleichstellung der beiden Übergabearten beabsichtigt sei.[452]

Da es eine umstrittene Frage war, ob der Besitz „ein von der Übergabe abhängiges Recht“ sei, wie es Art. 649 ADHGB formulierte, änderte der Gesetzgeber den Wortlaut des HGB und wählte den jeglichen Besitzübergang ausschließenden Ausdruck „Rechte an den Gütern“. Der Gesetzgeber war offensichtlich auf die Ausschaltung der komplizierten und heftig umstrittenen Besitzlehre im

446 Heymann, FG Dahn, S. 202.

447 Heymann, FG Dahn, S. 204; Mannschatz, Konnossement, S. 32.

448 Mannschatz, Konnossement, S. 32.

449 Heymann, FG Dahn, S. 179 ff.; so auch Mannschatz, Konnossement, S. 30; Mayer, Lagerschein, S. 15.

450 Mannschatz, Konnossement, S. 29 f; Nöthling, Traditionspapiere, S. 42; Heymann, FG Dahn, S. 179 f.

451 HGB-Protokolle, S. 2219 ff., 2226.

452 HGB-Protokolle, S. 4022.

Zusammenhang mit der Traditionsqualität des Konnossements bedacht, zumal gerade die neuen Bestimmungen des bürgerlichen Rechts leicht zu – im Rahmen der Gesetzgebung – nicht gewollten Konstruktionsversuchen führen konnten. Denn § 929 S. 1 BGB erfordert zum Eigentumserwerb an beweglichen Sachen Einigung und Übergabe der Sache. Durch die verschiedenen Arten des Besitzes bietet das BGB die Möglichkeit, in den bestimmten Fällen auf die körperliche Übergabe der Sache zu verzichten. Es lässt zur Eigentumsübertragung gemäß § 930 BGB die Vereinbarung eines Besitzkonstitutes und gemäß § 931 BGB die Abtretung des Herausgabeanspruchs genügen. Diese Übergabesurrogate führten mit ihrer Möglichkeit, beim Eigentumserwerb auf die Verschaffung unmittelbaren Besitzes zu verzichten, zu den Versuchen, hieraus die dingliche Wirkung des Konnossements zu erklären.[453] In den Motiven zum BGB heißt es: „Für gewisse Fälle der Übertragung des Eigenthumes an beweglichen Sachen ist im Handelsrechte von dem Erfordernis der Sachtradition abgesehen und die Tradition der handelsrechtlichen Verfügungspapiere für genügend erklärt. Derartige handelsrechtliche Vorschriften bestimmen nicht einen qualifizierten konsensualen Besitzwechsel, sondern enthalten eine Ausnahme von den gesetzlichen Erfordernissen der Sachübergabe, gehören also unter die Vorschriften über die Eigenthumserwerbung".[454] Die Motive bestätigen die Wortlautinterpretation der absoluten Theorie, indem sie die Übergabe des Papiers anstelle der Sachtradition für „genügend" erklären, die Ausnahme von den Vorschriften über den Eigentumserwerb , also den §§ 929 ff. BGB, deutlich machen und hervorheben, dass derartige handelsrechtliche Vorschriften wie z.B. § 524 HGB keinen „Besitzwechsel" bestimmen,[455] sondern eine Ausnahme vom Erfordernis der Sachübergabe darstellen.[456] Es ist dagegen nicht die Rede davon, dass die Traditionswirkung ein Besitzmittlungsverhältnis zwischen dem Veräußerer und dem Verfrachter oder zumindest fortdauernden Besitz des Verfrachters voraussetzt. Der Gesetzgeber weist vielmehr ausdrücklich auf die Gleichstellung der Warenpapiere mit den Übergabesurrogaten hin.[457] Die Entstehungsgeschichte des Handelsgesetzbuchs spricht somit für den Standpunkt der absoluten Theorie.[458]

---

453 Mannschatz, Konnossement, S. 24; Schlenzka, Konnossementsrecht, S. 49 f.

454 Motive BGB III, S. 90.

455 Kühlberg, Verkehrsschutz, S. 66; v. Arnswaldt, Orderlagerschein, S. 134; Mannschatz, Konnossement, S. 30; Mayer, Lagerschein, S. 15; Heymann, S. 182 ff.; Schlenzka, Konnossementsrecht, S. 50.

456 Mannschatz, Konnossement, S. 30; Mayer, Lagerschein, S. 15; Heymann, S. 182 ff.

457 Schlenzka, Konnossementsrecht, S. 50 f.

458 Heymann, FG Dahn, S. 183; Mayer, Lagerschein, S. 15.

5. Auslegung unter Berücksichtigung von Verkehrsschutzgesichtspunkten

Der Handel wird nach der absoluten Theorie nicht mit dem Unsicherheitsfaktor eines Besitzmittlungsverhältnisses zwischen Veräußerer und Verfrachter belastet.[459] Denn in den Fällen des Besitzverlustes liegt es vor allem im Interesse des Verkehrs, den papiermäßigen Erwerber - statt ihn auf die Beendigung der dinglichen Wirkung zu verweisen - das jeweilige dingliche Recht erwerben zu lassen und es ihm auf diese Weise zu ermöglichen, seinen Herausgabeanspruch bei dem betreffenden Drittbesitzer zu realisieren.[460]

6. Auslegung nach dem Sinn und Zweck

Die absolute Wirkung entspricht dem Zweck der Traditionspapiere am besten.[461] Diesen Zweck hat *Goldschmidt* wie folgt beschrieben:

> „Je umfassender die Rechte sind, welche sich an den Konnossementserwerb knüpfen, um so sicherer entspricht das Konnossement seinem wirtschaftlichen Zweck, ein Werkzeug des merkantilen Güterumlaufs zu sein. Der Konnossementsinhaber erwartet, und diese Erwartung bildet die Grundlage der den Konnossementserwerb begleitenden Handelsoperationen, nicht allein, dass die verzeichneten Güter ihm ausgeliefert werden, sondern auch, dass ihm ein durchaus sicheres, durch keinerlei in die Zeit zwischen Empfang des Konnossements und Empfang der Ware fallende Umstände zu beeinträchtigendes, Recht zustehe.“[462]

7. Konnossement als Legitimationsmittel

Für Eigentumsübertragungen an beweglichen Sachen ist der Besitz das ausschließliche Legitimationsmittel. Im Immobiliarverkehr dagegen ist die Publizität des betreffenden Sachenrechts an die Grundbucheintragung geknüpft. Das Mittel, das den Besitz als sachenrechtlichen Publizitätsträger ersetzen soll, muss geeignet sein, in der gleichen Weise wie die Grundbucheintragung die Publizität des Sachenrechts herzustellen. *Heymann*[463] stellt an ein solches Besitzsurrogat

---

459 Kühlberg, Verkehrsschutz, S. 48; Mayer, Lagerschein, S. 14; Michaelis, Traditionspapier, S. 20.

460 Kühlberg, Verkehrsschutz, S. 55 f.; Michaelis, Traditionspapier, S. 19 f.

461 Heymann, FG Dahn, S. 176; Schnabel, Lagerschein, S. 36

462 Goldschmidt, Handbuch des Handelsrechts, S. 700; so auch Kühlberg, Verkehrsschutz, S: 58; Schnabel, Lagerschein, S. 36.

463 Heymann, FG Dahn, S. 212 f.; so auch folgend Göder, Lombardgeschäft, S. 48; Nöthling, Traditionspapiere, S. 58.

zwei Erfordernisse. Einmal, dass dieses Surrogat möglichst das einzige Rechtsübertragungsmittel ist, um die Rechtssicherheit nicht zu gefährden und ferner, dass dem Veräußerer möglichst die Legitimation zur weiteren Verfügung entzogen wird, um den Papiererwerber nicht zu schädigen. Da beide Publizitätsformen demselben Zweck, der Sichtbarmachung von Rechtsverhältnissen dienen, müssen sie einander ausschließen.[464] Weil der Schiffer ohne Rückgabe des Konnossements die Ware nicht aushändigt, ist in der Zeit von der Übernahme der Ware an eine rechtmäßige Veräußerung oder Belastung mittels Übergabe der Sache ausgeschlossen. Somit ist der Besitz als selbständiges Legitimationsmittel in dieser Zeit ausgeschaltet und die Verkehrssicherheit ist nicht gefährdet.[465] Die Präsentationspapiereigenschaft des Traditionspapiers bewirkt, dass ein berechtigter Sachenrechtserwerb nur möglich ist durch Übergabe des Traditionspapiers, denn es gilt die Regel: „Nur wer das Papier hat, kann Rechte an der Ware übertragen."[466] Demnach ist dem Veräußerer nach erfolgter Übergabe des Konnossements die Möglichkeit, anderweitig über die Sache zu verfügen, entzogen, um dadurch „die Rechtsstellung des Erwerbers nicht zu schädigen".[467] Die Übergabe eines Traditionspapiers ist somit ein vollwertiger, die Sachübergabe ausschließendes Surrogat beim Erwerb von Sachenrechten, weil sie den Besitz in seiner Bedeutung als äußeren Tatbestand des Rechts ersetzt.[468] Allein die Übergabe der Urkunde ist die nach außen hervortretende Tatsache, die das an der Sache erworbene Recht, Dritten gegenüber kenntlich macht.[469]

---

464 Mayer, Lagerschein, S. 18; a.A. Pappenheim, Seerecht III, S. 359; Göder, Lombardgeschäft, S. 51, der von der Publizitätsform des Besitzes wieder Gebrauch machen würde, soweit und solange, die andere Publizitätsform nicht benutzt wird.

465 Heymann, FG Dahn, S. 214; Nöthling, Traditionspapiere, S. 57 f.; a.A. Pappenheim, Seerecht III, S. 359; Göder, Lombardgeschäft, S. 48,51 der allerdings von der Publizitätsform des Besitzes wieder Gebrauch machen würde, soweit und solange, die andere Publizitätsform nicht benutzt wird.

466 Heymann, FG Dahn, S. 214; dies entspricht § 23 Abs. 2 Österreichisches Lagerhausgesetz vom 28.04.1889: „wenn ein Lagerschein ausgestellt ist, kann die Uebergabe der Ware in anderer Weise nicht stattfinden."

467 Nöthling, Traditionspapiere, S. 58; a.A. Pappenheim, Seerecht III, S. 359.

468 Mayer, Lagerschein, S. 16; Heymann, FG Dahn, S. 216; a.A. Pappenheim, Seerecht III, S. 359.

469 Nöthling, Traditionspapiere, S. 57.

8. Rechtsvergleichende Betrachtung

Für die Geltung der absoluten Theorie spricht Art. 925 Abs. 2 des Schweizer Zivilgesetzbuchs[470]. Danach geht dem gutgläubigen Erwerber eines Warenpapiers der gutgläubige Besitzer der Ware selbst mit seinem Eigentumsanspruch oder sonstigen dinglichen Rechten vor. Diese Regelung ergibt nur dann einen Sinn, wenn das Gesetz davon ausgegangen ist, dass der gutgläubige Erwerber eines Lagerscheins auch dann Eigentum an der Ware erwirbt, wenn ihm ein bösgläubiger Besitzer der Ware gegenübersteht. Der Eigentumserwerb mittels Lagerscheins ist dort also nicht davon abhängig, dass die Ware noch im Besitz des Lagerhalters ist. Die absolute Theorie hat damit in der Schweiz gesetzliche Anerkennung gefunden.[471]

Auch die Tatsache, dass bei einer Speziessache weder nach englischem noch nach französischem Recht eine Übertragung des Besitzes an der Sache Voraussetzung für einen Eigentumserwerb ist und das Eigentum bereits zum Zeitpunkt des Vertragsschlusses auf den Käufer übergeht (Konsensprinzip)[472], spricht für die absolute Theorie.[473]

VI. Einwände gegen die absolute Theorie

1. Auslegung nach dem Wortlaut

Unter dem Wortlaut „Übergabe des Gutes“ ist nach dem Sprachgebrauch des HGB „Besitzübertragung“ zu verstehen. Denn die §§ 448, 475 g, 650 HGB a.F. sind Art. 649 ADHGB nachgebildet. Dieser Vorschrift wiederum lag der Sprachgebrauch des Preußischen Allgemeinen Landrechts zu Grunde. Man verstand hier unter „Übergabe der Güter“ eine beliebige Art der Besitzübertragung. In diesem Sinne ist auch der Art. 649 ADHGB zu verstehen. Bedeutet nun „Übergabe der Güter“ ausschließlich „Besitzübertragung“, so muss das auch Geltung haben, wenn nicht das Gut selbst, sondern ein Traditionspapier übergeben wird, da dessen Übergabe „dieselben Wirkungen haben soll wie die Übergabe der Güter“.[474]

---

470 Art. 925 Abs. 2 ZGB: “Steht jedoch dem gutgläubigen Empfänger des Warenpapiers ein gutgläubiger Empfänger der Ware gegenüber, so geht dieser jenem vor.“

471 V. Arnswaldt, Orderlagerschein, S. 143; v. Boetticher, Traditionspapiere, S. 148 f.

472 Krimphove, Das europäische Sachenrecht, S. 109.

473 v. Arnswaldt, Orderlagerschein, S. 142 f.; a.A. v. Boetticher, Traditionspapiere, S. 138.

474 Beuth, Orderpapiere, S. 77 f.; Honnef, Traditionspapier, S. 19 f.; Makower, HGB, § 424 Anm. II a 1.

Auch scheint der Wortlaut der §§ 424, 450, 647 HGB a.F. viel zu präzise, um nur reinen Sachenrechtserwerb anzunehmen. Es wäre dann eine einfachere Fassung des Gesetzes, wie etwa: „Die Übergabe des Papiers ersetzt die Übergabe der Güter“ vorzugswürdig gewesen.[475] Gerade die kompliziertere Fassung beweist, dass die Deutung zugunsten der Traditionswirkung nicht so einfach ist, wie es die absolute Theorie annimmt. Es ist nicht ersichtlich, dass der Gesetzgeber auf so unklare Weise eine neue Erwerbsart an Sachen schaffen wollte.[476] Auch weil die Sachenrechte im BGB bereits eingehend kodifiziert sind.[477]

Mit dem Seerechtsänderungsgesetz vom 20.04.2013 hat der Gesetzgeber die Traditionswirkung des Konnossements in § 524 HGB neu formuliert: „Die Begebung des Konnossements […] hat, sofern der Verfrachter das Gut im Besitz hat, für den Erwerb von Rechten […].“ Aufgrund dieser eindeutigen neuen Wortwahl kann nicht mehr zwischen einem „übernommen haben“ und einem „übernommen bleiben“ unterschieden werden. Das Argument der absoluten Theorie, der Vergleich zu anderen Vorschriften des BGB und des HGB zeige, dass dort, wo der Gesetzgeber die alleinige Besitzübernahme für nicht genügend erachtet, sondern ein „übernommen bleiben“ der Güter für erforderlich hält, dieses präzise ausdrückt, spricht nach dem Seerechtsänderungsgesetz gegen die absolute Theorie. In § 929 S. 2 BGB formuliert der Gesetzgeber: „Ist der Erwerber im Besitz der Sache […]“, damit ist die Dauer des Besitzes, also eine Zeitspanne gemeint. Dies geht eindeutig aus der Formulierung hervor, die sich mit § 524 HGB nun deckt.

Nach § 440 Abs. 2 HGB besteht das gesetzliche Pfandrecht des Frachtführers, „solange“ der Frachtführer das Gut noch im Besitz hat.[478] Eine entsprechende auf ein Dauermoment gerichtete Formulierung befindet sich auch in § 475 b Abs. 3 HGB für das gesetzliche Pfandrecht des Lagerhalters. Demzufolge hat der Gesetzgeber für die Traditionspapierwirkung nun eindeutig ein Dauermoment für den Besitz des Verfrachters gefordert.

2. Konnossement als Legitimationsmittel anstelle des Besitzes

Die Konsequenz von *Heymann*, dass ein Rechtserwerb von Ware, über die ein Konnossement ausgestellt wurde, nur nach § 650 HGB a.F. stattfinden könne, würde eine völlige Abkehr von den sachenrechtlichen Vorschriften

---

475 Honnef, Traditionspapier, S. 19; Lehmann, Handelsrecht, S. 543; Schlodtmann, Konnossement, S. 19.

476 Honnef, Traditionspapier, S. 19.

477 Cohn, Orderlagerschein, S. 28.

478 Kühlberg, Verkehrsschutz, S. 57.

der §§ 929 ff. BGB bedeuten. Wenn der Gesetzgeber dies gewollt hätte, hätte er die betreffenden Vorschriften anders formulieren können, wie z.B. „Nur die Übergabe des Konnossements [...]." Das Konnossement als Legitimationsmittel anstelle des Besitzes einzusetzen ist daher nicht haltbar. Denn selbst nach *Heymann* ist eine Übereignung durch tatsächliche Übergabe des Gutes noch möglich.[479] Es kann demzufolge aus dem Wortlaut der §§ 424, 450, 647 HGB a.F. nicht geschlussfolgert werden, dass eine neue Übertragungsform geschaffen werden sollte, die die übrigen Übertragungstatbestände des BGB ausschließt.[480]

Dass Vertreter der absoluten Theorie die Vorschriften des BGB über den Eigentumserwerb im Falle der dinglichen Wirkung der Übergabe des Papiers für nicht anwendbar erklären, ist mit dem Wortlaut des § 424 HGB a.F. nicht vereinbar. Bei der Aussage, dass „die Übergabe des Lagerscheins dieselben Wirkungen hat, wie die Übergabe des Gutes" kann sich lediglich die Frage stellen, welche Wirkungen die Übergabe des Gutes hat. Ist auf die Vorschriften zur Übertragung des mittelbaren Besitzes oder des unmittelbaren Besitzes abzustellen? Da diese Wirkungen jedoch im BGB normiert sind, sollten diese auch angewandt werden.[481]

Dass eine Besitzerlangung durch den Traditionspapiererwerb stattfindet, lässt sich mit dem allgemeinen Besitzrecht nachweisen. Durch die Übergabe des Gutes erlangt der Lagerhalter, Frachtführer oder Schiffer unmittelbaren Besitz an der Ware. Er steht gegenüber dem Einlagerer, Absender oder Ablader in einem Besitzmittlungsverhältnis nach § 868 BGB. Die Ausstellung eines Traditionspapiers ändert an diesen Verhältnissen nichts, da sie grundsätzlich auf einem tatsächlichen Herrschaftsverhältnis beruhen. Der mittelbare Besitzer hat einen Herausgabeanspruch gegen den unmittelbaren Besitzer, welcher durch die Ausstellung des Traditionspapiers mit der Urkunde verknüpft ist und nicht ohne diese geltend gemacht werden kann. Wird das Traditionspapier weiter übereignet, so geht dieser Herausgabeanspruch auf den neuen Inhaber über und dieser kann nun vom unmittelbaren Besitzer die Herausgabe der Güter fordern. Deshalb ist der Papiererwerber mittelbarer Besitzer, weil er einen obligatorischen Herausgabeanspruch hat und der unmittelbare Besitzer für ihn besitzt (Fremdbesitz des unmittelbaren Besitzers).[482] Daher ist der Besitz im Mobiliarsachenrecht der erforderliche Publizitätsträger und die Übergabe des Traditionspapiers

479 Eben-Worlée, Übereignung mittels Konnossement, S. 41; Mai, Traditionspapiere S. 95.
480 RGZ 119, 215(218); Mai, Traditionspapiere S. 95.
481 Makower, HGB, § 424 Anm. II a 2.
482 Honnef, Traditionspapier, S. 20 f.

ist die „wirkliche" Übergabe der in dem Papier verbrieften Waren.[483] Folglich würde die absolute Theorie die allgemeine Besitzlehre des BGB ausschalten.[484]

3. Fortdauernder unmittelbarer Besitz des Verfrachters

Nach der absoluten Theorie können dingliche Rechte am Gut auch dann noch durch Papierübergabe übertragen werden, wenn der zur Herausgabe Verpflichtete nicht mehr unmittelbarer Besitzer ist. Es zwingen jedoch weder geschichtliche noch dogmatische Gründe zu dieser Annahme. Denn § 650 HGB a.F. verlangt für den Eintritt der Traditionswirkung die Übernahme der Güter, also des unmittelbaren Besitzes, durch den Verfrachter sobald die Güter zur Beförderung übernommen sind. Daraus lässt sich als Grund für die Ausnahmestellung der Traditionspapiere schließen, dass ihre besondere Wirkung nur so lange bestehen soll, wie der Verfrachter, Frachtführer, das Gut in seinem Besitz hat und dieses herausgeben kann.[485] Das Gesetz geht offenbar von einer andauernden Einwirkungsmöglichkeit des Papierverpflichteten auf die Sache aus.[486] Nur solange ist das Vertrauen, durch das die erleichterte Übertragungsform für dingliche Rechte bei den Traditionspapieren ermöglicht wurde, gerechtfertigt.[487] Denn mit dem Traditionspapier verbindet sich der schnell realisierbare und hinsichtlich der Einwendungen begünstigte (§ 364 Abs. 2 HGB) Anspruch auf Auslieferung des Gutes gegen den Aussteller. Solange der Papierinhaber kraft seines mittelbaren Besitzes begründete Aussicht hat, den in dem Papier verbrieften Auslieferungsanspruch selbst (und nicht bloß einen sekundären Ersatzanspruch) gegen den Papieraussteller zu verwirklichen, ist die Traditionswirkung gerechtfertigt. Das ist aber nur dann der Fall, solange der Papieraussteller ihm den Besitz an dem Gut selbst vermittelt.[488] Verliert der Verfrachter oder sein

483 Honnef, Traditionspapier, S. 25.

484 Gierke, Recht der Wertpapiere, S. 116; Hermann, Abladegeschäft, S. 68.

485 Schaps/Abraham, Seehandelsrecht, § 650 Rn 9; Abraham, Das Seerecht, S. 173; Abraham, Lagerschein, S. 103; Brox/Henssler, Handelsrecht, Rn 640; Gierke, Recht der Wertpapiere, S. 116; Gönen, Einwendungen des Verfrachters, S. 24; Hermann, Abladegeschäft, S. 68; Hübner, Handelsrecht, Rn 793; Lehmann, Handelsrecht, S. 543; Münster, Warenpapiere, S. 22; Schumann, Handelsrecht II, S. 438.

486 Beuth, Orderpapiere, S. 77; Eben-Worlée, Übereignung mittels Konnossement, S. 41 f.; Jacobi, Wertpapiere im Allgemeinen, S. 95; Jacobi in: Ehrenbergs Handbuch, S. 542; Münch, Lagerschein, S. 58; Münster, Warenpapiere, S. 23.

487 Schaps/Abraham, Seehandelsrecht, § 650 Rn 9; Hefermehl in: Schlegelberger, HGB, § 363 Rn 52; Abraham, Lagerschein, S. 103.

488 Locher, Recht der Wertpapiere, S. 149; Schumann, Handelsrecht II, S. 438.

Vertreter den unmittelbaren Besitz und damit seine Herausgabefähigkeit, so verliert auch das Papier seine Traditionswirkung.[489] Dieser notwendigen Konsequenz wird die absolute Theorie nicht gerecht. Auslieferungsanspruch und Besitzmittlungsverhältnis stehen daher in einem engen, in der Sache selbst begründeten Zusammenhang.[490] Nach Verlust des übernommenen Sachbesitzes ist der Papierschuldner in der gleichen Lage, wie wenn er den Besitz nie erhalten hätte. Es wäre daher widersprüchlich, als Voraussetzung der Traditionswirkung die Übergabe der Ware an den Verfrachter zu fordern und dann bei einer Verfügung des Berechtigten, den besitzrechtlichen Status bzw. Besitzverlust des Verfrachters außer Acht zu lassen.[491] Es ist nicht ersichtlich, weshalb das Gesetz beide Fälle verschieden behandeln sollte.[492]

Ein weiteres Argument für eine enge Verknüpfung des Sachenrechtserwerbs mit dem Besitzerwerb sind die §§ 369 Abs. 1, 397, 441 Abs. 2 HGB. Diese Normen bestimmen, dass ein gesetzliches Pfand- bzw. Zurückbehaltungsrecht einer Sache solange besteht, als der Berechtigte im Besitz der Sache ist, „insbesondere mittels Konnossements, Ladescheins oder Lagerscheins darüber verfügen kann". Die Vertreter der absoluten Theorie argumentieren, dass man die Betonung auf das Wort „verfügen" legen müsse.[493] Dann ergebe sich folgender Sinn der Vorschriften: Die gesetzlichen Pfandrechte und das Zurückbehaltungsrecht entstehen, sofern der Berechtigte entweder noch im Besitz der Sache ist oder aber über die Sache „verfügen" kann, und zwar mittels Konnossements, Ladescheins oder Lagerscheins.[494] Im letzteren Falle sei also ein Besitz nach dem Gesetz nicht notwendig.[495] Es liegt aber näher, die Betonung auf „insbesondere" zu legen. Denn nach dem Aufbau des Gesetzes ist der Schlusssatz eine besondere Hervorhebung und beispielhafte Unterstreichung des im Hauptsatz aufgestellten Grundprinzips. Das bedeutet, dass das Pfandrecht nur dann besteht, wenn sich die Ware im Besitz des Pfandberechtigten befindet. In ähnlicher Weise bestimmt § 138 Abs. 1 BGB, dass ein Rechtsgeschäft, das gegen die guten Sitten verstößt, nichtig ist und § 138 Abs. 2 BGB, dass „insbesondere" ein wucherisches Rechtsgeschäft nichtig ist, welches ja auch zugleich sittenwidrig ist. Der Gesetzgeber setzt

489 Gönen, Einwendungen des Verfrachters, S. 23 f.; Schumann, Handelsrecht II, S. 438.

490 Locher, Recht der Wertpapiere, S. 149.

491 Schaps/Abraham, Seehandelsrecht, § 650 Rn 9; Abraham, Das Seerecht, S. 173; Abraham, Lagerschein, S. 103; Dumke, Konnossement, S. 75; Münch, Lagerschein, S. 58.

492 Jacobi in: Ehrenbergs Handbuch, S. 542; Wolff, ZHR 58, 619(622).

493 Heymann, FG Dahn, S. 236; so auch: Schlenzka, Konnossementsrecht, S. 56.

494 Heymann, FG Dahn, S. 236; so auch: Schlenzka, Konnossementsrecht, S. 56.

495 Heymann, FG Dahn, S. 236; so auch: Schlenzka, Konnossementsrecht, S. 56.

demnach voraus, dass derjenige, der mittels eines Traditionspapiers über eine Sache verfügen kann, den Besitz an der Sache hat.[496] Daraus ist abzuleiten, dass derjenige Besitz an der Sache haben muss, der mittels eines Traditionspapiers darüber verfügen kann. Somit geht also der Besitz bei Erwerb eines Rechts an der Sache durch Übergabe eines Traditionspapiers immer mit über.[497]

4. Ablehnung des gutgläubigen Erwerbs im Ausnahmefall

Nach der absoluten Theorie stellt der rechtmäßige Erwerb des Traditionspapiers zwar stets einen rechtmäßigen Erwerb des Gutes dar.[498] Für den Fall, dass ein Dritter gutgläubig Eigentum an den Waren durch deren Übergabe erwirbt, macht die absolute Theorie jedoch eine Ausnahme und versagt dem gutgläubigen Konnossementserwerber das Eigentum an der Ware.

Das Prinzip „Hand wahre Hand", das *Heymann* hier zu Grunde legt, kann insoweit nicht überzeugen, denn während die absolute Theorie sonst auf äußere Verhältnisse keine Rücksicht nimmt, ist sie gezwungen, gleichwohl für diesen Fall die äußeren Verhältnisse zu prüfen[499] und eine Ausnahme von ihrem Grundsatz, dass sie einem späteren Besitzverlust des Verfrachters keine Bedeutung beimisst, anzuerkennen. Mit der Behauptung, dass der Besitz des Papierschuldners sowie die Existenz des Herausgabeanspruchs ohne Belang sei, lässt es sich nur schwer vereinbaren, den redlichen Erwerb eines Dritten als Sperre für die Traditionswirkung zu bejahen. Sobald man die Übertragung des Papiers mit der Weitergabe des unmittelbaren Besitzes identifiziert,[500] müsste der Konnossementserwerber angesichts der Bedeutungslosigkeit unmittelbaren Besitzes des Verfrachters und eines realisierbaren Herausgabeanspruchs gegen ihn, seinerseits gutgläubig Eigentum erwerben können. Indem die absolute Theorie den Rechtsgedanken des § 935 Abs. 1 BGB anwendet und der Traditionswirkung damit ein Ende setzt, verlässt sie sich auf die Besitzlage die zuvor als gänzlich irrelevant angesehen wurde.[501]

Wird die verlorene Ware von einem redlichen Dritten erworben, so könnte auch ein späterer gutgläubiger Konnossementserwerber mittels Konnossements

496 Eben-Worlée, Übereignung mittels Konnossement, S. 42; Honnef, Traditionspapier, S. 22 f.; Mai, Traditionspapiere, S. 114 f.

497 Honnef, Traditionspapier, S. 23.

498 Beuth, Orderpapiere, S. 78; Lehmann, Handelsrecht, S. 543.

499 Cohn, Orderlagerschein, S. 25 f.

500 Heymann, FG Dahn, S. 161.

501 Hager, Verkehrsschutz durch redlichen Erwerb, S. 257.

von einem Nichtberechtigten nochmals Eigentum an der Ware erwerben. Die Eigentumsübertragung mittels Konnossements würde der Eigentumsübertragung durch reale Tradition stets vorgehen.[502] Die Entstehung mehrfachen Eigentums an einer Sache lässt sich auch nicht damit zurückweisen, dass dem unmittelbaren Erwerber der Ware ein stärkeres Recht zuzusprechen wäre, als demjenigen, der Eigentum mittels Konnossements erwirbt. Diese Schlussfolgerung wäre willkürlich und das Gesetz gibt dazu keinen Anlass.[503]

Für diesen Fall ist anzunehmen, dass durch Indossament und Übergabe des Scheins das Eigentum nicht übertragen wird. Nach den Grundsätzen des BGB ist es nicht möglich, dass zwei Personen an derselben Sache Volleigentum haben. Wenn eine Person Eigentümer wird, muss der bisherige Eigentümer das Eigentum verlieren. Verliert der Verfrachter, also der unmittelbare Besitzer, den Besitz an den Gütern und erwirbt ein Dritter gutgläubig Eigentum an ihnen, so muss durch diesen Erwerb das Eigentum des Papierbesitzers untergehen. Wenn der Papierbesitzer das Konnossement weiter indossiert, dann müsste nach der absoluten Theorie Eigentum an der Ware übergehen. Das wäre aber nur möglich, wenn dadurch das Eigentum des redlichen Dritten unterginge, was dagegen nicht möglich ist.[504] Der Verfrachter ist nach einem Diebstahl außerstande, die verschifften Waren herauszugeben. Kann die im Papier verbriefte Schuld nicht mehr erfüllt werden, nützt auch der redliche Erwerb als solcher nichts, weil selbst der Eigentümer einen nicht mehr bestehenden Herausgabeanspruch gegen den Papierschuldner nicht wirksam zedieren könnte.[505]

VII. Zusammenfassende Würdigung

Die absolute Theorie sieht in der dinglichen Wirkung der Traditionspapiere eine handelsrechtliche Form des Sachenrechtserwerbs, die gleichwertig neben die Erwerbsarten des Bürgerlichen Rechts tritt und in ihrer Wirkung der körperlichen Übergabe der Sache gleichkommt. Nach dieser Theorie ist "die Rechtserwerbsfrage von der Besitzfrage völlig losgelöst".[506] Die Übergabe der Güter an den Verfrachter sehen die Vertreter der absoluten Theorie zwar auch als notwendig an, jedoch nicht den Fortbestand des unmittelbaren Besitzes beim

---

502 Beuth, Orderpapiere, S. 78; Lehmann, Handelsrecht, S. 543.

503 Bosdas, Konnossement, S. 73; Lehmann, Handelsrecht, S. 543.

504 Cohn, Orderlagerschein, S. 25 f.

505 Hager, Verkehrsschutz durch redlichen Erwerb, S. 255.

506 Heymann, FG Dahn, S. 161.

Verfrachter. Auch wenn der Schiffer nicht mehr im Besitz der Ware ist, vollzieht sich durch die Papierbegebung grundsätzlich der Eigentumsübergang an der Ware.[507]

Aufgrund dieser Annahme muss die absolute Theorie in dem Fall, dass die auf ein Konnossement verladene Ware durch Übergabe des tatsächlichen Besitzes an einen gutgläubigen Dritten veräußert wird und dieser daran gemäß §§ 929, 932 BGB das Eigentum erwirbt, eine Ausnahme von ihrer Regel machen, dass der rechtmäßige Erwerb des Traditionspapiers stets auch einen rechtmäßigen Erwerb des Gutes darstellt. Denn der Papierempfänger soll in diesem Fall durch die Übertragung des Konnossements kein dingliches Recht mehr an der Ware erwerben können.[508] Hier macht die absolute Theorie gerade zugunsten des Rechtsscheintatbestandes des Besitzes eine Ausnahme und lässt die Übergabe des Sachbesitzes schwerer wiegen als die Übergabe des Traditionspapiers. Der Widerspruch, dass die Rechtserwerbsfrage von der Besitzfrage völlig losgelöst sein soll, erscheint hier am deutlichsten und es zeigt sich, dass von einer Besitzunabhängigkeit gerade nicht ausgegangen werden kann, da ein Traditionspapier als Wertpapier einen Herausgabeanspruch verbrieft und dieser noch realisierbar sein muss, um dem Institut der Traditionswirkung einen Sinn zu geben. Dass das Traditionspapier als Veräußerungslegitimation den unmittelbaren Warenbesitz ablöst, ist mit den Grundsätzen des BGB nicht vereinbar.

§ 650 HGB a.F. verlangte jedoch die Übernahme der Güter vom Kapitän oder einem anderen Vertreter des Verfrachters. Der Wortlaut ließ somit darauf schließen, dass das Gesetz als Voraussetzung für die Traditionswirkung den Besitz der Güter auf Seiten des Verfrachters fordert. Mit dem Seerechtsänderungsgesetz vom 20.04.2014 hat der Gesetzgeber in § 524 nun eindeutig festgelegt, dass der Verfrachter das Gut im Besitz haben muss, um die Traditionswirkung des Konnossements hervorzurufen. Damit ist die Wortlautinterpretation der absoluten Theorie und Ihre Annahme, dass der Fortbestand des unmittelbaren Besitzes beim Verfrachter nicht notwendig sei, nicht mehr haltbar. Wäre es gleichgültig, ob der Konnossementsverpflichtete noch im Besitz der Waren ist, so ergäbe es keinen Sinn, für die Entstehung der wertpapiermäßigen Verpflichtung die Übernahme der Waren durch ihn zu fordern.[509]

507 Horn in: Heymann, § 363 Rn 24; Heymann, FG Dahn, S. 161; Mannschatz, Konnossement, S. 33; Nöthling, Traditionspapiere, S. 40.

508 V. Boetticher, Traditionspapiere, S. 139; Henke, Konnossement, S. 34; Laube, Lagerschein, S. 47; Nöthling, Traditionspapiere, S. 40; Schlenzka, Konnossementsrecht, S. 38; vgl. Schubert, Orderlagerschein, S. 50.

509 Eckhardt, Traditionswirkung, S. 67.

Auch in den Fällen, in denen entweder das Traditionspapier oder die in ihm verbriefte Ware abhanden gekommen ist, wird von einigen Anhängern der absoluten Theorie konsequenterweise vertreten, dass ein Parallelismus zwischen Traditionspapier- und Warenerwerb besteht, d.h. dass die an dem Papier erworbenen Rechte immer parallel den Rechten sind, die an der Ware erworben werden.[510] Durch ein gestohlenes Konnossement könne das Eigentum der darin verbrieften Waren erworben werden.[511] Diese Schlussfolgerung ist mit dem Grundsatz des § 935 Abs. 1 BGB, dass an abhanden gekommenen Sachen kein Eigentum erworben werden kann, nicht zu vereinbaren. Der Schutz des Eigentümers wird hier, obwohl ihn das BGB stärken will, zugunsten des gutgläubigen Papiererwerbers vernachlässigt. Diese Schwächung der Eigentümerstellung kann nicht Sinn und Zweck der Traditionswirkung sein, welche die gleichen Rechtsfolgen hervorrufen soll wie die Übergabe der Güter selbst. Letztlich wäre die Vorschrift des § 524 HGB, wenn man sie als eigenständigen Übereignungstatbestand ansähe, unvollständig. Sie setzt lediglich die Wirkungen der Übergabe gleich, nennt aber keine weiteren Tatbestandsvoraussetzungen für die Übertragung dinglicher Rechte. Es besteht somit die Notwendigkeit auf die Vorschriften des BGB (§§ 929 ff. BGB) zurückzugreifen. Hierin kann daher kein eigenständiger Übereignungstatbestand des HGB gesehen werden. Aus diesen Gründen ist der absoluten Theorie nicht zu folgen.

510 Vgl. dazu N. IV. 10.
511 Vgl. dazu N. IV. 10.

O. Die relativen Theorien

Die relativen Theorien führen den Rechtserwerb mittels Traditionspapier auf die allgemeinen Vorschriften des BGB über den Erwerb von Sachenrechten zurück. Nach diesen Normen ist der Erwerb des Besitzes in der Regel die Voraussetzung des Sachenrechtserwerbes. Daher gründen sie den Rechtserwerb mittels Traditionspapiers auf den durch die Papierbegebung erfolgten Besitzerwerb an der Ware.[512] Ausgangspunkt ist das Besitzmittlungsverhältnis, wie es regelmäßig zwischen Konnossementsinhaber und Verfrachter besteht. Der Schiffer als unmittelbarer Besitzer des Gutes mittelt dem Konnossementsinhaber den Besitz.[513]

Die relativen Theorien lassen sich in zwei Gruppen unterteilen: Die streng relative Theorie erblickt in der Begebung des Traditionspapiers nur eine nach den Vorschriften des allgemeinen Bürgerlichen Rechts sich vollziehende Übertragung des Besitzes an den Gütern. Nach der relativen Theorie oder Repräsentationstheorie ist das Besitzrecht an den Gütern mit dem Papier verknüpft, und zwar in der Weise, dass die Güter durch die Urkunde repräsentiert werden.[514] Die relativen Theorien vertreten den Grundsatz: „Rechtserwerb nur nach Maßgabe des Bürgerlichen Gesetzbuches". Sie unterscheiden sich dadurch voneinander, dass die Repräsentationstheorie die Grundsätze des Bürgerlichen Rechts über den Sachenrechtserwerb freier wertet.[515]

---

512 Mayer, Lagerschein, S. 9.

513 Münster, Warenpapiere, S. 16.

514 Pappenheim, Seerecht III, S. 369.

515 Mannschatz, Konnossement, S. 24 f.

P. Streng relative Theorie[516]

I. Inhalt der streng relativen Theorie

Die streng relative Theorie orientiert sich „streng“ an den Vorschriften des Bürgerlichen Gesetzbuchs.[517] Nach dieser Theorie enthalten die §§ 448, 475 g, 524 HGB keinen eigenständigen Verfügungstatbestand, sondern stellen lediglich eine besondere Formulierung der vom BGB vorgesehenen Erwerbsformen dar.[518] Die streng relative Theorie geht davon aus, dass die Bestimmung des § 650 HGB a.F. „im Einklang mit den allgemeinen Normen des Bürgerlichen Rechts“ steht. Daher könnten Sachenrechte durch ein Konnossement nur übertragen werden, wenn die allgemeinen bürgerlich-rechtlichen Voraussetzungen für die Übertragung des dinglichen Rechts, wie z.B. die dingliche Einigung, erfüllt seien.[519] Die Begebung des Konnossements stellt nach dieser Theorie einen mit der Vindikationszession des BGB vergleichbaren Tatbestand dar.[520] Gemäß § 931 BGB ersetzt die Abtretung des Herausgabeanspruchs die Übergabe der Sache und gemäß § 870 BGB wird damit der mittelbare Besitz auf den Erwerber übertragen. Die Vertreter der streng relativen Theorie knüpfen demzufolge die Traditionsqualität an den mittelbaren Besitz, lassen das Konnossement seine dingliche Wirkung also bereits immer dann verlieren, wenn der Schiffer

---

516 Makower, HGB, § 424 Anm. II a 1, II b 3; Brehm/Berger, Sachenrecht, § 27 Rn 37; Harms, Wertpapierrecht, S. 130; Hellwig, Verträge auf Leistung an Dritte, S. 344; Heck, Sachenrecht, S. 252, 419, für den Eigentumserwerb aber nicht den Pfandrechtserwerb; Hübner, Handelsrecht, Rn 796; Hueck/Canaris, Wertpapiere, S. 205, sehen den Ausgangspunkt der relativen Theorie als richtig an, modifizieren diese jedoch und bilden sie wertpapierrechtlich fort (wertpapierrechtlich fortgebildete streng relative Theorie).

517 Makower, HGB, § 424 Anm. II a 1; Hellwig, Verträge auf Leistung an Dritte, S. 345.

518 Schaps/Abraham, Seehandelsrecht, § 650 Rn 10; Hellwig, Verträge auf Leistung an Dritte, S. 345; Heck, Sachenrecht, S. 252.

519 Hellwig, Verträge auf Leistung an Dritte, S. 345; Heck, Sachenrecht, S. 252 vertritt für den Eigentumserwerb die Relative Theorie, er konstruiert allein unter Verwendung von §§ 931, 934 BGB; auch Rehfeldt/Zöllner, Wertpapierrecht, S. 111 f., argumentiert in Richtung der streng relativen Theorie; Ochs, Traditionspapiere, S. 34 f., wendet die Vindikationszession analog auf den Erwerb mittels Traditionspapieren an, weicht aber in den Ergebnissen stark von Hellwig und Makower ab.

520 Hellwig, Verträge auf Leistung an Dritte, S. 345; Hübner, Handelsrecht, Rn 796; Makower, HGB, § 424 Anm. II a 1, der je nach Fall entweder § 930 BGB oder § 931 BGB anwendet.

für den Konnossementsinhaber den Besitz nicht mehr mittelt oder die Ware gestohlen wird.[521]

II. Konstruktion des Rechtserwerbs

Nach der streng relativen Theorie gehen die Rechte an den Gütern durch die Papierübergabe nur insoweit über, als durch sie der für den sachenrechtlichen Erwerb vom BGB aufgestellte allgemeine Tatbestand erfüllt ist. Die Übereignung mittels eines Traditionspapiers stellt nach der streng relativen Theorie einen Unterfall des § 931 BGB dar. Der Herausgabeanspruch des Absenders gegen den Verfrachter wird an den Dritten abgetreten und gemäß § 870 BGB geht somit auch der mittelbare Besitz auf den Dritten über. [522]

Nach Ansicht von *Makower* ähnelt die Übereignung durch ein Traditionspapier der Übertragung durch Besitzkonstitut (§§ 929, 930 BGB) in denjenigen Fällen, in denen der Aussteller des Papiers der Übergebende ist, und sie ähnelt der Übertragung durch Abtretung des Herausgabeanspruchs (§§ 929, 931 BGB) wenn der nach dem Inhalt des Papiers Berechtigte (unmittelbar besitzender Eigentümer) oder ein Dritter der Übergebende ist.[523] Im Fall des § 931 BGB wird der Herausgabeanspruch des Absenders gegen den Verfrachter an den Dritten abgetreten und gemäß § 870 BGB geht dadurch der mittelbare Besitz auf den Dritten über. [524]

Makower sieht in der körperlichen Übergabe die geringsten Ähnlichkeiten, da der Aussteller des Traditionspapiers unmittelbarer Besitzer und nicht nur Besitzdiener sei. Daher könne der Traditionspapierberechtigte nicht unmittelbarer Besitzer, sondern nur mittelbarer Besitzer der Waren sein, ob er nun unmittelbaren oder mittelbaren Besitz am Traditionspapier erhalte. Deshalb sieht *Makower* in der Übertragung des Besitzes an einem Lagerschein nur die Übertragung des mittelbaren Besitzes an den darin verbrieften Gütern und knüpft dementsprechend die Folgen der Übertragung des mittelbaren Besitzes an die Übergabe eines Traditionspapiers.[525]

Nach *Hellwig* ist die Übergabe des Papiers keine Zession, sondern ein besonderer Fall des § 870 BGB. Wird ein Konnossement weiterbegeben, so liegt nach

521 Schlenzka, Konnossementsrecht, S. 45.
522 Heck, Sachenrecht, S. 252; Makower, HGB, § 424 Anm. II a 1.
523 Makower, HGB, § 424 Anm. II a 1.
524 Heck, Sachenrecht, S. 252; Makower, HGB, § 424 Anm. II a 1.
525 Makower, HGB, § 424 Anm. II a 1.

Hellwig ein der Vindikationszession des BGB nur vergleichbarer Tatbestand vor. Der Erwerber des Papiers erlange nämlich nicht den Herausgabeanspruch des Veräußerers, sondern es werde ihm ein selbständiger, vom Recht des Vormannes unabhängiger Herausgabeanspruch „verschafft". [526]

Hübner ist demgegenüber der Ansicht, dass § 931 BGB nicht die Übertragung des mittelbaren Besitzes nach § 870 BGB voraussetzt, sondern allein die Abtretung eines Herausgabeanspruchs. Dadurch erwerbe der Dritte durch Übereignung des Ordertraditionspapiers den Herausgabeanspruch und demzufolge das Eigentum an den Waren.[527]

III. Die Begründung der Theorie

Die Möglichkeit des Rückgriffs auf die Bestimmungen des BGB zum Eigentumserwerb wird mit dem Wortlaut des § 475 g HGB a.F. begründet: „[...] so hat, [...] die Begebung des Lagerscheins [...] dieselben Wirkungen wie die Übergabe des Gutes". Die Frage, welche Wirkungen die Übergabe von Gütern überhaupt habe, beantworte nur das BGB, und zwar verschieden nach den jeweiligen Besitz- und Eigentumsverhältnissen.[528] Nach *Makower* ähnelt die Übereignung durch ein Traditionspapier der Übertragung durch Besitzkonstitut (§§ 929, 930 BGB) in denjenigen Fällen, in denen der Aussteller des Papiers der Übergebende ist, und sie ähnelt der Übertragung durch Abtretung des Herausgabeanspruchs (§§ 929, 931 BGB), wenn der nach dem Inhalt des Papiers Berechtigte (unmittelbar besitzender Eigentümer) oder ein Dritter der Übergebende ist. Die Formulierung „Übergabe des Gutes" hindert nach seiner Ansicht diese Einordnung nicht. Er legt das Wort „Übergabe" als Besitzübertragung in jeder Form aus, nicht nur im Sinne einer körperlichen Übergabe. Das Wort „Übergabe" bedeute sowohl Übertragung des unmittelbaren als auch Übertragung des mittelbaren Besitzes.[529] Die Formulierung „Übergabe des Gutes" in § 424 HGB a.F. habe einen anderen Sinn als in §§ 929 ff. BGB. Übergabe könne jedoch in § 424 HGB a.F. keine verschiedenen Bedeutungen haben, sondern habe so viel zu bedeuten wie „Besitzübertragung überhaupt". Als Nachweis dazu führt er die zweimalige Verwendung des Begriffs Übergabe in § 475 g HGB a.F. an, einmal in „Übergabe des Lagerscheins" und einmal bei „Übergabe des Gutes". Er nimmt

526 Hellwig, Verträge auf Leistung an Dritte, S. 345.
527 Hübner, Handelsrecht, Rn 797.
528 Makower, HGB, § 424 Anm. II a 2.
529 Makower, HGB, § 424 Anm. II a 1.

an, dass „Übergabe" des Lagerscheins nicht die körperliche Übergabe des Papiers verlangt, sondern, dass die Abtretung des Herausgabeanspruchs oder die Vereinbarung eines Besitzkonstitutes genügen. Daraus folgert *Makower*, in der Formulierung „Übergabe des Gutes" bedeute der Begriff „Übergabe" ebenfalls keine Beschränkung auf die körperliche Übergabe. Der Gesetzgeber verwende nicht in demselben Satz gleich lautende Worte, um ihnen verschiedene begriffliche Bedeutungen beizulegen.[530]

IV. Konsequenzen der streng relativen Theorie

1. Eigentumserwerb vom Berechtigten

Nach der streng relativen Theorie wird das Eigentum an einer Sache mittels Traditionspapiers durch Abtretung des Herausgabeanspruchs gemäß § 931 BGB[531] oder nach § 930[532] durch Vereinbarung eines Besitzkonstituts übertragen. Dafür ist es erforderlich, dass der Eigentümer mittelbarer Besitzer der Waren ist.[533]

Durch einen späteren Besitzverlust des Lagerhalters geht das Eigentum des Lagerscheinerwerbers nicht notwendig unter.[534] Auch wenn der ursprüngliche Fremdbesitzer Eigenbesitz an der Ware begründet, ist eine Übereignung mittels Traditionspapiers noch möglich, da gemäß § 931 BGB lediglich ein Herausgabeanspruch abgetreten wird und nicht § 870 BGB erfüllt sein muss.[535]

2. Eigentumserwerb vom Nichtberechtigten

Wird die Ware, über die ein Traditionspapier ausgestellt wurde, durch einen Nichtberechtigten (z.B. den Aussteller des Papiers im Falle der Unterschlagung der Waren) an einen Dritten ohne Übergabe des Traditionspapiers, sondern durch Übergabe des tatsächlichen Besitzes veräußert, so sind die Normen über den Eigentumserwerb vom Nichtberechtigten (§§ 932 ff. BGB) maßgebend.[536]

---

530 Makower, HGB, § 424 Anm. II a 2.

531 Heck, Sachenrecht, S. 252; Hellwig, Verträge auf Leistung an Dritte, S. 345; Makower, HGB, § 424 Anm. II a 1, der je nach Fall entweder § 930 BGB oder § 931 BGB anwendet.

532 Makower, HGB, § 424 Anm. II a 1, der je nach Fall entweder § 930 BGB oder § 931 BGB anwendet.

533 Makower, HGB, § 424 Anm. II a 1.

534 Makower, HGB, § 424 Anm. I b 2.

535 Hübner, Handelsrecht, Rn 797; vgl. Herrler in: Palandt, BGB, § 931 Rn 2.

536 Makower, HGB, § 424 Anm. II b 3.

Ein Teil der Lehre wendet im Falle der Übergabe des Traditionspapiers § 934 BGB an, da die Übereignung mittels Traditionspapier einen Unterfall von § 931 BGB darstelle.[537] Danach erlangt der gutgläubige Papiererwerber mit der Übergabe des Traditionspapiers und der damit verbundenen Abtretung des Herausgabeanspruchs das Eigentum am Gut, wenn der Veräußerer mittelbarer Besitzer der Sache war, anderenfalls erwirbt der Gutgläubige erst mit der Besitzerlangung, d.h. mit dem nachträglichen Erwerb des Besitzes an der Ware, das Eigentum. Dabei muss auch hier der gute Glaube im Zeitpunkt dieses Besitzerwerbs noch vorhanden sein. Kenntnis von dem Umstand, dass der Veräußerer nicht Eigentümer geworden war, weil er den Besitz nicht erlangt hatte, schadet auch hier.

Makower will hingegen je nach Sachverhalt § 933 BGB oder § 934 BGB anwenden: Den gutgläubigen Erwerb beim Besitzkonstitut nach § 933 BGB wendet er an, wenn der Frachtführer (unmittelbarer Besitzer der Ware, Papierverpflichteter) das Gut im eigenen Namen veräußert, etwa weil er annahm, selbst der Eigentümer oder vom Eigentümer ermächtigt zu sein. Der Erwerber des Traditionspapiers wird demzufolge nicht mit Übergabe des Traditionspapiers Eigentümer der Sachen, sondern entsprechend des § 933 BGB erst dann, wenn ihm die Ware vom Veräußerer im Sinne von § 929 S. 1 BGB übergeben wird und er zu diesem Zeitpunkt gutgläubig ist.[538]

Den gutgläubigen Erwerb bei der Abtretung des Herausgabeanspruchs nach § 934 BGB nimmt *Makower* an, wenn ein anderer als der Papierverpflichtete der Veräußerer ist. Der Erwerber des Verfügungspapiers wird, wenn der Veräußerer mittelbarer Besitzer des Gutes ist, mit der Übergabe des Traditionspapiers Eigentümer des Gutes, sofern er im Zeitpunkt der Übergabe des Papiers gutgläubig war. War der Veräußerer nicht mittelbarer Besitzer des Gutes, so wird der Erwerber erst dann Eigentümer, wenn er den Besitz am Gut von dem Dritten erlangt und im Zeitpunkt der Besitzerlangung in gutem Glauben ist. In *Makowers* Beispiel veräußert der Nichteigentümer C das Gut weiter an den gutgläubigen D, indem er diesem den von C an D indossierten Ladeschein übergibt. Somit wird mit der Übergabe des Ladescheins der D Eigentümer der Waren, da C mittelbarer Besitzer war. Hatte aber vor dieser Veräußerung der C den Besitz am Gut verloren (z.B. indem A es infolge einer Verwechslung dem E ausgehändigt hatte), so erwirbt D erst dann das Eigentum, wenn er von E den Besitz am Gut erlangt

537 Heck, Sachenrecht, S. 252.
538 Makower, HGB, § 424 Anm. II b 3.

(sei es unmittelbar oder mittelbar durch Rückgabe des Gutes von E an A) und zu diesem Zeitpunkt gutgläubig ist.[539]

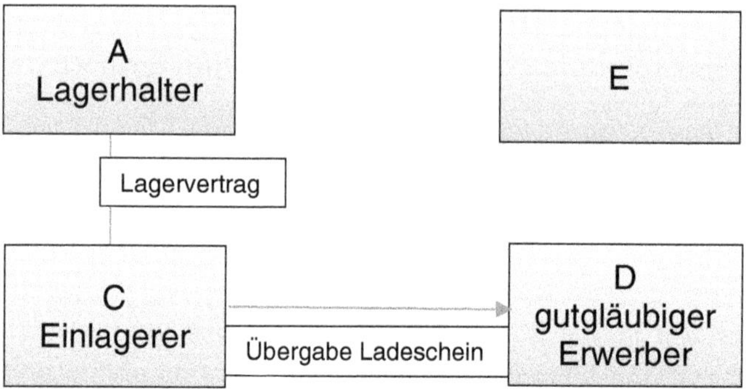

3. Wirkung des Eigentumserwerbs auf belastende Rechte Dritter

Grundsätzlich erlöschen die auf der Sache lastenden Rechte Dritter gemäß § 936 Abs. 1 S. 1 BGB mit dem Erwerb des Eigentums. Nach der streng relativen Theorie wird bei einer Veräußerung mittels Traditionspapiers grundsätzlich Eigentum gemäß § 931 BGB erworben.[540] Folglich muss der Veräußerer nach § 936 Abs. 1 S. 3 BGB mittelbarer Besitzer gewesen sein, sonst erlischt das Recht des Dritten erst dann, wenn der Erwerber aufgrund der Veräußerung den Besitz an der Sache nachträglich erlangt hat. § 936 Abs. 3 BGB macht dahingehend eine Ausnahme, dass beim Eigentumserwerb durch Abtretung des Herausgabeanspruchs (§§ 931, 934 BGB) der Rechtsinhaber sein Recht nicht verliert, solange er unmittelbarer oder mittelbarer Besitzer der Sache ist.[541] Folglich erlöschen nach der streng relativen Theorie die Rechte des Drittbesitzers bzw. des Pfandgläubigers nicht, wenn er im Besitz der Waren ist.[542] Dies ist grundsätzlich der Fall bei den gesetzlichen Pfandrechten des Frachtführers, Lagerhalters und Verfrachters.

Verpfändet der Einlagerer dem Lagerhalter die Waren nach § 1205 Abs. 1 S. 2 BGB durch bloße Einigung, da der Lagerhalter unmittelbarer Besitzer des Gutes ist, so geht das Pfandrecht in dem Fall, in dem der Käufer durch Übergabe

539 Makower, HGB, § 424 Anm. II b 3.

540 Makower, HGB, § 424 Anm. II a 1, wendet je nach Fall entweder § 930 BGB oder § 931 BGB an.

541 Herrler in: Palandt, BGB, § 936 Rn 3; Wolf, Sachenrecht, Rn 582.

542 Alexander, Lagerschein, S. 49; Makower, HGB, § 424 Anm. II b 4.

des indossierten Lagerscheins erwirbt nicht unter. Der Käufer erwirbt hier nur ein mit dem Pfandrecht des Lagerhalters belastetes Eigentum am Gut.[543]

4. Bestellung eines vertraglichen Pfandrechts an der Ware durch den Berechtigten mittels eines Traditionspapiers

Nach der streng relativen Theorie sind in Bezug auf die Bestellung eines vertraglichen Pfandrechts an der Ware durch den Berechtigten mittels Traditionspapiers die Grundsätze der Pfandrechtsbestellung mittels Anspruchsabtretung nach § 1205 Abs. 2 BGB anzuwenden, da sie dem Eigentümer aufgrund der Übergabe des Traditionspapiers mittelbaren Besitz an der Sache zuschreibt.[544] Nach § 1205 Abs. 2 BGB kann die Übergabe einer im mittelbaren Besitz des Eigentümers befindlichen Sache dadurch ersetzt werden, dass der Eigentümer den mittelbaren Besitz auf den Pfandgläubiger überträgt und die Verpfändung dem Besitzer anzeigt. Die Übertragung des mittelbaren Besitzes erfolgt durch die Übergabe des Traditionspapiers und der damit verbundenen Abtretung des Anspruchs auf Herausgabe gemäß § 870 BGB an den Pfandgläubiger.[545] Daher kann nach dieser Theorie kein Pfandrecht entstehen, wenn der Eigentümer nicht mittelbarer Besitzer der Sache ist.

Des Weiteren erfordert die Anwendung des § 1205 Abs. 2 BGB eine Anzeige der Verpfändung an den unmittelbaren Besitzer. Sinn dieser Verpfändungsanzeige ist es, dass der Besitzmittler erfährt, dass er ab sofort für einen Dritten besitzen soll. Denn normalerweise wird bei der Verpfändung die Sache an den Pfandglaubiger übergeben und damit ist ausgeschlossen, dass der Verpfänder (Schuldner) noch anderen Interessenten Rechte an der Sache verschaffen kann, da der Publizitätsträger „Besitz" nicht mehr vorhanden ist. Um dies zu gewährleisten, wird bei nur mittelbarem Besitz des Schuldners das Besitzmittlungsverhältnis zwischen Schiffer und Verpfänder aufgehoben und ein neues Besitzmittlungsverhältnis zwischen Schiffer und Pfandrechtsgläubiger begründet. Die Verpfändung von Waren durch Konnossement kann also nur mittels Anzeige an den sich auf See befindlichen Schiffer bzw. Reeder geschehen.[546]

543 Alexander, Lagerschein, S. 49; Makower, HGB, § 424 Anm. II b 4.

544 Makower, HGB, § 424 Anm. II b 5.

545 Makower, HGB, § 424 Anm. II b 5, der auch gleichzeitig ein Pfandrecht am verbrieften Herausgabeanspruch entstehen lässt, sofern – außer bei einem indossierten Papier – eine Anzeige an den unmittelbaren Besitzer erfolgt ist.

546 Vgl. Makower, HGB, § 424 Anm. II b 5.

5. Bestellung eines vertraglichen Pfandrechts an der Ware durch einen Nichtberechtigten mittels eines Traditionspapiers

Gemäß § 1207 BGB finden auf die Verpfändung durch einen Nichtberechtigten die für den Erwerb des Eigentums geltenden Vorschriften der §§ 932, 934, 935 BGB entsprechende Anwendung. Wie oben bereits dargelegt, wird bezüglich des Eigentumserwerbs vom Nichtberechtigten bei Anwendung der streng relativen Theorie auf § 933 BGB und auf § 934 BGB zurückgegriffen. Demnach erwirbt der Pfandgläubiger mit der Übergabe des Traditionspapiers ein Pfandrecht an der Ware, wenn der nicht berechtigte Verpfänder mittelbarer Besitzer der Sache war, anderenfalls erwirbt der Gutgläubige erst mit der Besitzerlangung, d.h. mit dem nachträglichen Besitzerwerb an der Ware, ein Pfandrecht. Dabei muss auch hier der gute Glaube im Zeitpunkt dieses Besitzerwerbs noch vorhanden sein. Ein Pfandrechtserwerb kommt demzufolge nicht zu Stande, wenn der Verfrachter den Besitz an den Gütern verloren hat (§§ 1207, 935 BGB). Des Weiteren ist eine Verpfändungsanzeige an den Besitzer der Waren erforderlich.

6. Verpfändung des Anspruchs aus dem Traditionspapier

Die Bestellung eines Pfandrechts an einem Traditionspapier ist grundsätzlich nicht von der Anwendung einer Theorie abhängig und im Rahmen der Behandlung der absoluten Theorie bereits erörtert.[547] *Makower* lässt mit der Bestellung eines Pfandrechts an der Ware auch ein Pfandrecht an dem verbrieften Herausgabeanspruch entstehen.[548]

7. Wirkung der Papierübergabe nach dem Untergang der Güter

Nach dem Untergang der Güter kann der Verfrachter dem Eigentümer keinen Besitz mehr mitteln. Folglich verliert das Konnossement seine dingliche Wirkung und ein Rechtserwerb mittels Traditionspapiers ist jetzt nicht mehr möglich.

8. Der Rechtserwerb der Ware durch ein gestohlenes Traditionspapier

Hellwig sieht im Falle eines gestohlenen oder verloren gegangenen Traditionspapiers den Anwendungsbereich des § 935 BGB nicht eröffnet, da das Gut selbst nicht abhanden gekommen ist.[549] Somit erlange der gutgläubige Erwerber

547 Vgl. dazu N. IV. 7.
548 Makower, HGB, § 424 Anm. II b 5.
549 Hellwig, Verträge auf Leistung an Dritte, S. 514.

eines abhanden gekommenen Ordertraditionspapiers stets Eigentum am verbrieften Gut, da sein guter Glaube beim Erwerb des Papiers selbst gemäß § 365 Abs. 1 HGB i.V.m. Art. 16 Abs. 2 WG geschützt werde und das verbriefte Gut, bei dessen Erwerb der gute Glaube, wenn es abhanden gekommen wäre, nicht geschützt werden würde, nicht als abhanden gekommen zu betrachten sei.[550]

Bei Traditionspapieren, die als Rektapapiere ausgestaltet sind, wird die verbriefte Forderung durch Abtretung nach § 398 BGB übertragen, daher scheidet ein gutgläubiger Erwerb vom Nichtberechtigten grundsätzlich aus.[551] Der gutgläubige Erwerber eines Inhabertraditionspapiers erlangt die Forderung durch Übereignung der Urkunde nach § 932 BGB. Das Recht aus dem Papier folgt dann dem Recht am Papier.[552] Nach § 935 Abs. 2 BGB können auch abhanden gekommene Inhaberpapiere gutgläubig erworben werden. Somit erlangt auch hier der Konnossementsinhaber mit dem gutgläubigen Erwerb des Papiers Eigentum an der Ware, wenn diese sich noch im unmittelbaren Besitz des Schuldners befindet.

Um die Verkehrsfähigkeit der Traditionspapiere zu stärken und somit im Einklang mit § 365 Abs. 1 HGB i.V.m. Art. 16 WG zu stehen, sollte dieses Ergebnis nach Ansicht *Hübners* dahingehend korrigiert werden, dass beim gutgläubigen Erwerb des Herausgabenanspruchs nach § 934 BGB das Eigentum erworben wird, sobald Frachtführer, Verfrachter oder Lagerhalter irgendeine Besitzposition, sei es auch Eigenbesitz, innehat.[553]

9. Wirkung der Papierübergabe bezüglich abhanden gekommener Güter

Die streng relative Theorie orientiert sich bei einer Übereignung mittels Traditionspapiers an den Vorschriften des Bürgerlichen Gesetzbuchs. Daher gelangt diese Theorie zur Anwendung des § 935 Abs. 1 BGB. Für diesen Fall, in dem nicht das Traditionspapier, sondern das verbriefte Gut selbst gestohlen worden, verloren gegangen oder sonst abhanden gekommen ist, besteht eine Divergenz zwischen dem Recht am Papier und dem Recht an der Ware. Der Erwerber eines Ordertraditionspapiers erhält das Eigentum am Papier und auch die obligatorischen Rechte aus dem Papier, nicht aber das Eigentum am verbrieften Gut. Denn

550 Hellwig, Verträge auf Leistung an Dritte, S. 514; Hübner, Handelsrecht, Rn 798, der den Besitz des Frachtführers, Verfrachters oder Lagerhalters voraussetzt und der Berechtigte dementsprechend mittelbarer Besitzer ist.

551 Brox/Henssler, Handelsrecht, Rn 532.

552 Brox/Henssler, Handelsrecht, Rn 523.

553 Hübner, Handelsrecht, Rn 799.

der Konnossementserwerber kann nicht mehr Rechte erwerben, als wenn ihm das abhanden gekommene Gut übergeben worden wäre.[554] Folglich wird durch die Übergabe des Traditionspapiers keine dingliche Wirkung entfaltet.

10. Begebung mehrerer Konnossementsexemplare

Für den Fall, dass weder Prävention (§ 651 HGB a.F.) noch Priorität (§ 652 HGB a.F.) entscheiden, insbesondere wenn gleichzeitig an mehrere Konnossementsinhaber begeben worden ist, lässt *Hellwig* bei gleichartigen Rechten gleichrangige Pfandrechte bzw. Miteigentum entstehen. Im Falle kollidierender Rechte, d.h. wenn gleichzeitig einem das Eigentum und dem anderen das Pfandrecht übertragen wurde, soll die Ware verkauft und der Erlös unter den konkurrierenden Konnossementsinhabern aufgeteilt werden.[555] Denn der eine Konnossementsinhaber kann kein Eigentum erwerben, weil die Einräumung des bloßen Mitbesitzes (mit dem Pfandgläubiger) nicht zum Eigentumserwerb genügt, und auch die bloße Abtretung des Herausgabeanspruchs nach § 931 BGB ohne Besitzübertragung versagt, da sie durch das Recht eines anderen beschränkt ist. Ebenso erwirbt der Pfandgläubiger kein Pfandrecht. Denn nach § 1205 Abs. 2 BGB ist der mittelbare Besitz am Gut erforderlich. Dieser ist aber hier nicht vorhanden und nach § 1206 BGB kann ohne Mitverschluss kein Pfandrecht begründet werden.

Sind die Konnossementsexemplare nicht durch einen gemeinsamen Vormann übertragen worden,[556] gilt für *Hellwig* die Priorität der Übertragung, d.h. derjenige der, das Konnossement als Erster rechtmäßig erworben hat, geht den anderen Konnossementsinhabern vor, da jeder Erwerber eines Konnossements mit der Möglichkeit rechnen muss, dass vor ihm ein Dritter eine Konnossementsausfertigung erhalten hat.[557]

Für *Makower* sind sie Sondervorschriften § 648 HGB a.F. „Legitimation des Konnossementsinhabers" und § 649 HGB a.F. „Auslieferungsverlangen mehrerer Konnossementsinhaber" grundsätzlich maßgebend. Für den Fall, dass Eigentum und Pfandrecht durch Übergabe mehrerer Konnossemente an verschiedene Personen gleichzeitig bestellt werden sollen, ist *Makower* der Ansicht, dass nachdem der Herausgabeanspruch zur Pfandrechtsbestellung abgetreten

---

554 Hellwig, Verträge auf Leistung an Dritte, S. 514.

555 Hellwig, Verträge auf Leistung an Dritte, S. 509.

556 Z.B. Diebstahl oder Verlust von mehreren Blankokonnossementen in Verbindung mit einem gutgläubigen Erwerb der Traditionspapiere.

557 Hellwig, Verträge auf Leistung an Dritte, S. 511.

wurde, der inhaltlich gleiche verbleibende Herausgabeanspruch des Eigentümers (gegen den Besitzer) nicht mehr zum Nachteil des Pfandrechtsgläubigers geltend gemacht werden kann, sei es durch nochmalige Verpfändung oder Übereignung der Waren.[558]

11. Ende der dinglichen Wirkung

Die Vertreter der streng relativen Theorie knüpfen die Traditionsqualität an den mittelbaren Besitz, lassen das Konnossement seine dingliche Wirkung also bereits immer dann verlieren, wenn der Schiffer für den Konnossementsinhaber den Besitz nicht mehr mittelt, somit auch im Fall des Diebstahls oder des Untergangs der Ware. In dem Fall, dass die auf Grundlage eines Konnossements verladene Ware durch Übergabe des tatsächlichen Besitzes an einen gutgläubigen Dritten veräußert wird und dieser daran gemäß §§ 929, 932 BGB das Eigentum erwirbt, wie etwa im Fall der Unterschlagung und Veräußerung der Güter durch den Verfrachter, erwirbt der Papierempfänger durch die Übertragung des Konnossements kein dingliches Recht an der Ware.

V. Argumente für die streng relative Theorie

Dass es sich bei den §§ 448, 475 g, 650 HGB a.F. um Vorschriften mit deklaratorischem Charakter handelt, zeigt die Entstehungsgeschichte. Vor Inkrafttreten des BGB gab es keine dem § 931 BGB entsprechende Möglichkeit der Eigentumsübertragung. Daher war es lange Zeit zweifelhaft und streitig, ob man mittels eines Traditionspapiers über die darin bezeichneten Waren verfügen könne oder ob dazu deren körperliche Übergabe erforderlich sei.[559] Diese Frage wurde durch Art. 649 ADHGB entschieden.[560] Seit § 931 BGB jedoch den Eigentumserwerb mittels Abtretung des Herausgabeanspruchs vorsieht, haben die §§ 448, 475 g, 650 HGB a.F. zumindest den Kern ihres ursprünglichen Gehalts verloren.[561]

Um eventuelle Anwendungsschwierigkeiten im Verhältnis zu den Regelungen des BGB zu vermeiden, war es gesetzgeberisch das Beste, diese Normen einfach unverändert beizubehalten und die genaue Bestimmung ihres Verhältnisses zum BGB der wissenschaftlichen Diskussion zu überlassen.[562] Auch

558 Makower, HGB, § 424 Anm. II b 2.
559 Canaris in: GK-HGB, § 363 Rn 97; Stengel, Traditionsfunktion, S. 187.
560 Canaris in: GK-HGB, § 363 Rn 97; Stengel, Traditionsfunktion, S. 189.
561 Canaris in: GK-HGB, § 363 Rn 97.
562 Canaris in: GK-HGB, § 363 Rn 98.

die Bemerkung in den Motiven, die handelsrechtlichen Vorschriften über die Traditionswirkung enthielten „eine Ausnahme von den gesetzlichen Erfordernissen der Sachübergabe“ und gehörten „unter die Vorschriften über die Eigenthumserwerbung“,[563] spricht nicht gegen die streng relative Theorie. Denn auch § 931 BGB macht eine Ausnahme von dem Erfordernis der Sachübergabe, und daher ist es mit der Sichtweise des Gesetzgebers durchaus vereinbar, die §§ 448, 475 g, 650 HGB a.F. als Unterfall von § 931 BGB zu konstruieren.[564]

Nach *Makower* kann es nur richtig sein, dass durch die Übergabe des Traditionspapiers kein unmittelbarer, sondern mittelbarer Besitz an den Waren entsteht. Zum einen, weil der Lagerhalter unmittelbarer Besitzer ist und demzufolge der Erwerber des Lagerscheins nur mittelbarer Besitzer der Waren sein kann. Zum anderen, weil bei einem gutgläubigen Erwerb der Waren durch einen Dritten eine spätere Übergabe des Traditionspapiers keine Rechte am Gut verliehe, während die Übergabe des unmittelbaren Besitzes an den Gütern sehr wohl Eigentum bzw. Pfandrecht entstehen ließe.[565]

VI. Einwände gegen die streng relative Theorie

1. Auslegung nach dem Wortlaut

Soweit die streng relative Theorie die Traditionswirkung auf den durch die Papierübergabe erfolgenden Besitzerwerb zurückführt, bietet der Wortlaut der §§ 448, 475 g, 650 HGB a.F. dafür keinen Anhaltspunkt. Nach dem Wortlaut hat die Übergabe der jeweiligen Traditionspapiere nämlich für den Erwerb von Rechten an den Gütern „dieselben Wirkungen wie die Übergabe der Güter“ und nicht dieselben Wirkungen wie die Abtretung des betreffenden Herausgabeanspruchs.[566] Es sind demzufolge lediglich die Wirkungen beider Übergaben gleichgestellt, und zwar nur in Bezug auf den Sachenrechtserwerb. Wäre eine Gleichstellung der Übergaben gewollt gewesen, hätte es einer anderen Formulierung wie z.B. „wirkt als Übergabe“ bedurft.[567]

---

563 Motive BGB III, S. 90.

564 Canaris in: GK-HGB, § 363 Rn 98.

565 Makower, HGB, § 424 Anm. II a 1.

566 Kühlberg, Verkehrsschutz, S. 53; Wieling, Sachenrecht, § 9 X; Henke, Konnossement, S. 27; Heymann, FG Dahn, S. 176; Michaelis, Traditionspapier, S. 24; Pappenheim, Seerecht III, S. 369 f.

567 Heymann, FG Dahn, S. 176; Mayer, Lagerschein, S. 13.

Die Vindikationszession des § 931 BGB hat keineswegs dieselbe Wirkung wie die Übergabe der Güter selbst. Sie hat zwar für den Erwerb des Eigentums dieselbe Wirkung, aber nicht für den Erwerb der sonstigen dinglichen Rechte. Denn durch die Übergabe der Güter kann, wenn die Einigung hinzukommt, ein Pfandrecht immer bestellt werden; durch Vindikationszession aber nur dann, wenn der Zedent mittelbarer Besitzer der zu verpfändenden Sache war.[568]

Schon der Ausgangspunkt, dass „Übergabe" Besitzübertragung im Allgemeinen bedeute, dürfte verfehlt sein. Da der Verfrachter den unmittelbaren Besitz an den im Konnossement bezeichneten Gütern hat, kann eine Übertragung des Besitzes an ihnen durch andere Personen nach allgemeinen Grundsätzen nur als Übertragung mittelbaren Besitzes stattfinden. Vom Standpunkt der streng relativen Theorie aus erscheint daher die Formulierung des § 650 HGB a.F. unrichtig. Denn die Übergabe der Güter selbst, welche der Übergabe des Konnossements in ihrer Wirkung vom Gesetz gleichgestellt wird, überträgt den unmittelbaren Besitz der Güter.[569]

Auch findet bei der Übergabe des Konnossements seitens des Indossanten an den Indossatar keine Abtretung statt, sondern erst durch das Indossament und die Übergabe des indossierten Papiers wird der Erwerber Gläubiger des Anspruchs auf Auslieferung der Güter. Erst wenn diese Voraussetzung eingetreten ist, gewährt das Gesetz dem Gläubiger das Eigentum an der Ware. § 931 BGB regelt ein Ersatzmittel zur Erlangung des Eigentums an, während § 650 HGB a.F. an die Übergabe des Scheins Wirkungen, „nämlich die Erlangung von Rechten am Gut", knüpft. Damit wird die Inkongruenz dieses Rechtserwerbs und des § 931 BGB deutlich.[570]

2. Systematische Auslegung – Entbehrlichkeit §§ 448, 475 g, 650 HGB a.F.

Nach der streng relativen Theorie ergibt das Beibehalten der §§ 448, 475 g, 650 HGB a.F. nach der Neufassung des HGB infolge der Einführung des Bürgerlichen Gesetzbuchs keinen Sinn.[571] Nach dieser Theorie steht die Bestimmung des § 650 HGB a.F. im Einklang mit den allgemeinen Normen des Bürgerlichen Rechts. Daher können Sachenrechte durch ein Konnossement nur übertragen

568 Michaelis, Traditionspapier, S. 24.

569 Pappenheim, Seerecht III, S. 369 f.

570 Henke, Konnossement, S. 27.

571 Gadow in: Staub, HGB, § 365 Anm. 10; Abraham, ZHR 116, 1(4); Dumke, Konnossement, S. 75; Jacobi in: Ehrenbergs Handbuch, S. 544; Siebert, ZHR 93, 1(46).

werden, wenn die allgemeinen bürgerlich-rechtlichen Voraussetzungen für die Übertragung des dinglichen Rechts erfüllt sind.[572] Würden die §§ 448, 475g, 650 HGB a.F. jedoch lediglich besagen, dass das Eigentum an den Waren durch die in der Papierübergabe liegenden Abtretung des Herausgabeanspruchs übertragen wird, so würden sie eine bloße Wiederholung des § 931 BGB darstellen[573] und wären überflüssig.[574] Denn es ist unwahrscheinlich, dass der Gesetzgeber zweimal das Gleiche regeln wollte, zumal das HGB der Terminologie des BGB angepasst wurde.[575] Es ist daher anzunehmen, dass die Vorschriften über die Traditionspapiere mehr zum Ausdruck bringen als die Regelung des § 931 BGB.[576] Einer strengen Anlehnung an die Rechtsübertragungsformen des Bürgerlichen Gesetzbuches stehen die leges speziales der §§ 448, 475 g, 650 HGB a.F. entgegen, deren Anliegen es gerade ist, die Wirkungen der Übergabe des Papiers denen der Übergabe der Güter gleichzustellen und nicht im Grunde nur zu wiederholen, was sich aus § 931 BGB ohnehin ergäbe.[577]

In systematischer Hinsicht führt die Anwendung des § 931 BGB zur Anwendung aller der Sonderregeln (z.B. §§ 936 Abs. 3, 1205 Abs. 2 BGB), mit denen er deshalb in einem Zusammenhang steht, weil er im BGB als erste Vorschrift

572 Hellwig, Verträge auf Leistung an Dritte, S. 344; Heck, Sachenrecht, S. 252 vertritt für den Eigentumserwerb die Relative Theorie, er konstruiert allein unter Verwendung von §§ 931, 934 BGB - anders für die Pfandbestellung; auch Rehfeldt/Zöllner, Wertpapierrecht, S. 111 f., argumentiert in Richtung der streng relativen Theorie; Ochs, Traditionspapiere, S. 34 f., wendet die Vindikationszession analog auf den Erwerb mittels Traditionspapieren an, weicht aber in den Ergebnissen stark von Hellwig und Makower ab.

573 Herber in MüKo, HGB, § 542 Rn 5; Abraham, Das Seerecht, S. 173; Abraham, Lagerschein, S. 104; Dumke, Konnossement, S. 75; Gönen, Einwendungen des Verfrachters, S. 24; Honnef, Traditionspapier, S. 27; Mai, Traditionspapiere, S. 112; Schnabel, Lagerschein, S. 30; Wimpfheimer, Lagerschein, S. 36.

574 Gadow in: Staub, HGB, § 365 Anm. 10; Beuth, Orderpapiere, S. 78; Bosdas, Konnossement, S. 75; Gierke, Recht der Wertpapiere, S. 116; Hermann, Abladegeschäft, S. 68; Krüger, Konnossement, S. 68; Lehmann, Handelsrecht, S. 543; Pappenheim, Seerecht III, S. 371; Heidemann, Lagerschein, S. 69; v. Schwerin, Recht der Wertpapiere, S. 208; Schmidt, Handelsrecht, § 24 III 2 b.

575 Schaps/Abraham, Seehandelsrecht, § 650 Rn 10; Abraham, Das Seerecht, S. 173; Abraham, Lagerschein, S. 104.

576 Schaps/Abraham, Seehandelsrecht, § 650 Rn 10; Abraham, Das Seerecht, S. 173; Abraham, Lagerschein, S. 104; Meyer-Cording/Drygala, Wertpapierrecht, S. 97; Schlenzka, Konnossementsrecht, S. 44 f.

577 Kühlberg, Verkehrsschutz, S. 54.

das Traditionsprinzip durchbricht. Solche Bestimmungen können durchaus gerechtfertigt sein, wenn es sich, wie im § 931 BGB, um eine Eigentumsverschaffung durch formlose Zessionsabrede handelt, nicht aber dann, wenn wie in den §§ 448, 475 g, 650 HGB a.F. die Beachtung einer strengen äußeren Form Bedingung der Eigentumsübertragung ist. Die Anwendung des § 931 BGB wird dem Zweck des Traditionspapiers, die „ruhende Ware" zu mobilisieren, daher nicht gerecht.[578] Das Papier hätte als Formerfordernis gegenüber § 931 BGB nur einschränkende, aber keine erweiternde Funktion.[579]

Des Weiteren beseitigt die streng relative Theorie durch ihr starres Festhalten an den Grundsätzen des Bürgerlichen Rechts jeden Unterschied zwischen Traditionspapieren und anderen Warenpapieren, denen nur nach allgemeinen Grundsätzen eine dingliche Wirkung anhaften kann.[580]

Schubert sieht in § 424 HGB a.F. und in § 931 BGB zwei verschiedenartige Vorgänge. Der Übereignungstatbestand des § 931 BGB erfordere die Abtretung des dinglichen Herausgabeanspruchs, der Orderlagerschein verschaffe jedoch gemäß § 424 HGB a.F. nur den obligatorischen Herausgabeanspruch. Daher sei eine Zurückführung des Eigentumserwerbs mittels Lagerscheins nach § 424 HGB a.F. auf den § 931 BGB „völlig ausgeschlossen".[581]

3. Verkehrsschutzgesichtspunkte/Ungewisser Eigentumserwerb

Beim gutgläubigen Erwerb durch Papierübergabe seitens des Nichtberechtigten ist gemäß § 934 BGB zum Eigentumserwerb mittelbarer Besitz des Veräußerers erforderlich, anderenfalls tritt der Eigentumserwerb erst mit dem nachträglichen Besitzerwerb ein, sofern der Erwerber in diesem Zeitpunkt noch gutgläubig ist. Die streng relative Theorie erfordert somit eine unmittelbare Übergabe der Sache, um Eigentum erwerben zu können, sodass der gutgläubige Besitzer des Traditionspapiers erst mit Übergabe der Ware auch Eigentümer wird. Das steht im Widerspruch zu der Gesetzesnorm, nach der mit der Papierbegebung dieselben Wirkungen eintreten sollen wie mit der Übergabe der Ware.[582] Die Folge, dass der Gutglaubensschutz des Erwerbers wesentlich verringert wird, ist

578 Alexander, Lagerschein, S. 49 f.

579 Puttfarken, Seehandelsrecht, S. 38.

580 Münster, Warenpapiere, S. 19 f.; Pappenheim, Seerecht III, S. 371 f.

581 Schubert, Orderlagerschein, S. 40 f., der dementsprechend auch den Rückgriff auf § 1205 BGB im Falle einer Verpfändung ausschließt, da in § 424 a.F. HGB die Traditionswirkung für den Erwerb aller dinglichen Rechte einheitlich geregelt sei.

582 Cohn, Orderlagerschein, S. 30.

unerwünscht[583], und der daraus entstehende längere Schutz des Eigentümers widerspricht dem Traditionscharakter des Papiers, der durch die Übergabe des Papiers grundsätzlich die Sicherheit des Rechtserwerbs gewähren will.[584]

Auch die sich hieraus ergebende Ungewissheit bezüglich des Zeitpunktes des Eigentumserwerbs vom Nichtberechtigten widerspricht der Auffassung des Handelsverkehrs, der bei der Veräußerung von schwimmender Ware gerade voraussetzt, dass der Käufer durch das Traditionspapier zur sofortigen Verfügung über die Ware imstande ist.[585]

4. Notwendigkeit einer Verpfändungsanzeige

Für die Bestellung des Pfandrechts muss die streng relative Theorie auf die Vorschrift des § 1205 Abs. 2 BGB zurückgreifen. Danach kann die Übergabe einer im mittelbaren Besitz des Eigentümers befindlichen Sache dadurch ersetzt werden, dass der Eigentümer den mittelbaren Besitz – hier durch Übergabe des Konnossements – auf den Pfandgläubiger überträgt und die Verpfändung dem Schiffer bzw. Lagerhalter als unmittelbarem Besitzer anzeigt. Danach würde eine Verpfändung schwimmender Ware erst dann wirksam, wenn dem Schiffer die Verpfändungsanzeige zugegangen ist. Dass es überhaupt einer Verpfändungsanzeige an den Reeder oder den ihn vertretenden Schiffer bedarf, ist ein nicht überzeugendes Ergebnis der streng relativen Theorie.[586] Die Notwendigkeit einer Verpfändungsanzeige verletzt unmittelbar das Gesetz.[587] Indem § 650 HGB a.F. für „den Erwerb von Rechten an den Gütern" die Übergabe des Traditionspapiers in Bezug auf den Sachenrechtserwerb als genügende Voraussetzung deklariert, ist das Erfordernis einer Verpfändungsanzeige als verfehlt und die Theorie als nicht haltbar anzusehen.[588] Außerdem ist die Möglichkeit dem Schiffer, der sich eine längere Zeit auf See befindet, eine Verpfändungsanzeige zukommen zu

583 Meyer-Cording/Drygala, Wertpapierrecht, S. 97.

584 Cohn, Orderlagerschein, S. 31.

585 Heymann, FG Dahn, S. 171; Krüger, Konnossement, S. 67; Mannschatz, Konnossement, S. 41; Mayer, Lagerschein, S. 14 f.; Nöthling, Traditionspapiere, S. 31.

586 Heymann, FG für Dahn, S. 173; Beuth, Orderpapiere, S. 78 f.; Bosdas, Konnossement, S. 75; Eben-Worlée, Übereignung mittels Konnossement, S. 37; Krüger, Konnossement, S. 67 f.; Lehmann, Handelsrecht, S. 543; Pappenheim, Seerecht III, S. 371; Mannschatz, Konnossement, S. 41; Münster, Warenpapiere, S. 19; Nöthling, Traditionspapiere, S. 31.

587 Cohn, Orderlagerschein, S. 29; Henke, Konnossement, S. 27; Heidemann, Lagerschein, S. 69; Honnef, Traditionspapier, S. 28.

588 Henke, Konnossement, S. 27; Michaelis, Traditionspapier, S. 25.

lassen, begrenzt und kann mit erheblichen Schwierigkeiten verbunden sein.[589] Die Verpfändungsanzeige soll bei der Pfandrechtsbestellung mittels Traditionspapier gerade nicht notwendig sein,[590] da die Traditionspapiere generell eine Erleichterung der Umlauffähigkeit der Güter bezwecken.[591]

Wollte man vom Standpunkt der streng relativen Theorie aus gucken, aufgrund des § 1206 BGB Mitbesitz als Übergabeersatz der Pfandsache anerkennen und damit eine Verpfändungsanzeige als entbehrlich ansehen, so muss man dem entgegenhalten, dass die streng relative Theorie dann die Ausstellung mehrerer Konnossemente unmöglich macht. Die nach § 1206 BGB erforderliche Einigung, dass der Schiffer die Ware nur an Eigentümer und Pfandgläubiger gemeinsam ausliefern darf, müsste sofort bei der Ausstellung des Konnossements erfolgen. Für den Fall der Ausstellung mehrerer Konnossemente würde diese Betrachtung jedoch versagen, oder es dürfte die Warenverpfändung nur mittels Übergabe sämtlicher Konnossementsexemplare zulässig sein. Damit setzt sich die streng relative Theorie in Widerspruch zu der Möglichkeit, mehrere Konnossemente auszustellen, sowie auch zu den Vorschriften des HGB, die gerade die Rechtswirkungen der Ausstellung mehrerer Konnossemente präzise regeln.[592]

Das Zugeständnis *Makowers*[593], dass bei Übergabe des indossierten Papiers ein Pfandrecht an dem verbrieften Herausgabeanspruch auch ohne Benachrichtigung an den Papierverpflichteten entsteht, ist mit dem BGB unvereinbar. Denn der Wille der Kontrahenten geht in diesem Fall auf Verpfändung der Ware und nicht auf Verpfändung des verbrieften Herausgabeanspruchs.[594]

5. Rechte Dritter

Eine weitere Beschränkung ergibt sich aus den §§ 936, 1208 BGB. Zum Untergang der Rechte Dritter muss nach der streng relativen Theorie gemäß § 936 Abs. 1 S. 3 BGB außer dem guten Glauben des Erwerbers der mittelbare Besitz

589 Henke, Konnossement, S. 28; Mannschatz, Konnossement, S. 41 f.

590 Gadow in: Staub, HGB, § 365 Anm. 10; Cohn, Orderlagerschein, S. 29; Göder, Lombardgeschäft, S. 39; Heidemann, Lagerschein, S. 69; Locher, Recht der Wertpapiere, S. 149; Meyer-Cording/Drygala, Wertpapierrecht, S. 97; Schnabel, Lagerschein, S. 32.

591 Cohn, Orderlagerschein, S. 29; Honnef, Traditionspapier, S. 28.

592 Laube, Lagerschein, S. 31 f.

593 Makower, HGB, § 424 Anm. II b 5.

594 Cohn, Orderlagerschein, S. 30; Heidemann, Lagerschein, S. 70; Henke, Konnossement, S. 28; Honnef, Traditionspapier, S. 28; im Ergebnis auch Nöthling, Traditionspapiere, S. 31.

des Veräußerers vorliegen, oder der Besitz nachträglich durch den Erwerber erlangt werden. Nach § 936 Abs. 3 BGB, der nach der streng relativen Theorie anzuwenden ist, erlöschen die Rechte des Drittbesitzers bzw. des Pfandgläubigers nicht, wenn er im Besitz der Waren ist. Dies ist grundsätzlich der Fall bei den gesetzlichen Pfandrechten des Frachtführers, Lagerhalters und Verfrachters.

Rechte des Schiffers und Lagerhalters, die nicht schon, wie die gesetzlichen Pfandrechte, aus der Tatsache der Papierausstellung oder dem Inhalt des Papiers hervorgehen, erlöschen auch dem gutgläubigen Papiernehmer gegenüber nicht und treten auch nicht zurück, wenn die Veräußerung durch Abtretung des Herausgabeanspruchs nach § 931 BGB oder die Verpfändung nach § 1205 Abs. 2 BGB erfolgt.[595] Dies erscheint in Bezug auf die Sicherheit des Verkehrs mit Traditionspapieren bedenklich. Der Erwerber des Konnossements könnte nie wissen, ob noch andere (kollidierende) Rechte an den Waren bestehen.[596] Dies würde die gewünschte Umlauffähigkeit von Traditionspapieren erschweren.

VII. Zusammenfassende Würdigung

Die Übergabe eines Konnossements stellt nach der streng relativen Theorie eine Abtretung des Herausgabeanspruchs nach § 931 BGB oder einen der Vindikationszession zumindest gleichartigen Tatbestand dar.[597] Demnach ersetzt die Abtretung des Herausgabeanspruchs die Übergabe der Sache und der mittelbare Besitz wird gemäß § 870 BGB auf den Erwerber übertragen.

Würde § 650 HGB a.F. durch die Übergabe eines Traditionspapiers lediglich die Abtretung des Herausgabeanspruchs anordnen, wäre dies eine Wiederholung des § 931 BGB und damit überflüssig. Es ist aber unwahrscheinlich, dass der Gesetzgeber zweimal das Gleiche ausdrücken wollte, zumal das HGB der Terminologie des BGB angepasst wurde.[598] Es ist daher anzunehmen, dass die Vorschriften über die Traditionspapiere mehr besagen wollen als die Abtretung des Herausgabeanspruchs.[599] Einer derart strengen Anlehnung an die Rechtsübertragungsformen des Bürgerlichen Gesetzbuches stehen die Spezialregelungen der §§ 448, 475 g, 650 HGB a.F. entgegen, deren Anliegen es gerade ist, die

595 Münster, Warenpapiere, S. 19.

596 Heymann, FG Dahn, S. 172; Mannschatz, Konnossement, S. 41; Mayer, Lagerschein, S. 14 f.; Münster, Warenpapiere, S. 19.

597 Hellwig, Verträge auf Leistung an Dritte, S. 345.

598 Abraham, Lagerschein, S. 104.

599 Schaps/Abraham, Seehandelsrecht, § 650 Rn 10; Abraham, Das Seerecht, S. 173.

Wirkungen der Übergabe des Papiers denen der Übergabe der Güter gleichzustellen und nicht im Grunde nur zu wiederholen, was sich aus § 931 BGB ohnehin ergäbe.[600] Zudem soll gerade dem Unterschied zwischen den besonderen dinglich wirkenden Papieren und anderen Papieren, die keine dingliche Rechtswirkung entfalten, Rechnung getragen werden.[601]

Des Weiteren ist für die Anwendung des § 931 BGB ein Besitzmittlungsverhältnis zwischen dem Schiffer und dem Konnossementsinhaber nötig. Demzufolge kann das Traditionspapier keine dingliche Wirkung mehr entfalten, wenn der Verfrachter sich zum Eigenbesitzer „aufgeschwungen" hat. Für die Traditionswirkung kommt es aber auf die Realisierbarkeit des im Konnossement verbrieften Herausgabeanspruchs an. An dieser Realisierbarkeit ändert sich für den Konnossementsinhaber jedoch nichts, wenn der Verfrachter Eigenbesitzer wird. In diesem Moment befinden sich die Güter immer noch auf See und der Konnossementsinhaber ist der einzig Legitimierte, der die Güter vom Verfrachter herausverlangen kann. Dieser Herausgabeanspruch besteht auch dann noch gegenüber dem Verfrachter, wenn dieser Eigenbesitz an den Waren begründet hat.

Auch ein gutgläubiger Erwerb mittels Traditionspapiers bei bestehendem Eigenbesitz des Schiffers muss möglich sein, da zum einen der wahre Berechtigte in diesem Fall nicht schutzwürdiger ist und zum anderen mit dem Erwerb des Orderpapiers ein gutgläubiger Erwerb des verbrieften Herausgabeanspruchs gemäß § 365 HGB i.V.m. Art. 16 Abs. 2 WG einhergeht. Denn letztlich besteht das Ziel der Abtretung des Herausgabeanspruchs in der Übertragung des Eigentums an den Gütern und auch die Zulassung eines gutgläubigen Erwerbs hat nur dann einen Sinn, wenn sie sich nicht auf den Herausgabeanspruch beschränkt, sondern grundsätzlich das Eigentum an den Gütern einschließt.[602] Daher ist eine Differenzierung dahingehend, dass bei Fremdbesitz des Schiffers das Traditionspapier dingliche Wirkung entfaltet, bei Eigenbesitz des Schiffers jedoch nicht, gerade im Hinblick auf die generelle Übernahmevoraussetzung nicht überzeugend.

Des Weiteren erschwert die erforderliche Verpfändungsanzeige nach § 1205 Abs. 2 BGB den Rechtsübergang mittels Traditionspapiers, obwohl der Sinn und Zweck der Traditionspapiere ein erleichterter Rechtsübergang im Handelsverkehr sein soll. Die Verpfändungsanzeige soll den Besitzmittler zur Herausgabe

600 Kühlberg, Verkehrsschutz, S. 54.
601 Pappenheim, Seerecht III, S. 371 f.
602 Canaris in: GK-HGB, § 363 Rn 119; Koller in: GK-HGB, § 424 Rn 14.

der Waren an den Gläubiger ermächtigen und verpflichten.[603] Diese Benachrichtigung ist aber nicht nötig, weil der Pfandgläubiger das Konnossement in seinen Händen hat und dies legitimiert ihn für die Herausgabe der Güter. „Die streng relative Theorie wird dem Wesen der dinglichen Traditionspapierwirkung nicht gerecht und kann es auch nicht werden, da sie die geschichtlichen Grundlagen und die wirtschaftlichen Aufgaben des Traditionspapiers nicht genügend berücksichtigt."[604]

Aus diesen Gründen ist die streng relative Theorie abzulehnen.

603 Wicke in: Palandt, BGB, § 1205 Rn 7.
604 Nöthling, Traditionspapiere, S. 32.

Q. Repräsentationstheorie (relative Theorie)[605]

I. Inhalt der Repräsentationstheorie

Die Repräsentationstheorie führt den Rechtserwerb mittels Traditionspapiers, ebenso wie die streng relative Theorie, auf die allgemeinen Grundsätze des BGB zurück.[606] Damit ist ein derartiger Sachenrechtserwerb lediglich ein Anwendungsfall der bürgerlich-rechtlichen Normen.[607] Die §§ 424, 450, 647 HGB a.F. stellen nur eine Erleichterung der Rechtsübertragung dar und bilden keine neue

---

605 BGHZ 49, 160(163); RGZ 98, 335(336); 104, 409(411); Lehmann in: Düringer-Hachenburg, HGB, § 424 Anm. 8; Prüssmann, HGB, § 650 Anm. B 2; Schaps/Abraham, Seehandelsrecht, § 650 Rn 11; Hefermehl in: Schlegelberger, HGB, § 363 Rn 52; Liesecke in: Schlegelberger/Liesecke, § 650 Anm. 2; Gadow in: Staub, HGB, § 365 Anm. 10; Abraham, Das Seerecht, S.174; Abraham, Lagerschein, S. 104; Beuth, Orderpapiere, S. 79; Bosdas, Konnossement, S. 75; Boyens, Seerecht, S. 329; Capelle, Handelsrecht, S. 126; Cohn, Orderlagerschein, S. 24; Dumke, Konnossement, S. 75; Jacobi in: Ehrenbergs Handbuch, S. 544; Mittelstein in: Ehrenbergs Handbuch, S. 147; Wolff in: Ehrenbergs Handbuch, S. 34; Eichler, Sachenrecht, S. 119; Ernst, Ablader, S. 51; Gierke, Deutsches Privatrecht, S. 233; Gierke, Recht der Wertpapiere, S. 116; Gehrke, Transportdokument, S. 102; Gierke, Handelsrecht, S. 615; Goldschmidt, ArchBürgR 30, 315(401) Fn 132; Gönen, Einwendungen des Verfrachters, S. 25; Heck, Sachenrecht, S. 252, 419, für den Pfandrechtserwerb; Hermann, Abladegeschäft, S. 68; Heyck, Seefrachtvertrag, S. 13; Honnef, Traditionspapier, S. 42; Hueck, Recht der Wertpapiere, S. 13; Killig, Ladeschein, S. 38; Krüger, Konnossement, S. 90; Lassalle, Besitzverhältnisse, S. 24 f.; Lehmann, Handelsrecht, S. 543; Locher, Recht der Wertpapiere, S. 149; Mai, Traditionspapiere, S. 120; Müller-Erzbach, Handelsrecht, S. 886; Münch, Lagerschein, S. 55; Münster, Warenpapiere, S. 50; Schlodtmann, Konnossement, S. 50; Schumann, Handelsrecht, S. 644; v. Schwerin, Recht der Wertpapiere, S. 208; Senckpiehl, Lagergeschäft, S. 342; Wieling, Sachenrecht, § 9 X; Wüstendörfer, Seehandelsrecht, S. 310; Abraham, ZHR 116, 1(5); Glaser, NJW 1958, 451(452); Reinicke, BB 1960, 1368(1370); Siebert, ZHR 93, 1(47); Wolff, ZHR 58, 619(622).

606 Schaps/Abraham, Seehandelsrecht, § 650 Rn 11; Prüssmann, HGB, § 650 Anm. B 2; Liesecke in: Schlegelberger/Liesecke, § 650 Anm. 8; Abraham, Das Seerecht, S.174; Abraham, Lagerschein, S. 104; Cohn, Orderlagerschein, S. 18; Dumke, Konnossement, S. 75; Krüger, Konnossement, S. 62; Münch, Lagerschein, S. 60; Münster, Warenpapiere, S. 16.

607 Dumke, Konnossement, S. 75.

Übertragungsform.[608] Die Repräsentationstheorie unterscheidet sich jedoch von der streng relativen Theorie dadurch, dass sie die Verschaffung des mittelbaren Besitzes durch Übergabe des Papiers der Verschaffung des unmittelbaren Besitzes am Gut gleichstellt.[609] Voraussetzung für einen Rechtserwerb mittels Traditionspapiers ist ein Besitzmittlungsverhältnis zwischen dem Aussteller und dem rechtmäßigen Inhaber der Urkunde.[610] Dementsprechend muss der Lagerhalter, Schiffer oder Frachtführer mittelbarer[611] oder unmittelbarer[612] Besitzer der Waren sein.[613] Da die Übergabe des Traditionspapiers kraft Gesetzes die

608 Mai, Traditionspapiere, S. 158; a.A. Capelle, Handelsrecht, S. 126, der in der dinglichen Wirkung der Traditionspapiere eine besondere Übereignungsform sieht.

609 Horn in: Heymann, HGB, § 363 Rn 25; Prüssmann, HGB, § 650 Anm. B 2; Schaps/Abraham, Seehandelsrecht, § 650 Rn 11; Hefermehl in: Schlegelberger, HGB, § 363 Rn 50; Liesecke in: Schlegelberger/Liesecke, § 650 Anm. 2; Abraham, Das Seerecht, S.174; Abraham, Lagerschein, S. 104; Dumke, Konnossement, S. 80, der § 929 BGB i.V.m. § 650 HGB anwendet; Jacobi in: Ehrenbergs Handbuch, S. 547.

610 Prüssmann, HGB, § 650 Anm. B 1; Liesecke in: Schlegelberger/Liesecke, § 650 Anm. 2; Dumke, Konnossement, S. 79; Hermann, Abladegeschäft, S. 69; Killig, Ladeschein, S. 38; Krüger, Konnossement, S. 62; Lehmann, Handelsrecht, S. 542; Locher, Recht der Wertpapiere, S. 149; Münch, Lagerschein, S. 61; Münster, Warenpapiere, S. 16; Schumann, Handelsrecht II, S. 437; Abraham, ZHR 116, 1(5); a.A. Wolff, ZHR 58, 619(622), dem es genügt, wenn irgendein Herausgabeanspruch gegen den Verfrachter besteht, nicht notwendigerweise der, auf dem das Besitzmittlungsverhältnis beruht.

611 Senckpiehl, Lagergeschäft, S.343, der beim Lagerhalter den mittelbaren Besitz ausreichen lässt, wenn das Gut bei einem Dritten lagert.

612 Mittelstein in: Ehrenbergs Handbuch, S. 146; Gönen, Einwendungen des Verfrachters, S. 24; Hermann, Abladegeschäft, S. 72; Heyck, Seefrachtvertrag, S. 15; Killig, Ladeschein, S. 38; Mai, Traditionspapiere, S. 101, der unter Umständen auch mittelbaren Besitz des Lagerhalters genügen lässt, z.B. für den Fall, dass der Lagerhalter wegen Platzmangels bei jemand anderem einlagert. Dann muss allerdings der unmittelbare Besitz des zweiten Lagerhalters und der mittelbare Besitz des Papierausstellers vorliegen, um eine dingliche Wirkung zu erzielen; Münster, Warenpapiere, S. 28, der auch mittelbaren Besitz ausreichen lässt, wenn der unmittelbare Besitzer letztendlich für den Konnossementsinhaber besitzt; Wüstendörfer, Seehandelsrecht, S. 310; Glaser, NJW 1958, 451.

613 Lehmann in: Düringer-Hachenburg, HGB, § 424 Anm. 8; Prüssmann, HGB, § 650 Anm. B 2; Schaps/Abraham, Seehandelsrecht, § 650 Rn 11; Hefermehl in: Schlegelberger, HGB, § 363 Rn 50; Abraham, Das Seerecht, S.174; Abraham, Lagerschein, S. 104 f.; Beuth, Orderpapiere, S. 78; Boyens, Seerecht, S. 329; Capelle, Handelsrecht, S. 126; Cohn, Orderlagerschein, S. 31; Jacobi in: Ehrenbergs Handbuch, S. 543; Wolff in: Ehrenbergs Handbuch, S. 34 genügt es, wenn irgendein Herausgabeanspruch gegen den Verfrachter besteht, nicht notwendigerweise der, auf dem das

gleichen Wirkungen hat wie die Übergabe des Gutes selbst, wird in der Übergabe des Traditionspapiers die Übergabe des Besitzes an der Ware gesehen.[614]

Der Inhaber des Traditionspapiers erwirbt mit der Übergabe des Papiers mittelbaren Besitz an den Waren,[615] wird aber aufgrund der gesetzlichen Fiktion „für den Erwerb von Rechten“ als unmittelbarer Besitzer angesehen.[616] Die Übertragung mittelbaren Besitzes wird demzufolge als Übertragung unmittelbaren Besitzes der Ware fingiert.[617] Daher erfolgt der

---

Besitzmittlungsverhältnis beruht; Gierke, Handelsrecht, S. 615; Goldschmidt, ArchBürgR 30, 315(401) Fn 132; Gönen, Einwendungen des Verfrachters, S. 20; Lassalle, Besitzverhältnisse, S. 25; Lehmann, Handelsrecht, S. 543; Müller-Erzbach, Handelsrecht, S. 886; Senckpiehl, Lagergeschäft, S.343, der beim Lagerhalter den mittelbaren Besitz ausreichen lässt, wenn das Gut bei einem Dritten gelagert ist.

614 Lehmann, Handelsrecht, S. 543; Locher, Recht der Wertpapiere, S. 149; Münch, Lagerschein, S. 55; Abraham, ZHR 116, 1(5).

615 Bosdas, Konnossement, S. 75, wonach der unmittelbare Papierbesitzer nur „relativ, soweit Verfügungen über die Ware in Betracht kommen, als unmittelbarer Warenbesitzer erscheint, und der unmittelbare Warenbesitzer als bloßer Besitzdiener“; Eichler, Sachenrecht, S. 149; Gehrke, Transportdokument, S. 101; Gierke, Deutsches Privatrecht, S. 232; Gierke, Recht der Wertpapiere, S. 116; Killig, Ladeschein, S. 40; Wüstendörfer, Seehandelsrecht, S. 311; Abraham, ZHR 116, 1(4); Glaser, NJW 1958, 451.

616 Lehmann in: Düringer-Hachenburg, HGB, § 424 Anm. 9; Schaps/Abraham, Seehandelsrecht, § 650 Rn 11; Hefermehl in: Schlegelberger, HGB, § 363 Rn 57; Liesecke in: Schlegelberger/Liesecke, § 650 Anm. 2; Abraham, Das Seerecht, S.174; Abraham, Lagerschein, S. 104; Beuth, Orderpapiere, S. 79; Dumke, Konnossement, S. 75; Henke, Konnossement, S. 28 f.; Killig, Ladeschein, S. 40; Mai, Traditionspapiere, S. 100; Münster, Warenpapiere, S. 17; Schumann, Handelsrecht II, S. 438; Abraham, ZHR 116, 1(5); a.A. Bosdas, Konnossement, S. 75, der nicht von einer „Fiktion“, sondern von „Wirkungen“ spricht und der unmittelbare Papierbesitzer nur „relativ, soweit Verfügungen über die Ware in Betracht kommen, als unmittelbarer Warenbesitzer erscheint, und der unmittelbare Warenbesitzer als bloßer Besitzdiener.“; Gierke, Deutsches Privatrecht, S. 232; Gierke, Handelsrecht, S. 615; Gierke, Recht der Wertpapiere, S. 116, die keine Fiktion eines unmittelbaren Besitzes annehmen, sondern durch die Übergabe des Konnossements nur den mittelbaren Besitz an den Gütern als übertragen ansehen.

617 Schaps/Abraham, Seehandelsrecht, § 650 Rn 11; Prüssmann, HGB, § 650 Anm. B 2; Hefermehl in: Schlegelberger, HGB, § 363 Rn 57; Abraham, Das Seerecht, S.174; Abraham, Lagerschein, S. 104 f.; Beuth, Orderpapiere, S. 79; Cohn, Orderlagerschein, S. 20; Dumke, Konnossement, S. 75; Krüger, Konnossement, S. 84; Münster, Warenpapiere, S. 17; a.A. Killig, Ladeschein, S. 42, der aufgrund des Wortlauts keine Fiktion annimmt, sondern durch die Übergabe lediglich die rechtlichen Wirkungen der realen Tradition eintreten lässt.

„fiktive" unmittelbare Besitzübergang nur solange, wie der mittelbare Besitz besteht.[618]

Diese Theorie wird deshalb als relative Theorie bezeichnet, weil das Wort „relativ" in diesem Zusammenhang besagt: Soweit es sich um Verfügungen der Ware durch ein Traditionspapier handelt, bedeutet die Übergabe des Papiers die Übertragung des unmittelbaren Besitzes an der Ware.[619] Nur in dem Augenblick, in dem sich die Rechtsänderung vollzieht, bedeutet unmittelbarer Besitz am Papier auch unmittelbarer Besitz am Gut.[620] Der unmittelbare Papierbesitzer erscheint relativ als unmittelbarer Warenbesitzer.[621]

Der Sachbesitz des Schuldners ist danach eine ständige Voraussetzung der sachenrechtlichen Wirkung des Traditionspapiers, denn das Vertrauen ist nur so lange gerechtfertigt, wie der durch das Papier verbriefte Auslieferungsanspruch vom Schuldner erfüllt werden kann.[622] Der Konnossementsinhaber kann mit der Herausgabe der Waren rechnen, zumal es bei dem Wertpapiercharakter der Traditionspapiere höchst unwahrscheinlich ist, dass der Schuldner das Gut ohne Rückgabe des Papiers aushändigt.[623]

II. Konstruktion des Rechtserwerbs

Der Eigentumserwerb nach § 929 S. 1 BGB erfordert neben der Einigung die Übergabe der Sache, also die Verschaffung des Besitzes. Diese Übergabe der Ware als Realakt wird durch die Übergabe des Traditionspapiers ersetzt,[624] weil § 650 HGB a.F. der Konnossementsübergabe dieselbe Wirkung beilegt wie der

618 Nöthling, Traditionspapiere, S. 33; Prüssmann, HGB, § 650 Anm. B 1; Schaps/Abraham, Seehandelsrecht, § 650 Rn 11; Abraham, Das Seerecht, S.174; Abraham, Lagerschein, S. 104 f.; Beuth, Orderpapiere, S. 79; Dumke, Konnossement, S. 75 f.; Münster, Warenpapiere, S. 17.

619 Honnef, Traditionspapier, S. 29 f.; Mai, Traditionspapiere, S. 100; Münch, Lagerschein, S. 61; Wolff, ZHR 58, 619(621 f.), der den unmittelbaren Warenbesitzer für diese Verfügung als bloßen Besitzdiener ansieht.

620 Mai, Traditionspapiere, S. 128; Münster, Warenpapiere, S. 25.

621 Honnef, Traditionspapier, S. 30; Mai, Traditionspapiere, S. 100; Wolff, ZHR 58, 619(621).

622 Hefermehl in: Schlegelberger, HGB, § 363 Rn 52; Schaps/Abraham, Seehandelsrecht, § 650 Rn 9; Abraham, Das Seerecht, S.174; Abraham, Lagerschein, S. 103; Hermann, Abladegeschäft, S. 72.

623 Jacobi in: Ehrenbergs Handbuch, S. 545; Münch, Lagerschein, S. 55.

624 Abraham, Das Seerecht, S.174; Abraham, Lagerschein, S. 104; Beuth, Orderpapiere, S. 79; Dumke, Konnossement, S. 81; Henke, Konnossement, S. 29.

Übergabe des Gutes selbst. Da die Übergabe des Gutes unmittelbaren Besitz verschafft, wird gefolgert, dass es sich bei § 650 HGB a.F. um einen Ersatz der in § 929 S.1 BGB vorgeschriebenen Verschaffung des unmittelbaren Besitzes handelt.[625] Daher findet § 929 BGB als Norm des Rechtserwerbs mittels Verschaffung des unmittelbaren Besitzes Anwendung.[626]

Der Rechtserwerb erfolgt dementsprechend durch Einigung und Übergabe des Traditionspapiers.[627] Durch die Übergabe des Konnossements erlangt der Empfänger Besitz an den Gütern. Er übt die tatsächliche Sachherrschaft zwar nicht selbst, sondern durch den Schiffer aus.[628] Es besteht jedoch zwischen dem Schiffer und dem Eigentümer der Waren aufgrund des Frachtvertrags ein Herausgabeanspruch und folglich ein Besitzmittlungsverhältnis i.S.d. § 868 BGB.[629] Der Konnossementsinhaber ist aufgrund des Besitzmittlungsverhältnisses mittelbarer Besitzer der Ware und der Schiffer/Verfrachter/Frachtführer ist diesem gegenüber zum unmittelbaren Besitz berechtigt und verpflichtet.[630] Dieses

---

625 Dumke, Konnossement, S. 81; Henke, Konnossement, S. 29.

626 Horn in: Heymann, HGB, § 363 Rn 25; Prüssmann, HGB, § 650 Anm. B 2; Schaps/Abraham, Seehandelsrecht, § 650 Rn 11; Hefermehl in: Schlegelberger, HGB, § 363 Rn 50; Liesecke in: Schlegelberger/Liesecke, § 650 Anm. 2; Abraham, Das Seerecht, S.174; Abraham, Lagerschein, S. 104; Dumke, Konnossement, S. 80, der § 929 BGB i.V.m. § 650 HGB anwendet; Jacobi in: Ehrenbergs Handbuch, S. 547; Killig, Ladeschein, S. 37; Wolff in: Ehrenbergs Handbuch, S. 34; Schlodtmann, Konnossement, S. 50.

627 Gadow in: Staub, HGB, § 363 Anm. 36; Abraham, Das Seerecht, S.174; Abraham, Lagerschein, S. 104; Beuth, Orderpapiere, S. 79; Capelle, Handelsrecht, S. 125; Dumke, Konnossement, S. 81; Jacobi in: Ehrenbergs Handbuch, S. 547; Wolff in: Ehrenbergs Handbuch, S. 34; Gierke, Recht der Wertpapiere, S. 116; Gierke, Handelsrecht, S. 615; Goldschmidt, ArchBürgR 30, 315(401); Heyck, Seefrachtvertrag, S. 13; Honnef, Traditionspapier, S. 30; Killig, Ladeschein, S. 37 f.; Mai, Traditionspapiere, S. 128; Münster, Warenpapiere, S. 17; Schlodtmann, Konnossement, S. 50; v. Schwerin, Recht der Wertpapiere, S. 209; Senckpiehl, Lagergeschäft, S. 342; Wüstendörfer, Seehandelsrecht, S. 311; Glaser, NJW 1958, 451.

628 Prüssmann, HGB, § 650 Anm. B 2; Schaps/Abraham, Seehandelsrecht, § 650 Rn 2; Hefermehl in: Schlegelberger, HGB, § 363 Rn 51; Gadow in: Staub, HGB, § 363 Anm. 36; vgl. Cohn, Orderlagerschein, S. 31 f.; Münch, Lagerschein, S. 55, für den Lagerschein; Mittelstein in: Ehrenbergs Handbuch, S. 146; Senckpiehl, Lagergeschäft, S.343..

629 Prüssmann, HGB, § 650 Anm. B 2; Schaps/Abraham, Seehandelsrecht, § 650 Rn 2; Hefermehl in: Schlegelberger, HGB, § 363 Rn 51; Gadow in: Staub, HGB, § 363 Anm. 36; Dumke, Konnossement, S. 77; Heyck, Seefrachtvertrag, S. 13; Münch, Lagerschein, S. 55.

630 Gönen, Einwendungen des Verfrachters, S. 20; Heyck, Seefrachtvertrag, S. 13; Killig, Ladeschein, S. 38.

Besitzmittlungsverhältnis ist im Konnossement verkörpert und kann ohne dieses nicht mehr geltend gemacht werden.[631]

Das Besitzmittlungsverhältnis besteht in gleicher Weise gegenüber späteren legitimierten Papierbesitzern, auf die durch die Konnossementsübergabe jeweils der mittelbare Besitz übertragen wird.[632] Dass im Falle der mehrfachen Übereignung des Traditionspapiers der den Besitz mittelnde Schiffer den aktuellen mittelbaren Besitzer nicht kennt, ist unerheblich, denn der Schiffer hat nur den Willen, für den berechtigten Konnossementsinhaber zu besitzen.[633]

III. Die Begründung der Theorie

Einige Vertreter der relativen Theorie führen die Repräsentationswirkung auf die Einwirkungsmöglichkeit und damit wirtschaftlich auf die Liefermöglichkeit des Verfrachters/Frachtführers bezüglich der Ware zurück. Als Begründung dafür wird die in §§ 650, 450 HGB a.F. notwendige Übernahme der Güter durch den Verfrachter/Frachtführer angeführt, die als Voraussetzung der dinglichen Wirkung eines Traditionspapiers gilt.[634] Der Verfrachter muss folglich mindestens mittelbaren Besitz an der Ware begründet haben und erlangt somit eine gewisse Einwirkungsmöglichkeit auf die Sache. Ist die Ware an Bord des Schiffes übernommen worden, so hat nur noch der Schiffer eine Einwirkungs- bzw. Zugriffsmöglichkeit. Dies bietet für den Inhaber des Traditionspapiers einen gewissen Schutz hinsichtlich seines im Wertpapier verbrieften Herausgabeanspruchs und sichert somit die Verfügung mittels Traditionspapiers ab.[635] Der Papierinhaber kann damit rechnen, dass bei Vorlage des Papiers das Gut an ihn ausgehändigt wird oder er wenigstens die Auslieferung erzwingen kann.[636] Eine Auslieferung der Ware an einen anderen als den legitimierten Konnossementsbesitzer ist

631 Schaps/Abraham, Seehandelsrecht, § 650 Rn 6; Münch, Lagerschein, S. 55, für den Lagerschein.

632 Boyens, Seerecht, S. 326; Killig, Ladeschein, S. 38.

633 Boyens, Seerecht, S. 326.

634 Schaps/Abraham, Seehandelsrecht, § 650 Rn 11; Abraham, Das Seerecht, S. 174; Abraham, Lagerschein, S. 105; Dumke, Konnossement, S. 75; Jacobi in: Ehrenbergs Handbuch, S. 541 f.; Mittelstein in: Ehrenbergs Handbuch, S. 147; Hermann, Abladegeschäft, S. 72; Honnef, Traditionspapier, S. 35; Killig, Ladeschein, S. 40; Lehmann, Handelsrecht, S. 542 f.; Münster, Warenpapiere, S. 23.

635 Mittelstein in: Ehrenbergs Handbuch, S. 147.

636 Honnef, Traditionspapier, S. 35.

unwahrscheinlich, da der Frachtführer den Willen hat, nur für den berechtigten Papierinhaber das Gut zu besitzen.[637]

Andere Vertreter der Repräsentationstheorie gründen die Repräsentationswirkung auf den Besitz des berechtigten Papierinhabers[638], denn als Voraussetzung der Traditionswirkung müsse das Gut vom Schiffer übernommen worden sein. Diese entstandene Einwirkungsmöglichkeit des Schiffers auf die Ware führe zu einer zunehmenden Sicherung des Papiererwerbers, dem durch den unmittelbaren Besitz des Schiffers ebenfalls eine gewisse, wenn auch geringere Einwirkungsmöglichkeit garantiert sein solle. Seien die Güter in den Gewahrsam des Schiffers gelangt, könne der Ablader mit ziemlicher Sicherheit damit rechnen, dass dieselben ihm auch ordnungsgemäß ausgeliefert werden.[639] Verliert der Schiffer den unmittelbaren Besitz des Gutes, so erlischt oder mindert sich auch die Einwirkungsmöglichkeit des Konnossementserwerbers. Daher besteht letztlich dieselbe Lage wie vor der Übernahme des Gutes durch den Schiffer. Folglich ist ohne den unmittelbaren Besitz des Schiffers keine Traditionswirkung möglich. Auf dem Besitz des Schiffers beruht das Gewaltverhältnis des Konnossementsinhabers zu Ware.[640]

IV. Konsequenzen der Repräsentationstheorie

1. Eigentumserwerb vom Berechtigten

Die Repräsentationstheorie lässt das Eigentum durch Einigung über den Eigentumsübergang und Übergabe des Traditionspapiers gemäß § 929 S. 1 BGB auf den Erwerber übergehen.[641] Voraussetzung ist, dass der Verfrachter, Frachtführer

637 Mittelstein in: Ehrenbergs Handbuch, S. 147.

638 Schaps/Abraham, Seehandelsrecht, § 650 Rn 2; Jacobi in: Ehrenbergs Handbuch, S. 545; Hermann, Abladegeschäft, S. 72; Honnef, Traditionspapier, S. 35.; Krüger, Konnossement, S. 62; Locher, Recht der Wertpapiere, S. 149; Sieveking, Seerecht, S. 69 f.

639 Schaps/Abraham, Seehandelsrecht, § 650 Rn 2; Jacobi in: Ehrenbergs Handbuch, S. 545; Hermann, Abladegeschäft, S. 72; Honnef, Traditionspapier, S. 35.; Locher, Recht der Wertpapiere, S. 149; Münch, Lagerschein, S. 55; Münster, Warenpapiere, S. 23; Sieveking, Seerecht, S. 69 f.

640 Krüger, Konnossement, S. 62; Münster, Warenpapiere, S. 23.

641 Schaps/Abraham, Seehandelsrecht, § 650 Rn 11; Prüssmann, HGB, § 650 Anm B 2; Hefermehl in: Schlegelberger, HGB, § 363 Rn 50; Liesecke in: Schlegelberger/Liesecke, § 650 Anm. 2; Abraham, Das Seerecht, S.174; Abraham, Lagerschein, S. 105; Beuth, Orderpapiere, S. 79; Jacobi in: Ehrenbergs Handbuch, S. 547; Wolff in: Ehrenbergs Handbuch, S. 34; Gönen, Einwendungen des Verfrachters, S. 25; Heyck,

oder Lagerhalter unmittelbarer Besitzer der Ware ist, denn nur solange kann durch die Papierbegebung der mittelbare Besitz übertragen werden.[642] Hat der Verfrachter, Lagerhalter oder Frachtführer den unmittelbaren Besitz des Gutes verloren, so kann der Papierbesitzer das Konnossement nicht mehr mit dinglicher Wirkung übertragen.[643] Dieser Besitzverlust tritt insbesondere dann ein, wenn der Schiffer den unmittelbaren Besitz an den Gütern verliert, z.B. durch Diebstahl oder Untergang der Güter.[644] Besteht kein Besitzmittlungsverhältnis

---

Seefrachtvertrag, S. 13; Honnef, Traditionspapier, S. 30; Killig, Ladeschein, S. 37 f.; Krüger, Konnossement, S. 63; Lassalle, Besitzverhältnisse, S. 26, der § 929 BGB iVm § 647 HGB anwendet; Mai, Traditionspapiere, S. 128; Münster, Warenpapiere, S. 17; Schlodtmann, Konnossement, S. 50; Senckpiehl, Lagergeschäft, S. 342; Siebert, ZHR 93, 1(46); a.A. Gierke, Recht der Wertpapiere, S. 116; Gierke, Handelsrecht, S. 615; v. Schwerin, Recht der Wertpapiere, S. 209; Wüstendörfer, Seehandelsrecht, S. 311; Glaser, NJW 1958, 451, die § 929 S.1 BGB nicht explizit als Übereignungsnorm nennen, sondern lediglich auf Einigung und Übergabe abstellen.

642 Schaps/Abraham, Seehandelsrecht, § 650 Rn 11; Prüssmann, HGB, § 650 Anm B 1; Hefermehl in: Schlegelberger, HGB, § 363 Rn 50; Liesecke in: Schlegelberger/Liesecke, § 650 Anm. 2, Abraham, Das Seerecht, S.174; Abraham, Lagerschein, S. 104 f.; Beuth, Orderpapiere, S. 79; Boyens, Seerecht, S. 329; Dumke, Konnossement, S. 75; Jacobi in: Ehrenbergs Handbuch, S. 543; vgl. Mittelstein in: Ehrenbergs Handbuch, S. 147; Münch, Lagerschein, S. 63 f.; Wolff in: Ehrenbergs Handbuch, S. 34; Eichler, Sachenrecht, S. 149; Gehrke, Transportdokument, S. 101; Gierke, Deutsches Privatrecht, S. 233; Gierke, Handelsrecht, S. 615; Gönen, Einwendungen des Verfrachters, S. 23 f.; Heyck, Seefrachtvertrag, S. 15; Honnef, Traditionspapier, S. 30; Krüger, Konnossement, S. 62 f.; Lassalle, Besitzverhältnisse, S. 25; Münster, Warenpapiere, S. 17; v. Schwerin, Recht der Wertpapiere, S. 209.

643 Schaps/Abraham, Seehandelsrecht, § 650 Rn 11; Prüssmann, HGB, § 650 Anm B 2; Hefermehl in: Schlegelberger, HGB, § 363 Rn 50; Liesecke in: Schlegelberger/Liesecke, § 650 Anm. 2; Gadow in: Staub, HGB, § 365 Anm. 10; Abraham, Das Seerecht, S.174; Abraham, Lagerschein, S. 108; Beuth, Orderpapiere, S. 79; Bosdas, Konnossement, S. 75; Boyens, Seerecht, S. 329; Dumke, Konnossement, S. 79; Mittelstein in: Ehrenbergs Handbuch, S. 147; Gönen, Einwendungen des Verfrachters, S. 20; Hermann, Abladegeschäft, S. 72; Honnef, Traditionspapier, S. 35; Krüger, Konnossement, S. 63; Lassalle, Besitzverhältnisse, S. 25; Lehmann, Handelsrecht, S. 542; Mai, Traditionspapiere, S. 101; Müller-Erzbach, Handelsrecht, S. 886; Münster, Warenpapiere, S. 27; Wüstendörfer, Seehandelsrecht, S. 310.

644 Krüger, Konnossement, S. 62 f.; Mai, Traditionspapiere, S. 101; v. Schwerin, Recht der Wertpapiere, S. 209.

zwischen Schiffer und Veräußerer, so werden die Grundsätze der Vindikationszession gemäß § 931 BGB angewandt.[645]

Wenn die Güter jedoch in den Besitz des Verfrachters bzw. Lagerhalters zurückgelangen, dann wird der rechtmäßige Papiererwerber, der derzeit das Traditionspapier innehat, mittelbarer Besitzer der Ware und erwirbt Eigentum mit dem nachträglichen Besitzerwerb, also durch die Rückkehr der Ware zu dem Schiffer bzw. Lagerhalter.[646] Denn es genügt zur Eigentumsübertragung, dass der Besitzer (Nichteigentümer) mit dem Erwerber darüber einig ist und erst später der Besitz verschafft wird.[647]

Hat der Papierverpflichtete (Verfrachter, Lagerhalter) zur Zeit der Scheinübergabe den Eigenbesitz an der Ware begründet und fehlt daher der mittelbare Besitz des Veräußerers, so ist die dingliche Wirkung des Traditionspapiers ausgeschlossen.[648] Andere Vertreter der Repräsentationstheorie lassen die

645 Hermann, Abladegeschäft, S. 72; Jacobi in: Ehrenbergs Handbuch, S. 552; Killig, Ladeschein, S. 37; Lassalle, Besitzverhältnisse, S. 25 f.

646 Schaps/Abraham, Seehandelsrecht, § 650 Rn 17; Liesecke in: Schlegelberger/Liesecke, § 650 Anm. 4; vgl. Abraham, Lagerschein, S. 106; Bosdas, Konnossement, S. 76; Dumke, Konnossement, S. 79; Gönen, Einwendungen des Verfrachters, S. 21; Heyck, Seefrachtvertrag, S. 15; Mai, Traditionspapiere, S. 139 f., der im Fall einer mehrfachen Indossierung des Papiers einen Eigentumserwerb nach § 929 BGB i.V.m. § 932 BGB aufgrund der zwischenzeitlich Nichtberechtigten annimmt und § 931 BGB aufgrund der Rechtsfolgen wie z.B. § 936 Abs. 3 BGB ausschließt; Münch, Lagerschein, S. 65; Wüstendörfer, Seehandelsrecht, S. 310.

647 Schaps/Abraham, Seehandelsrecht, § 650 Rn 17; Liesecke in: Schlegelberger/Liesecke, § 650 Anm. 4; vgl. Abraham, Lagerschein, S. 106; Bosdas, Konnossement, S. 76; Dumke, Konnossement, S. 79.

648 Canaris in: GK-HGB, § 363 Rn 120; Prüssmann, HGB, § 650 Anm B 2; Schaps/Abraham, Seehandelsrecht, § 650 Rn 11; Liesecke in: Schlegelberger/Liesecke, § 650 Anm. 2; Gadow in: Staub, HGB, § 365 Anm. 10; Abraham, Das Seerecht, S.174; Abraham, Lagerschein, S. 105; vgl. Cohn, Orderlagerschein, S. 37; Dumke, Konnossement, S. 79; vgl. Mittelstein in: Ehrenbergs Handbuch, S. 147; Hermann, Abladegeschäft, S. 72; Killig, Ladeschein, S. 38; Münster, Warenpapiere, S. 28; Mai, Traditionspapiere S. 96; Münch, Lagerschein, S. 58; Schlodtmann, Konnossement, S. 70; Stengel, Traditionsfunktion, S. 11; v. Schwerin, Recht der Wertpapiere, S. 209; Siebert, ZHR 93, 1(47); a.A.: Beyerlein, Konnossement, S. 32 f., Goldschmidt, ArchBürgR 30, 315(401) Fn 132; Wolff in: Ehrenbergs Handbuch, S. 30; Honnef, Traditionspapier, S. 35 f.; Wimpfheimer, Lagerschein, S. 37.

Traditionswirkung jedoch auch in diesem Fall zu.[649] Nach *Wolff* genügt es, wenn irgendein Herausgabeanspruch gegen den Verfrachter besteht, also nicht notwendigerweise der, auf dem das Besitzmittlungsverhältnis beruht.[650] Grund dafür sei, dass die Auslieferung des Gutes durch den Konnossementsinhaber sowohl vom fremdbesitzenden als auch vom eigenbesitzenden Schiffer erzwungen und durchgeführt werden könne.[651] *Wolff* geht davon aus, dass in dem Lagerschein nicht nur der auf dem Lagervertrag beruhende Herausgabeanspruch gegen den Lagerhalter verbrieft ist, sondern jeder Herausgabeanspruch, der sich gegen den Lagerhalter richtet,[652] also auch der Anspruch aus unerlaubter Handlung oder ungerechtfertigter Bereicherung. *Honnef* argumentiert, dass die Auslieferung des Gutes vom Eigenbesitzer erzwungen werden kann, wie wenn er noch Fremdbesitzer wäre.[653] Außerdem hätte der gutgläubige Erwerber auch durch die Übergabe der Ware das Eigentum an dieser erworben.[654]

2. Eigentumserwerb vom Nichtberechtigten

a) Übergabe des Gutes durch den unmittelbaren Besitzer

Veräußert der Verfrachter das Gut unter tatsächlicher Übergabe an einen gutgläubigen Erwerber, so erwirbt Letzterer Eigentum nach § 932 BGB.[655] Dieses Ergebnis wird durch die Repräsentationstheorie bestätigt, da sie dem Konnossement die dingliche Wirkung nimmt, sobald der Verfrachter den unmittelbaren Fremdbesitz an den Gütern verloren hat. In diesem Fall kommt den durch das Konnossement vermittelten dinglichen Rechten im Verhältnis zu dem sich aus dem Warenbesitz ergebenden Rechten nur untergeordnete Bedeutung zu. Der Eigentumserwerb mittels Konnossements tritt hinter dem Eigentumserwerb durch tatsächliche Übergabe der Güter zurück.[656]

---

649 Beyerlein, Konnossement, S. 32 f., Goldschmidt, ArchBürgR 30, 315(401) Fn 132; Wolff in: Ehrenbergs Handbuch, S. 30; Honnef, Traditionspapier, S. 35 f.; Wimpfheimer, Lagerschein, S. 37.

650 Wolff in: Ehrenbergs Handbuch, S. 30; Wolff, ZHR 58, 619(622).

651 Honnef, Traditionspapier, S. 35 f.

652 Wolff, ZHR 58, 619(622).

653 Honnef, Traditionspapier, S. 36.

654 Honnef, Traditionspapier, S. 51 f.

655 Prüssmann, HGB, § 650 Anm. D 3; Schaps/Abraham, Seehandelsrecht, § 650 Rn 17; Abraham, Lagerschein, S. 106; Jacobi in: Ehrenbergs Handbuch, S. 546 f.

656 Hermann, Abladegeschäft, S. 76 ff.

b) Übergabe des Traditionspapiers

Ist der Veräußerer nicht berechtigt, über die Waren zu verfügen, so kommt ein gutgläubiger Erwerb gemäß § 932 BGB in Betracht.[657] Der Gutgläubige erwirbt das Eigentum unmittelbar mit der Übergabe des Traditionspapiers.[658] Voraussetzung ist jedoch, dass der Verfrachter, Lagerhalter für den legitimierten Papierinhaber besitzt.[659] Mit der Papierübertragung wird der gutgläubige[660] Erwerber mittelbarer Besitzer, da der Verfrachter dem berechtigten Papierinhaber den Besitz mittelt. Der Gutgläubige erwirbt daher originär den mittelbaren Besitz und damit nach der Repräsentationstheorie in Ansehung des Erwerbes von Rechten an der Sache fiktiv den unmittelbaren Sachbesitz.[661]

War der Verfrachter zur Zeit der Veräußerung nicht im Besitz der Ware, so kann der Eigentumserwerb erst mit der Rückkehr der Waren in den Besitz des Schiffers, Lagerhalters eintreten. Denn erst zu diesem Zeitpunkt wird der Papierinhaber mittelbarer Besitzer des Gutes und bis dahin muss sein guter Glaube noch fortdauern.[662] Ist jedoch der Besitzverlust des Verfrachters endgültig, so kann § 932 BGB nicht angewandt werden, sondern nur die Grundsätze über die

---

657 Prüssmann, HGB, § 650 Anm D 3; Schaps/Abraham, Seehandelsrecht, § 650 Rn 18; Liesecke in: Schlegelberger/Liesecke, § 650 Anm. 8; Abraham, Das Seerecht, S. 175; Abraham, Lagerschein, S. 108; Bosdas, Konnossement, S. 76; Dumke, Konnossement, S. 84; Jacobi in: Ehrenbergs Handbuch, S. 551; Gönen, Einwendungen des Verfrachters, S. 25; Heyck, Seefrachtvertrag, S. 13; Honnef, Traditionspapier, S. 51; Krüger, Konnossement, S. 63; Mai, Traditionspapiere, S. 113; Münch, Lagerschein, S. 65; Nöthling, Traditionspapiere, S. 35; Schlodtmann, Konnossement, S. 50; Wüstendörfer, Seehandelsrecht, S. 311; Siebert, ZHR 93, 1(46).

658 Nöthling, Traditionspapiere, S. 35.

659 Prüssmann, HGB, § 650 Anm D 3; Lehmann in: Düringer-Hachenburg, HGB, § 424 Anm. 10; vgl. Abraham, Lagerschein, S. 108; Dumke, Konnossement, S. 84 f.; Jacobi in: Ehrenbergs Handbuch, S. 551; Krüger, Konnossement, S. 63; Münch, Lagerschein, S. 65.

660 Glaser, NJW 1958, 451(452), der darauf hinweist, dass im Falle der Übereignung mittels Traditionspapiers eine doppelte Gutglaubensprüfung notwendig sein kann, zum einen hinsichtlich des rechtmäßigen Erwerbs des Traditionspapiers und zum anderen bezüglich des gutgläubigen Erwerbs der Ware.

661 V. Arnswaldt, Orderlagerschein, S. 139 f.; Laube, Lagerschein, S. 28.

662 Prüssmann, HGB, § 650 Anm C 2; vgl. Abraham, Lagerschein, S. 108; Bosdas, Konnossement, S. 76; Laube, Lagerschein, S. 28 f.; Jacobi in: Ehrenbergs Handbuch, S. 551; Mai, Traditionspapiere, S. 139 f.; Münch, Lagerschein, S. 65, der wie Mai ,Traditionspapiere, S. 139 f. bei mehrmaliger Indossierung des Papiers Erwerb vom Nichtberechtigten durch den Vormann annimmt.

Vindikationszession nach §§ 931, 934 BGB.[663] Der Erwerber erlangt hier nur Eigentum, wenn er den Besitz der Sache vom Dritten erhält und auch zu dieser Zeit noch gutgläubig ist.[664]

3. Wirkung des Eigentumserwerbs auf belastende Rechte Dritter

Grundsätzlich erlöschen Rechte Dritter gemäß § 936 Abs. 1 S. 1 BGB mit dem Erwerb des Eigentums. Ist der Papiererwerber zum Zeitpunkt der Übergabe des Traditionspapiers gutgläubig bezüglich der Rechte Dritter, so erlöschen diese Rechte nach der Repräsentationstheorie gemäß § 936 Abs. 1, 2 BGB[665] sofort mit der Konnossementsübergabe, die den Eigentumsübergang herbeiführt.[666] Nach dieser Theorie kann Eigentum nur solange erworben werden, wie der Veräußerer mittelbarer Besitzer ist.[667] Denn nur solange repräsentiert das Konnossement die Ware und fingiert unmittelbaren Sachbesitz beim Erwerber.

Die Rechte des derzeitigen dritten (unmittelbaren) Besitzers erlöschen, da sich der Erwerb nicht nach § 931 BGB vollzieht und daher die Anwendung des § 936 Abs. 3 BGB, die dessen Recht bestehen ließe, ausgeschlossen ist.[668] Ausgenommen sind die Rechte, welche sich aus dem Text des Traditionspapiers oder unmittelbar aus dem Gesetz ergeben, wie die gesetzlichen Pfandrechte

---

663 Prüssmann, HGB, § 650 Anm C 2; Abraham, Lagerschein, S. 108; Bosdas, Konnossement, S. 76; Jacobi in: Ehrenbergs Handbuch, S. 551; Münch, Lagerschein, S. 65.

664 Bosdas, Konnossement, S. 76; Jacobi in: Ehrenbergs Handbuch, S. 551; Laube, Lagerschein, S. 28 f.; Münch, Lagerschein, S. 65.

665 Prüssmann, HGB, § 650 Anm D 3; Schaps/Abraham, Seehandelsrecht, § 650 Rn 18; Abraham, Das Seerecht, S. 175; Abraham, Lagerschein, S. 108; Dumke, Konnossement, S. 85; Jacobi in: Ehrenbergs Handbuch, S. 551; Gönen, Einwendungen des Verfrachters, S. 25; Heyck, Seefrachtvertrag, S. 13 f.; Mai, Traditionspapiere, S. 113; Münch, Lagerschein, S. 66; Schumann, Handelsrecht, S. 644; Senckpiehl, Lagergeschäft, S. 345; Wüstendörfer, Seehandelsrecht, S. 311.

666 Lehmann in: Düringer-Hachenburg, HGB, § 424 Anm. 10; Schaps/Abraham, Seehandelsrecht, § 650 Rn 18; Abraham, Lagerschein, S. 108; Münch, Lagerschein, S. 66.

667 Schaps/Abraham, Seehandelsrecht, § 650 Rn 11; Abraham, Lagerschein, S. 108; Jacobi in: Ehrenbergs Handbuch, S. 552; Laube, Lagerschein, S. 30; Münch, Lagerschein, S. 66.

668 Prüssmann, HGB, § 650 Anm D 3; Hefermehl in: Schlegelberger, HGB, § 363 Rn 50; Schaps/Abraham, Seehandelsrecht, § 650 Rn 18; Liesecke in: Schlegelberger/Liesecke, § 650 Anm. 8; Beuth, Orderpapiere, S. 79; Dumke, Konnossement, S. 85; Jacobi in: Ehrenbergs Handbuch, S. 551; Mannschatz, Konnossement, S. 35; Wolff in: Ehrenbergs Handbuch, S. 34; Heyck, Seefrachtvertrag, S. 13 f.; Killig, Ladeschein, S. 41; Mai, Traditionspapiere, S. 171; Münster, Warenpapiere, S. 17; Schumann, Handelsrecht, S. 644; Reinicke, BB 1960, 1368(1369).

des Verfrachters (§ 495 HGB), Lagerhalters (§ 475 b HGB) und Frachtführers (§ 440 HGB).[669] Zum einen sind diese gerade dazu bestimmt, Ansprüche gegen den Empfänger[670] und jeden, der die Güter unberechtigt empfängt, zu sichern.[671] Zum anderen fehlt der gute Glaube nach § 936 Abs. 2 BGB, da ein Erwerber, der sich nicht alle Konnossementsausfertigungen übergeben lässt, mit einer solchen Verpfändung rechnen muss.[672] Er ist demzufolge nicht schutzwürdig, weil er aus dem Konnossement entnehmen konnte, dass es weitere Ausfertigungen gibt.[673] Im Allgemeinen bleiben daher Rechte bestehen, die dem Papiererwerber beim Erwerb des Scheins bekannt waren oder doch bekannt sein mussten.[674]

Besteht kein Besitzmittlungsverhältnis zwischen Schiffer und Veräußerer, so werden die Grundsätze der Vindikationszession gemäß § 931 BGB angewandt. In diesem Fall erlöschen Rechte Dritter gemäß § 936 Abs. 1 S. 3 BGB erst dann, wenn der Erwerber aufgrund der Veräußerung den Besitz an der Sache erlangt hat und zu diesem Zeitpunkt in Ansehung des Nichtbestehens des Rechts noch gutgläubig war. Die Rechte des Drittbesitzers, z.B. ein Pfändungspfandrecht, werden wegen der Anwendung von § 931 BGB gemäß § 936 Abs. 3 BGB aufrechterhalten.[675]

4. Bestellung eines vertraglichen Pfandrechts an der Ware durch den Berechtigten

Bei der Verpfändung der zu befördernden Güter gibt es zwei Alternativen:

669 Lehmann in: Düringer-Hachenburg, HGB, § 424 Anm. 10; Prüssmann, HGB, § 650 Anm. D 3; Schaps/Abraham, Seehandelsrecht, § 650 Rn 18; Liesecke in: Schlegelberger/Liesecke, § 650 Anm. 8; Dumke, Konnossement, S. 86; vgl. Gönen, Einwendungen des Verfrachters, S. 25; Heyck, Seefrachtvertrag, S. 13 f.; Nöthling, Traditionspapiere, S. 35 f.; v. Schwerin, Recht der Wertpapiere, S. 209; Senckpiehl, Lagergeschäft, S. 345; a.A. Jacobi in: Ehrenbergs Handbuch, S. 551, nach dem auch die gesetzlichen Pfandrechte erlöschen.

670 Liesecke in: Schlegelberger/Liesecke, § 650 Anm. 8; Abraham, Das Seerecht, S. 175; Dumke, Konnossement, S. 86; Gönen, Einwendungen des Verfrachters, S. 25 f.; Heyck, Seefrachtvertrag, S. 14.

671 Heyck, Seefrachtvertrag, S. 14.

672 Prüssmann, HGB, § 650 Anm. D 3; Dumke, Konnossement, S. 88.

673 Dumke, Konnossement, S. 88.

674 Lehmann in: Düringer-Hachenburg, HGB, § 424 Anm. 10; Dumke, Konnossement, S. 88; Münch, Lagerschein, S. 66; Abraham, Lagerschein, S. 108; Mai, Traditionspapiere, S. 172; Senckpiehl, Lagergeschäft, S. 345.

675 Jacobi in: Ehrenbergs Handbuch, S. 552; Münch, Lagerschein, S. 66.

a) *Verpfändung durch Abtretung des Herausgabeanspruchs*

Die Ware kann gemäß § 1205 Abs. 2 BGB im Wege der Einigung, Verschaffung des mittelbaren Besitzes durch Abtretung des Herausgabeanspruchs und Scheinübergabe verpfändet werden.[676] Der Pfandgläubiger muss in den Besitz des Konnossements gelangen, da in ihm der Herausgabeanspruch aus dem Besitzmittlungsverhältnis verbrieft ist und der Schiffer nur für den ausgewiesenen und berechtigten Konnossementsinhaber den Fremdbesitz ausübt.[677]

Nach § 1205 Abs. 2 BGB ist zwar auch eine Verpfändungsanzeige an den unmittelbaren Besitzer erforderlich. Diese Anzeige erscheint aber überflüssig,[678] da zur Abtretung des Herausgabeanspruchs die Aushändigung des Wertpapiers erforderlich ist, der Besitzmittler das Gut also nur gegen das Traditionspapier herausgeben darf.[679] In diesem Fall braucht der Verfrachter eine Verpfändungsanzeige ohne Scheinvorlage gar nicht zu berücksichtigen.[680]

b) *Verpfändung mittels eines Traditionspapiers*

Für den Pfandrechtserwerb an der Ware durch Übergabe des Konnossements sind die gleichen Voraussetzungen wie beim Eigentumserwerb notwendig. Die Verpfändung erfolgt aufgrund der Fiktion des unmittelbaren Besitzes aufseiten des Konnossementsinhabers gemäß § 1205 Abs. 1 BGB durch Einigung über die Entstehung des Pfandrechts und Übergabe des Traditionspapiers.[681]

---

676 Abraham, Lagerschein, S. 112; Eben-Worlée, Übereignung mittels Konnossement, S. 59; Münch, Lagerschein, S. 74.

677 Eben-Worlée, Übereignung mittels Konnossement, S. 59.

678 Jacobi in: Ehrenbergs Handbuch, S. 553; Münch, Lagerschein, S. 74 f.; a.A. Abraham, Lagerschein, S. 112.

679 Münch, Lagerschein, S. 74 f.

680 Münch, Lagerschein, S. 75.

681 Lehmann in: Düringer-Hachenburg, HGB, § 424 Anm. 10; Schaps/Abraham, Seehandelsrecht, § 650 Rn 20; Hefermehl in: Schlegelberger, HGB, § 363 Rn 57; Gadow in: Staub, HGB, § 368 Anm. 23; vgl. Abraham, Lagerschein, S. 11; Bosdas, Konnossement, S. 76; Capelle, Handelsrecht, S. 125; Dumke, Konnossement, S. 84; Eben-Worlée, Übereignung mittels Konnossement, S. 58; Gehrke, Transportdokument, S. 101; Goldschmidt, ArchBürgR 30, 315(401); Heyck, Seefrachtvertrag, S. 13; Jacobi in: Ehrenbergs Handbuch, S. 552; Krüger, Konnossement, S. 63; Mai, Traditionspapiere, S. 145 f.; Münch, Lagerschein, S. 74; Laube, Lagerschein, S. 31; Münch, Lagerschein, S. 74: der auch eine nachträgliche Besitzverschaffung für möglich hält; Münster, Warenpapiere, S. 17; Senckpiehl, Lagergeschäft, S. 342; Wolff ZHR 58,

Voraussetzung für die Entstehung eines vertraglichen Pfandrechts ist auch hier der mittelbare Besitz des Verpfänders, also ein bestehendes Besitzmittlungsverhältnis zwischen dem Verpfänder und dem Verfrachter, Lagerhalter,[682] weil dies gerade die Voraussetzung für die Fiktion des unmittelbaren Besitzes ist. Fehlt dieser mittelbare Besitz, so kann, selbst wenn der Wille der Parteien auf eine Verpfändung mittels Anspruchsabtretung gerichtet ist, auch keine Pfandrechtsbestellung gemäß § 1205 Abs. 2 BGB eintreten, weil die Verpfändung durch eine Abtretung den gerade hier fehlenden mittelbaren Besitz des Verpfänders voraussetzt.[683]

Eine Verpfändungsanzeige an den unmittelbaren Besitzer des Gutes nach § 1205 Abs. 2 BGB ist nicht erforderlich,[684] da nach der Repräsentationstheorie aufgrund der Konnossementsinnehabung anstelle des vorhandenen mittelbaren Besitzes ein unmittelbarer Besitz an der Ware fingiert wird und somit nach § 1205 Abs. 1 BGB verpfändet werden kann.[685]

Da die Übergabe des Traditionspapiers dieselbe Wirkung hat wie die Übergabe der Sache selbst, ist eine Verpfändungsanzeige nicht notwendig.[686]

619(623) und Jacobi in: Ehrenbergs Handbuch, S. 549, verlangen für die Verpfändung der Güter die Übergabe sämtlicher Konnossementsausfertigungen (full set).

682 Schaps/Abraham, Seehandelsrecht, § 650 Rn 20; vgl. Abraham, Lagerschein, S. 110 Bosdas, Konnossement, S. 76; vgl. Cohn, Orderlagerschein, S. 42; Eben-Worlée, Übereignung mittels Konnossement, S. 58; Goldschmidt, ArchBürgR 30, 315(401); Jacobi in: Ehrenbergs Handbuch, S. 552; Laube, Lagerschein, S. 31; Münch, Lagerschein, S. 74: der auch eine nachträgliche Besitzverschaffung für möglich hält; Krüger, Konnossement, S. 63.

683 V. Arnswaldt, Orderlagerschein, S. 141; Jacobi in: Ehrenbergs Handbuch, S. 552 f.; Münch, Lagerschein, S. 74.

684 Lehmann in: Düringer-Hachenburg, HGB, § 424 Anm. 8; Schaps/Abraham, Seehandelsrecht, § 650 Rn 20; Bosdas, Konnossement, S. 76; Capelle, Handelsrecht, S. 125; Dumke, Konnossement, S. 84; Jacobi in: Ehrenbergs Handbuch, S. 547; Gehrke, Transportdokument, S. 102; Gierke, Recht der Wertpapiere, S. 116; Gierke, Handelsrecht, S. 615; Goldschmidt, ArchBürgR 30, 315(401); Heck, Sachenrecht, S. 419; Locher, Recht der Wertpapiere, S. 148; Mai, Traditionspapiere, S. 108 f.; Münch, Lagerschein, S. 74; Münster, Warenpapiere, S. 17; Schlodtmann, Konnossement, S. 53; Senckpiehl, Lagergeschäft, S. 342; Reinicke, BB 1960, 1368(1369).

685 Jacobi in: Ehrenbergs Handbuch, S. 553; Reinicke, BB 1960, 1368(1369).

686 Heck, Sachenrecht, S. 419; Locher, Recht der Wertpapiere, S. 148; Mai, Traditionspapiere, S. 108 f.

5. Bestellung eines vertraglichen Pfandrechts an der Ware durch einen Nichtberechtigten mittels eines Traditionspapiers – Rechte Dritter am Gut

Auf die Verpfändung durch einen Nichtberechtigten finden gemäß § 1207 BGB die für den Erwerb des Eigentums geltenden Vorschriften der §§ 932, 934, 935 BGB entsprechende Anwendung.[687] Da die Repräsentationstheorie auf den Eigentumserwerb § 929 BGB anwendet, findet demzufolge auch § 932 BGB entsprechende Anwendung. Danach ist erforderlich, dass der Pfandbesteller dem Pfandnehmer das Konnossement übergibt und beide über die Verpfändung der Ware einig sind. Bei Vorliegen eines guten Glaubens erlangt der Erwerber mit der Übergabe des Traditionspapiers gemäß §§ 1207, 932 BGB das Pfandrecht.[688] Voraussetzung ist auch hier, dass sich der Verpfänder im mittelbaren Besitz des Gutes befindet, denn der Pfandrechtserwerber muss durch den Konnossementserwerb mittelbaren Besitz an der Ware erhalten. Fehlt der mittelbare Besitz dann ist der Pfandrechtserwerb ausgeschlossen.[689]

Ist das Gut zur Zeit der Verpfändung bereits mit dem beschränkt dinglichen Recht eines Dritten belastet, so geht das nach §§ 424, 650 HGB a.F. i.V.m. § 1205 Abs. 1 BGB erworbene Pfandrecht am Gut gemäß § 1208 BGB einem schon bestehenden Pfandrecht vor, sofern der Erwerber in Ansehung des bereits bestehenden Rechts in gutem Glauben ist.[690] Das Pfandrecht erlischt demzufolge nicht wie bei einem gutgläubigen Eigentumserwerb gemäß § 936 S. 1 BGB.[691]

---

687 Prüssmann, HGB, § 650 Anm. B 3; Schaps/Abraham, Seehandelsrecht, § 650 Rn 20; Gadow in: Staub, HGB, § 368 Anm. 28; Abraham, Lagerschein, S. 110; Dumke, Konnossement, S. 84; Eben-Worlée, Übereignung mittels Traditionspapier, S. 73; Krüger, Konnossement, S. 63; Münch, Lagerschein, S. 77; Schlodtmann, Konnossement, S. 53.

688 Schaps/Abraham, Seehandelsrecht, § 650 Rn 20; Abraham, Lagerschein, S. 110; Eben-Worlée, Übereignung mittels Traditionspapier, S. 73; Münch, Lagerschein, S. 77.

689 Schaps/Abraham, Seehandelsrecht, § 650 Rn 20; Abraham, Lagerschein, S. 110; Eben-Worlée, Übereignung mittels Traditionspapier, S. 73; Krüger, Konnossement, S. 63; Münch, Lagerschein, S. 77.

690 Lehmann in: Düringer-Hachenburg, HGB, § 424 Anm. 10; Schaps/Abraham, Seehandelsrecht, § 650 Rn 20; Eben-Worlée, Übereignung mittels Konnossement, S. 74; Münch, Lagerschein, S. 78; Schlodtmann, Konnossement, S. 53.

691 Schlodtmann, Konnossement, S. 53.

6. Bestellung eines gesetzlichen Pfandrechts an der Ware mittels eines Traditionspapiers

Gemäß § 1257 BGB finden die Vorschriften über das durch Rechtsgeschäft bestellte Pfandrecht auf ein kraft Gesetzes entstandenes Pfandrecht entsprechende Anwendung. Es können daher auch die gesetzlichen Pfandrechte des Verfrachters (§ 495 HGB), des Lagerhalters (§ 475 b HGB) und des Frachtführers (§ 440 HGB) genauso wie das Vertragspfandrecht durch Übergabe des Konnossements erworben werden.[692] Für die Entstehung des Pfandrechts ist die Erlangung mittelbaren Besitzes an der Ware ausreichend. Daher vermittelt auch der Besitz des legitimierenden Traditionspapiers das gesetzliche Pfandrecht am Gut.[693] Voraussetzung ist auch hier, wie bei der Bestellung eines vertraglichen Pfandrechts, dass der Verpfänder noch mittelbaren oder unmittelbaren Besitz am Gut hat.[694]

Gemäß § 495 Abs. 1 hat der Verfrachter für alle Forderungen aus dem Stückgutfrachtvertrag ein Pfandrecht an dem ihm zur Beförderung übergebenen Gut des Befrachters, des Abladers oder eines Dritten, der der Beförderung des Gutes zugestimmt hat. Das Pfandrecht betrifft die sog. konnexen Forderungen,[695] wie die Fracht (Beförderungsvergütung) und den Ersatz von Aufwendungen, soweit diese für das Gut gemacht wurden, wie z.B. Liegegeld oder ausgelegte Zölle. Nach § 494 Abs. 1 HGB hat der Verfrachter das Gut gegen Erfüllung der Verpflichtungen aus dem Stückgutfrachtvertrag auszuliefern. Solange der Empfänger seinen Verpflichtungen jedoch nicht nachgekommen ist, bleibt die Ware im unmittelbaren Besitz des Verfrachters.

7. Verpfändung des Anspruchs aus dem Traditionspapier

Die Bestellung eines Pfandrechts an einem Traditionspapier ist grundsätzlich nicht von der Anwendung einer Theorie abhängig und im Rahmen der Behandlung der absoluten Theorie bereits erörtert.[696] Die Bestellung eines Pfandrechts ist nicht nur an den Gütern selbst, sondern auch durch Verpfändung des

692 Krüger, Konnossement, S. 63; Mai, Traditionspapiere, S. 149 f.

693 Hefermehl in: Schlegelberger, HGB, § 363 Rn 50; Liesecke in: Schlegelberger/Liesecke, § 650 Anm. 7; Eben-Worlée, Übereignung mittels Konnossement, S. 61; Mai, Traditionspapiere, S. 150.

694 Hefermehl in: Schlegelberger, HGB, § 363 Rn 50; Liesecke in: Schlegelberger/Liesecke, § 650 Anm. 8; Krüger, Konnossement, S. 63; Mai, Traditionspapiere, S. 150.

695 Paschke in: Oetker, HGB, § 495 Rn 2.

696 Vgl. dazu N. IV. 7.

Traditionspapiers, also des Anspruchs aus dem Traditionspapier, möglich.[697] Das Pfandrecht an dem im Konnossement verbrieften Herausgabeanspruch gegen den Schiffer richtet sich nach den allgemeinen Regeln der Verpfändung von Rechten, wie sie in §§ 1273 ff. BGB geregelt sind.[698] Gemäß § 1274 BGB erfolgt die Bestellung des Pfandrechts an einem Recht nach den für die Übertragung des Rechts geltenden Vorschriften. Je nachdem, ob das Traditionspapier als Order-, Inhaber- oder Rektapapier ausgestaltet ist, unterscheidet sich die Übertragung der verbrieften Forderung.

8. Wirkung der Papierübergabe nach dem Untergang der Güter

Nach dem Untergang der Güter kann der Verfrachter dem Eigentümer (Konnossementsinhaber) keinen Besitz mehr mitteln. Folglich verliert das Konnossement seine dingliche Wirkung und ein Rechtserwerb mittels Traditionspapiers ist nach dem Untergang der Güter nicht möglich.[699]

9. Der Rechtserwerb an der Ware durch ein gestohlenes Traditionspapier

Die Frage des Rechtserwerbs an der Ware durch ein gestohlenes Traditionspapier stellt sich, wenn die Ware vom Berechtigten beim Schiffer oder Lagerhalter abgeladen, über sie ein Konnossement bzw. Lagerschein ausgestellt wird und dieses bzw. dieser z. B. mit Blankoindossament versehen dem Berechtigten gestohlen und dann die Ware durch Übergabe des Papiers weiterveräußert wird.[700] Voraussetzung für den Rechtserwerb an der Ware ist, dass der Erwerber Eigentümer des Traditionspapiers und damit Forderungsinhaber geworden ist.

---

697 Abraham, Lagerschein, S. 111; Henke, Konnossement, S. 36.

698 Henke, Konnossement, S. 36.

699 Schaps/Abraham, Seehandelsrecht, § 650 Rn 11; Abraham, Das Seerecht, S. 174; Dumke, Konnossement, S. 79; Hermann, Abladegeschäft, S. 72; vgl. Mittelstein in: Ehrenbergs Handbuch, S. 147; Gönen, Einwendungen des Verfrachters, S. 26; Stengel, Traditionsfunktion, S. 11; Siebert, ZHR 93, 1(47).

700 Feige, Lagerschein, S. 43; Henke, Konnossement, S. 47; Strohal in: Jherings Jahrbücher, S. 96; v. Arnswaldt, Orderlagerschein, S. 149, der zu Recht annimmt, dass dieser Fall selten eintreten wird und damit praktisch kaum bedeutsam ist.

a) *Rektakonnossement*

Wer von einem Nichtberechtigten ein Rektakonnossement erwerben will, das auf seinen Namen ausgestellt ist[701], wird trotz guten Glaubens nicht geschützt. Bei Traditionspapieren, die als Rektapapiere ausgestaltet sind, wird die verbriefte Forderung durch Abtretung nach § 398 BGB übertragen. Daher scheidet ein gutgläubiger Erwerb vom Nichtberechtigten grundsätzlich aus.[702] Denn das Gesetz kennt keinen gutgläubigen Forderungserwerb. Daraus folgt, dass auch die Traditionswirkung nicht eintreten kann.[703]

b) *Inhaberkonnossement*

Der gutgläubige Erwerber eines Inhabertraditionspapiers erlangt die Forderung durch Übereignung der Urkunde nach § 932 BGB. Das Recht aus dem Papier folgt dann dem Recht am Papier.[704] Gemäß § 935 Abs. 2 BGB können auch abhanden gekommene Inhaberpapiere gutgläubig erworben werden. Somit erlangt auch hier der Konnossementsinhaber mit dem gutgläubigen Erwerb des Papiers Eigentum an der Ware, wenn diese sich noch im unmittelbaren Besitz des Schuldners befindet.[705]

c) *Orderkonnossement*

Abhanden gekommene Orderpapiere können gutgläubig erworben werden.[706] Wer von einem Nichtberechtigten ein Ordertraditionspapier durch Einigung und Übergabe des indossierten Papiers nach § 932 BGB erwirbt,[707] kann sich

---

701 Beispiel: Der Schiffer hat auf Wunsch des Abladers ein Namenskonnossement auf den Käufer ausgestellt und dieses dem Ablader ausgehändigt. Bevor der Ablader das Konnossement dem Käufer weitergibt, wird es ihm gestohlen. Der Dieb bietet das Konnossement dem Käufer an.

702 Brox/Henssler, Handelsrecht, Rn 532; Killig, Ladeschein, S. 41.

703 Eben-Worlée, Übereignung mittels Konnossement, S. 62 f.

704 Brox/Henssler, Handelsrecht, Rn 523.

705 Killig, Ladeschein, S. 41.

706 Prüssmann, HGB, § 650 Anm. D 3b; Schaps/Abraham, Seehandelsrecht, § 650 Rn 19; Liesecke in: Schlegelberger/Liesecke, § 650 Anm. 9; Gadow in: Staub, HGB, § 365 Anm. 9; Abraham, Das Seerecht, S. 175; Beuth, Orderpapiere, S. 81; Boyens, Seerecht, S. 330; Dumke, Konnossement, S. 85; Jacobi in: Ehrenbergs Handbuch, S. 554; Mai, Traditionspapiere, S. 117; Müller-Erzbach, Handelsrecht, S. 886; Münch, Lagerschein, S. 70; Schlodtmann, Konnossement, S. 51; Wüstendörfer, Seehandelsrecht, S. 311.

707 Aufgrund des vorausgesetzten Indossaments muss der Dieb eine Urkundenfälschung begehen.

zu seinen Gunsten auf die Gutglaubensvorschriften des Wechselrechts berufen. Gemäß § 365 Abs. 1 HGB gelten die Vorschriften der Art. 13, 14 Abs. 2, Art. 16 und 40 Abs. 3 S. 2 WG bei den Ordertraditionspapieren entsprechend. Nach Art. 16 Abs. 2 WG ist der neue Wechselinhaber, wenn der Wechsel einem früheren Inhaber irgendwie abhanden gekommen ist, zur Herausgabe des Wechsels nur verpflichtet, wenn er ihn in bösem Glauben erworben hat oder ihm beim Erwerb eine grobe Fahrlässigkeit zur Last gefallen ist. Demzufolge erstreckt sich der Gutglaubensschutz beim Erwerb von Rechten am Papier auch auf gestohlene, unterschlagene oder in sonstiger Weise abhanden gekommene Ordertraditionspapiere.[708]

Der gutgläubige Erwerber eines gestohlenen Order- oder Inhabertraditionspapiers erlangt durch den Erwerb des ihn legitimierenden Papiers das Eigentum am Papier und, wenn dieses zum Zwecke der Übereignung der Ware übertragen worden ist, auch das Eigentum am Gut nach § 932 BGB, sofern die Ware sich noch im unmittelbaren Fremdbesitz des Schuldners befindet.[709]

Da das Gut selbst nicht gestohlen ist, kann § 935 Abs. 1 BGB nicht eingreifen.[710] Die Ware ist dem mittelbaren Besitzer deshalb nicht gemäß § 935 BGB abhanden gekommen, weil er die Sachherrschaft nicht ohne seinen Willen verloren hat. Die Beendigung des Besitzmittlungsverhältnisses durch den Verlust des Traditionspapiers und die Aneignung seitens eines anderen Legitimierten ist also so lange kein Abhandenkommen, wie der unmittelbare Besitzer (Verfrachter) sich im Besitz der Güter befindet. Das Abhandenkommen des Konnossements bewirkt demzufolge kein Abhandenkommen der Güter selbst und steht dem gutgläubigen Erwerb dinglicher Rechte nicht entgegen.[711] Hält der

---

708 Münch, Lagerschein, S. 69; Münster, Warenpapiere, S. 39 f.; Schlodtmann, Konnossement, S. 51; Wüstendörfer, Seehandelsrecht, S. 311; Reinicke, BB 1960, 1368.

709 Schaps/Abraham, Seehandelsrecht, § 650 Rn 19; Beuth, Orderpapiere, S. 81; Gönen, Einwendungen des Verfrachters, S. 27; Heyck, Seefrachtvertrag, S. 14; Killig, Ladeschein, S. 41; Mai, Traditionspapiere, S. 117; Münch, Lagerschein, S. 71; Wüstendörfer, Seehandelsrecht, S. 312.

710 Prüssmann, HGB, § 650 Anm. D 3b; Gadow in: Staub, HGB, § 365 Anm. 10; Abraham, Das Seerecht, S. 175; Abraham, Lagerschein, S. 113; Beuth, Orderpapiere, S. 81; Bosdas, Konnossement, S. 87; Dumke, Konnossement, S. 85; Eben-Worlée, Übereignung mittels Konnossement, S. 65; Heyck, Seefrachtvertrag, S. 14; Killig, Ladeschein, S. 41; Mai, Traditionspapiere, S. 164; Münster, Warenpapiere, S. 45; Schlodtmann, Konnossement, S. 52.

711 Prüssmann, HGB, § 650 Anm. D 3b; Schaps/Abraham, Seehandelsrecht, § 650 Rn 19; Gadow in: Staub, HGB, § 365 Anm. 10; Dumke, Konnossement, S. 85; Eben-Worlée,

Erwerber den Indossanten für den Eigentümer der Güter, so liegen die Voraussetzungen des § 932 BGB vor und das Eigentum kann gutgläubig erworben werden.[712]

Schlodtmann vertritt die Ansicht, dass im Falle eines gestohlenen oder in sonstiger Weise abhanden gekommenen Konnossements, oder wenn die in diesem verkörperten Güter abhanden gekommen sind, kein gutgläubiger Erwerb gemäß § 935 BGB stattfinden kann.[713] Unter dem Begriff „Sache" in § 935 BGB sei derjenige Gegenstand zu verstehen, dessen Übergabe den Eigentumserwerb zur Folge hat, entweder die tatsächliche Übergabe der Sache oder die Übergabe des Konnossements. Somit genüge zum Ausschluss des Eigentumserwerbs der Diebstahl von Konnossement oder Ware.[714]

10. Wirkung der Papierübergabe bezüglich abhanden gekommener Güter

a) Orderkonnossement

Ein gutgläubiger Erwerb abhanden gekommener Sachen ist gemäß § 935 Abs. 1 BGB nicht möglich.[715] Somit erhält der Erwerber eines Ordertraditionspapiers Eigentum am Papier und auch die obligatorischen Rechte aus dem Papier, nicht aber das Eigentum am verbrieften Gut.[716] Nur diese Auffassung

---

Übereignung mittels Konnossement, S. 65; Münster, Warenpapiere, S. 46; Schlodtmann, Konnossement, S. 52.

712 Mai, Traditionspapiere, S. 164.

713 Schlodtmann, Konnossement, S. 50.

714 Schlodtmann, Konnossement, S. 50 f.

715 Prüssmann, HGB, § 650 Anm. B 3; Schaps/Abraham, Seehandelsrecht, § 650 Rn 19; Liesecke in: Schlegelberger/Liesecke, § 650 Anm. 9; Abraham, Das Seerecht, S. 175; Abraham, Lagerschein, S. 112; Beuth, Orderpapiere, S. 80; Boyens, Seerecht, S. 330; Cohn, Orderlagerschein, S. 47; Dumke, Konnossement, S. 85; Hermann, Abladegeschäft, S. 74; Honnef, Traditionspapier, S. 51 ff.; Jacobi in: Ehrenbergs Handbuch, S. 553; Gierke, Recht der Wertpapiere, S. 116; Gönen, Einwendungen des Verfrachters, S. 26; Heyck, Seefrachtvertrag, S. 14; Killig, Ladeschein, S. 41; Mai, Traditionspapiere, S. 156; Münch, Lagerschein, S. 70; Schlodtmann, Konnossement, S. 50; Glaser, NJW 1958, 451(452); Reinicke, BB 1960, 1368(1369).

716 Prüssmann, HGB, § 650 Anm. D 3b; Schaps/Abraham, Seehandelsrecht, § 650 Rn 19; Liesecke in: Schlegelberger/Liesecke, § 650 Anm. 9; Boyens, Seerecht, S. 330; vgl. Cohn, Orderlagerschein, S. 45 ff; Dumke, Konnossement, S. 78; Honnef, Traditionspapier, S. 51 ff.; Jacobi in: Ehrenbergs Handbuch, S. 553; Gönen, Einwendungen des Verfrachters, S. 26; Heyck, Seefrachtvertrag, S. 14; Münch, Lagerschein, S. 70;

stimmt auch mit dem Zweck des § 935 BGB überein, der verhindern will, dass man an abhanden gekommenen Sachen sein Eigentum verliert.[717]

Um ein Auseinanderfallen der Rechte am Gut und der Rechte am Papier zu verhindern und damit eine Übereinstimmung von Papier- und Sacherwerb herbeizuführen, wurde in der Literatur zum Teil vertreten, dass das Recht an den Gütern stets dem Recht am Konnossement entsprechen soll.[718] Gegen diese Ansicht spricht zum einen, dass ein abhanden gekommenes Konnossement gutgläubig erworben werden kann und bei Bejahung einer Übereinstimmung durch Übereignung eines Traditionspapiers entgegen § 935 BGB der Erwerb abhanden gekommener Güter möglich wäre.[719]

Zum anderen spricht der Wortlaut der §§ 650, 424 HGB a.F. gegen diese Auffassung. Danach soll die Übergabe der Urkunde für den Erwerb von Rechten am Gut zwar dieselben Wirkungen haben wie die Übergabe des Gutes selbst, aber auch nur diese Wirkungen und keine weitergehenden.[720] Der Erwerber erhält mit dem unmittelbaren Besitz am Papier die Rechtsstellung, die er hätte, wenn er unmittelbaren Besitz an dem Gut erlangt hätte. Darin erschöpft sich die Bedeutung, die die Übergabe des indossierten Traditionspapiers für den Erwerb von Rechten an der Ware hat.[721] Das Gesetz ordnet nicht an, dass die Wirkungen der Übereignung des Papiers auch in Bezug auf das Gut eintreten, sondern lediglich, dass die Wirkungen, die die Übergabe des Gutes hat, auch dann eintreten

---

Schlodtmann, Konnossement, S. 53; Wüstendörfer, Seehandelsrecht, S. 312; Glaser, NJW 1958, 451(452); Reinicke, BB 1960, 1368(1369).

717 Dumke, Konnossement, S. 78; Jacobi in: Ehrenbergs Handbuch, S. 553; Wolff in: Ehrenbergs Handbuch, S. 70; Gönen, Einwendungen des Verfrachters, S. 26; Mai, Traditionspapiere, S. 158.

718 Baumbach/Duden, HGB, § 424 Anm. 3; Serick, FS Schmidt, S. 330; Adler, Lagerhausrecht, S. 171 f.; Schlenzka, Konnossementsrecht, S. 127 f.; Strohal, Succession in den Besitz, S. 215 f.; a.A. Abraham, Das Seerecht, S. 175; Abraham, Lagerschein, S. 113; Beuth, Orderpapiere, S. 80; Bosdas, Konnossement, S. 87; Dumke, Konnossement, S. 77; Münster, Warenpapiere, S. 43; Wüstendörfer, Seehandelsrecht, S. 311 f.; Glaser, NJW 1958, 451(452); Reinicke, BB 1960, 1368(1369).

719 Dumke, Konnossement, S. 77 f.; Hermann, Abladegeschäft, S. 75; Honnef, Traditionspapier, S. 45; Münch, Lagerschein, S. 70; Münster, Warenpapiere, S. 42.

720 Schaps/Abraham, Seehandelsrecht, § 650 Rn 19; Liesecke in: Schlegelberger/Liesecke, § 650 Anm. 9; Gadow in: Staub, HGB, § 365 Anm. 10; Abraham, Lagerschein, S. 113; Beuth, Orderpapiere, S. 80; Bosdas, Konnossement, S. 87; Hermann, Abladegeschäft, S. 75; Killig, Ladeschein, S. 41; Münch, Lagerschein, S. 70; Münster, Warenpapiere, S. 40; Schlodtmann, Konnossement, S. 52 f.; Wüstendörfer, Seehandelsrecht, S. 312.

721 Reinicke, BB 1960, 1368.

sollen, wenn nicht das Gut, sondern nur das Papier übergeben wird.[722] Wenn die Übergabe der Ware selbst keine dinglichen Rechte hätte verschaffen können, so kann dieser Erfolg auch nicht durch die Übergabe des Traditionspapiers erreicht werden.[723] Im Verhältnis zwischen Papier und Ware ist das Papier immer sekundäres Element, denn das Papier existiert immer nur der Ware wegen, nicht umgekehrt.[724]

b) Rektakonnossement

Ist das Traditionspapier ein Rektapapier, so vollzieht sich der Eigentumserwerb am Papier und am Gut bei gutem Glauben an das Eigentum des Veräußerers nur nach den §§ 932 ff. BGB. Ist also das Gut abhanden gekommen, so ist ein Eigentumserwerb am Gut wegen § 935 Abs. 1 BGB nicht möglich.[725] Die im Rektapapier verbriefte Forderung wird durch Abtretung übertragen. Das Recht am Papier folgt dem Recht aus dem Papier. Infolgedessen scheidet ein gutgläubiger Erwerb vom Nichtberechtigten grundsätzlich aus.[726]

c) Inhaberkonnossement

Ist das Traditionspapier ein Inhaberpapier, so erlangt der gutgläubige Erwerber Eigentum am Papier nach §§ 932 ff. BGB. Der gutgläubige Erwerb von abhanden gekommenen Inhaberpapieren wird zwar durch § 935 Abs. 2 BGB zugelassen. Ist jedoch die durch das Papier verbriefte Ware abhanden gekommen, so ist auch bei gutgläubigem Papiererwerb ein Eigentumserwerb am Gut ausgeschlossen. Es gilt auch hier die Regel, dass die Übergabe des Traditionspapiers keine

722 BGH NJW 1958, 1485; Gadow in: Staub, HGB, § 365 Anm. 10; Abraham, Lagerschein, S. 113; Beuth, Orderpapiere, S. 80; Jacobi in: Ehrenbergs Handbuch, S. 553; Mai, Traditionspapiere, S. 116 f.

723 Liesecke in: Schlegelberger/Liesecke, § 650 Anm. 9; Beuth, Orderpapiere, S. 80; Dumke, Konnossement, S. 85; Gönen, Einwendungen des Verfrachters, S. 27; Honnef, Traditionspapier, S. 51 ff.; Jacobi in: Ehrenbergs Handbuch, S. 553; Killig, Ladeschein, S. 41; Münch, Lagerschein, S. 70; Münster, Warenpapiere, S. 44; Pappenheim, Seerecht III, S. 359; Schlodtmann, Konnossement, S. 52 f; Stengel, Traditionsfunktion, S. 183; Wüstendörfer, Seehandelsrecht, S. 311 f.; Glaser, NJW 1958, 451(452); Reinicke, BB 1960, 1368(1369).

724 Münster, Warenpapiere, S. 41.

725 Killig, Ladeschein, S. 41.

726 Brox/Henssler, Handelsrecht, Rn 532.

kleineren, aber auch keine größeren Wirkungen hat, als die Übergabe des Gutes selbst haben würde.[727]

11. Begebung mehrerer Konnossementsexemplare

Der Verfrachter hat dem Ablader gemäß § 514 Abs. 3 HGB ein Konnossement in so vielen Ausfertigungen auszustellen, wie dieser es verlangt. Jede Ausfertigung ist rechtlich selbständig. Daher ist die Möglichkeit gegeben, dass in Bezug auf die Ware verschiedene dingliche Verfügungen vorgenommen werden.[728] Für die Frage, welcher Konnossementsinhaber nun zum Empfang der Ware berechtigt ist, lässt sich die Antwort nur auf sachenrechtlichem Gebiet finden, da schuldrechtlich jeder mit dem ordnungsgemäßen Konnossementserwerb ein Recht auf Auslieferung erworben hat.[729] Wer von mehreren Konnossementsinhabern seinen Auslieferungsanspruch zuerst geltend macht und die Ware vom Schiffer ausgehändigt erhält, erlangt den unmittelbaren Besitz am Gut und verdrängt die anderen mittelbaren Mitbesitzer aus dem Besitz.[730]

Das HGB bestimmte bis zum Seerechtsänderungsgesetz in § 651 HGB a.F. den Grundsatz der Prävention und in § 652 HGB a.F. den Prioritätsgrundsatz, um eine Abwicklung zwischen den verschiedenen Rechtsinhabern[731] zu bewirken. Dagegen fehlte eine gesetzliche Regelung für die Fälle, in denen gleichzeitig einander ausschließende oder miteinander kollidierende Rechte begründet wurden oder sich die Priorität der Begebung nicht feststellen lässt.[732]

Anknüpfungspunkt für den Grundsatz der Prävention ist die Auslieferung des Frachtgutes. Wurde die Ware vom Verfrachter dem formell Legitimierten ausgehändigt, so konnten zum Nachteil dieses Berechtigten andere dingliche Rechte an dem Frachtgut nicht mehr geltend gemacht werden. Dem Erwerber stand gegenüber jedem anderen dinglich Berechtigten die Einrede der Prävention zu.[733] Wenn der Schiffer die Ware an einen Prävenienten ausgelieferte, bevor die anderen Konnossementsinhaber ihre Auslieferungsansprüche anmeldeten, so hatte er ordnungsgemäß erfüllt und seine Auslieferungsschuld entfiel.

727 Killig, Ladeschein, S. 41 f.
728 Jacobi in: Ehrenbergs Handbuch, S. 555 f.
729 Eben-Worlée, Übereignung mittels Konnossement, S. 77.
730 Eben-Worlée, Übereignung mittels Konnossement, S. 76.
731 Von Order- und Inhaberkonnossementen; für Namenskonnossemente gilt § 408 BGB.
732 Eben-Worlée, Übereignung mittels Konnossement, S. 77.
733 Dumke, Konnossement, S. 87.

Eine Erfüllung liegt nach § 521 Abs. 2 S. 2 HGB nicht vor, wenn der Schiffer die Nichtberechtigung des Konnossementsinhabers kannte oder sie ihm infolge grober Fahrlässigkeit unbekannt geblieben ist. Liefert der Verfrachter das Gut an einen anderen als den legitimierten Konnossementsinhaber aus, so haftet er gemäß § 521 Abs. 4 S. 1 HGB für den Schaden, der dem aus dem Konnossement Berechtigten daraus entsteht. Ebenso macht sich der Schiffer ersatzpflichtig, wenn er im Fall, dass mehrere Konnossementsinhaber ihre Ansprüche angemeldet haben, die Ware nicht hinterlegt, sondern sie an einen von ihnen aushändigt.[734]

Lagen die Voraussetzungen des § 651 HGB a.F. nicht vor, hatten sich also mehrere legitimierte Konnossementsinhaber gleichzeitig gemeldet, so kam nach § 652 HGB a.F. der Prioritätsgrundsatz zum Tragen. Danach ging derjenige Inhaber unter mehreren Konnossementsinhabern vor, dessen Ausfertigung vom gemeinschaftlichen Vormann, der mehrere Ausfertigungen verschiedenen Personen übertrug, zuerst mit der nötigen Legitimation weiterbegeben worden ist. Nicht maßgebend war, wer seine Konnossementsausfertigung früher erworben hat, sondern wer diejenige Ausfertigung besaß, die vom gemeinschaftlichen Vormann, in der Regel dem Ablader, zuerst in Umlauf gesetzt worden ist.[735] Zwischen den verschiedenen Rechten musste ein echtes Konkurrenzverhältnis bestehen, d. h. es mussten entgegenstehende Verfügungen über die Ware mittels der verschiedenen Konnossementsexemplare getroffen worden sein, wie z. B. die Verpfändung des Frachtguts nach Übereignung.[736]

Lässt sich der Grundsatz der Priorität bei der Begebung nicht anwenden, weil die Begebung der einzelnen Konnossementsexemplare zu gleicher Zeit erfolgte, sich die Priorität nicht feststellen lässt, oder die Konnossementsexemplare nicht von einem gemeinschaftlichen Vormann begeben wurden, so ist zu unterscheiden, ob gleichartige oder verschiedenartige Rechte bestellt werden sollten. Sollten durch mehrere Konnossementsexemplare gleichartige Rechte bestellt werden, so waren die verschiedenen Konnossementsinhaber als gleichberechtigt anzusehen, und zwar als Miteigentümer oder als Pfandgläubiger gleichen Ranges.[737] Sollten ungleichartige Rechte bestellt werden, die Waren also

734 Eben-Worlée, Übereignung mittels Konnossement, S. 76.

735 Liesecke in: Schlegelberger/Liesecke, § 652 Anm. 2.

736 Beuth, Orderpapiere, S. 82.; Bosdas, Konnossement, S. 80; Dumke, Konnossement, S. 88.

737 Liesecke in: Schlegelberger/Liesecke, § 652 Anm. 3; Boyens, Seerecht, S. 328; Dumke, Konnossement, S. 89 f.; Eben-Worlée, Übereignung mittels Konnossement, S. 84; Krüger, Konnossement, S. 83; Lehmann, Handelsrecht, S. 544; Münster, Warenpapiere, S. 34; Pappenheim, Seerecht III, S. 378 f.; Prüssmann/Rabe, Seehandelsrecht, § 652

veräußert und verpfändet werden, so kommt es darauf an, ob das spätere Recht nach dem früheren Recht noch bestellt werden konnte.[738] Nach der Übergabe eines Konnossementsexemplars können die anderen Exemplare nicht mehr Rechte übertragen als dem Verfrachter verblieben sind.[739] Ist durch das erste Konnossement ein Pfandrecht an der Ware bestellt worden, so kann durch die zweite Konnossementsausfertigung nur Eigentum mit einem Pfandrecht belastet übertragen werden.[740] Wird gleichzeitig veräußert und verpfändet, so werden Eigentum und Pfandrecht nebeneinander erworben.[741] Das Pfandrecht beeinträchtigt dann das Eigentum, soweit die Belastung reicht.[742]

Der Umstand, dass nach der Repräsentationstheorie die Übertragung des unmittelbaren Besitzes auf jeden der beiden Konnossementsnehmer fingiert wird, führt zur Fiktion des unmittelbaren Mitbesitzes beider Konnossementsinhaber, also des Eigentümers und des Pfandgläubigers.[743] Für eine Pfandbestellung durch Übergabe des Mitbesitzes besagt § 1206 BGB jedoch, dass anstelle der Übergabe der Sache die Einräumung des Mitbesitzes nur dann genügt, wenn sich die Sache unter dem Mitverschluss des Gläubigers befindet. Mitverschluss bedeutet, dass der Eigentümer nicht ohne Mitwirkung des Gläubigers die tatsächliche Sachherrschaft ausüben kann.[744] Dadurch wird der Pfandgläubiger vor etwaigen Beeinträchtigungen seitens des Eigentümers geschützt. Vom Sinn der Vorschrift ausgehend ist dies jedoch auch der Fall, wenn sich die Ware auf hoher See befindet und der Eigentümer tatsächlich nicht auf sie zugreifen kann. Somit steht hier der Annahme eines pfandbelasteten Eigentums nichts im Wege.[745]

Anm. D; Eben-Worlée, Übereignung mittels Konnossement, S. 84; Krüger, Konnossement, S. 83; Wüstendörfer, Seehandelsrecht, S. 314.

738 Lehmann in: Düringer-Hachenburg, HGB, § 424 Anm. 12; Beuth, Orderpapiere, S. 81; Lehmann, Handelsrecht, S. 544.

739 Vgl. Lehmann in: Düringer-Hachenburg, HGB, § 424 Anm. 12; Beuth, Orderpapiere, S. 81; Krüger, Konnossement, S. 85; Münster, Warenpapiere, S. 34.

740 Beuth, Orderpapiere, S. 81; Krüger, Konnossement, S. 85; Lehmann, Handelsrecht, S. 544; Münster, Warenpapiere, S. 34; Wüstendörfer, Seehandelsrecht, S. 313.

741 Liesecke in: Schlegelberger/Liesecke, § 652 Anm. 3; Prüssmann, HGB, § 650 Anm. D 3; Prüssmann/Rabe, Seehandelsrecht, § 652 Anm. D; Dumke, Konnossement, S. 90.

742 Liesecke in: Schlegelberger/Liesecke, § 652 Anm. 3; Dumke, Konnossement, S. 90; Münster, Warenpapiere, S. 35.

743 Krüger, Konnossement, S. 84; Münster, Warenpapiere, S. 31.

744 Wicke in: Palandt, BGB, § 1206 Rn 2.

745 Krüger, Konnossement, S. 84 f.

Im Falle kollidierender Rechte, erhält nach *Jacobi*[746] jeder zu „einer Hälfte am Gut ungestörtes Recht". Das heißt, der Pfandgläubiger erhält ein Pfandrecht an der ideellen Hälfte des Gutes und der Erwerber des Eigentums erlangt an der anderen ideellen Hälfte unbelastetes Eigentum. Andere Vertreter der Repräsentationstheorie sehen keinen der Konnossementsinhaber im Besitz der Güter, weil der rechtmäßige Konnossementsinhaber, für den der Schiffer den Besitz mittelt, sich nicht ermitteln lasse. Daher sei dieser Fall so zu behandeln, als ob kein Konnossement ausgestellt worden wäre, also auch keiner der Konnossementsinhaber im Besitz sei. Die Konnossementsinhaber könnten nur ihre anderweitigen Rechte aus dem Rechtsverhältnis gegen den Vormann geltend machen, aber keine Rechte aus dem Konnossement selbst.[747] Dies widerspricht jedoch der Tatsache, dass beide Konnossementsinhaber Besitzer sind[748] und dass Konnossemente rechtmäßig ausgestellt wurden, die auch ihre dingliche Wirkung entfalten. Wird die Ware hinterlegt, so werden mehrere Konnossementsinhaber dadurch zunächst mittelbare Mitbesitzer zur gesamten Hand. Die Auslieferung der Ware kann bis zur Feststellung, wer berechtigt ist, nur an alle gemeinsam erfolgen.[749]

12. Ende der dinglichen Wirkung

Das Traditionspapier repräsentiert die Ware nur solange, wie der Verfrachter, Frachtführer oder Lagerhalter die Ware für den Papierinhaber besitzt.[750] Sobald der Verfrachter, Frachtführer oder Lagerhalter den unmittelbaren Besitz an der Ware verloren hat,[751] sei es durch Diebstahl,

746 Jacobi in: Ehrenbergs Handbuch, S. 557.

747 Goldschmidt, Handbuch des Handelsrechts, S. 732; Schlodtmann, Konnossement, S. 65.

748 Jacobi in: Ehrenbergs Handbuch, S. 557.

749 Eben-Worlée, Übereignung mittels Konnossement, S. 77.

750 Schaps/Abraham, Seehandelsrecht, § 650 Rn 11; Prüssmann, HGB, § 650 Anm. B 2; Liesecke in: Schlegelberger/Liesecke, § 650 Anm. 2; Gadow in: Staub, HGB, § 365 Anm. 10; vgl. Abraham, Das Seerecht, S. 174; Beuth, Orderpapiere, S. 79 f.; vgl. Cohn, Orderlagerschein, S. 34; Dumke, Konnossement, S. 79; Hermann, Abladegeschäft, S. 72; Lassalle, Besitzverhältnisse, S. 25; Stengel, Traditionsfunktion, S. 11; Hermann, Abladegeschäft, S. 72; Mai, Traditionspapiere, S. 101; Münch, Lagerschein, S. 61 f.; Schlodtmann, Konnossement, S. 70; Schumann, Handelsrecht II, S. 437.; v. Schwerin, Recht der Wertpapiere, S. 209; Siebert, ZHR 93, 1(47); a.A. Honnef, Traditionspapier, S. 35 f., der auch bei unmittelbarem Eigenbesitz des Besitzmittlers eine Traditionswirkung annimmt.

751 Müller-Erzbach, Handelsrecht, S. 886; Münster, Warenpapiere, S. 27; Schlodtmann, Konnossement, S. 70; Schumann, Handelsrecht II, S. 437; v. Schwerin, Recht der

Untergang[752], oder wenn er dem Inhaber des Papiers den Besitz nicht mehr mitteln will und die Ware unterschlägt, endet die dingliche Wirkung des Traditionspapiers.[753]

Die Verfügung mittels Traditionspapiers kann gemäß § 185 Abs. 2 BGB geheilt werden, wenn der Verfrachter später wieder Fremdbesitzer wird, etwa weil der nicht berechtigte Empfänger die Güter zurückgegeben hat.[754] In dem Fall, in dem die dingliche Wirkung des Traditionspapiers aufgrund der Unkenntnis über das fehlende Besitzmittlungsverhältnis beendet ist, ist eine Eigentumsübertragung gemäß § 931 BGB durch Abtretung des Herausgabeanspruchs möglich.[755]

Wertpapiere, S. 209; Wüstendörfer, Seehandelsrecht, S. 310; Glaser, NJW 1958, 451(452).

752 Gönen, Einwendungen des Verfrachters, S. 20; Honnef, Traditionspapier, S. 35 f.; Krüger, Konnossement, S. 62 f.; Schaps/Abraham, Seehandelsrecht, § 650 Rn 11; Prüssmann, HGB, § 650 Anm. B 2; Liesecke in: Schlegelberger/Liesecke, § 650 Anm. 2; Gadow in: Staub, HGB, § 365 Anm. 10; vgl. Abraham, Das Seerecht, S. 174; Beuth, Orderpapiere, S. 79 f.; Boyens, Seerecht, S. 329; Capelle, Handelsrecht, S. 126; vgl. Cohn, Orderlagerschein, S. 34; Dumke, Konnossement, S. 79; Hermann, Abladegeschäft, S. 72; Mittelstein in: Ehrenbergs Handbuch, S. 147; Killig, Ladeschein, S. 38; Lassalle, Besitzverhältnisse, S. 25; Lehmann, Handelsrecht, S. 542; Stengel, Traditionsfunktion, S. 11; Mai, Traditionspapiere, S. 101; Schlodtmann, Konnossement, S. 70; Schumann, Handelsrecht II, S. 437.; v. Schwerin, Recht der Wertpapiere, S. 209; Senckpiehl, Lagergeschäft, S. 344 f.; a.A. Honnef, Traditionspapier, S. 35 f., der auch bei unmittelbarem Eigenbesitz des Besitzmittlers eine Traditionswirkung annimmt.

753 Schaps/Abraham, Seehandelsrecht, § 650 Rn 11; Prüssmann, HGB, § 650 Anm. B 2; Liesecke in: Schlegelberger/Liesecke, § 650 Anm. 2; Gadow in: Staub, HGB, § 365 Anm. 10; vgl. Abraham, Das Seerecht, S. 174; Beuth, Orderpapiere, S. 79 f.; Boyens, Seerecht, S. 329; Capelle, Handelsrecht, S. 126; vgl. Cohn, Orderlagerschein, S. 34; Dumke, Konnossement, S. 79; Hermann, Abladegeschäft, S. 72; Mittelstein in: Ehrenbergs Handbuch, S. 147; Killig, Ladeschein, S. 38; Schlodtmann, Konnossement, S. 70; Stengel, Traditionsfunktion, S. 11; v. Schwerin, Recht der Wertpapiere, S. 209; Siebert, ZHR 93, 1(47); a.A. Honnef, Traditionspapier, S. 35 f., der auch bei unmittelbarem Eigenbesitz des Besitzmittlers eine Traditionswirkung annimmt.

754 Prüssmann, HGB, § 650 Anm. C 2; Liesecke in: Schlegelberger/Liesecke, § 650 Anm. 4; Dumke, Konnossement, S. 79; Wüstendörfer, Seehandelsrecht, S. 310.

755 Prüssmann, HGB, § 650 Anm. B 2; Schaps/Abraham, Seehandelsrecht, § 650 Rn 13; Liesecke in: Schlegelberger/Liesecke, § 650 Anm. 2; Abraham, Das Seerecht, S.174 f.; Abraham, Lagerschein, S. 107; Bosdas, Konnossement, S. 76; Dumke, Konnossement, S. 91 f.; Jacobi in: Ehrenbergs Handbuch, S. 550; Gönen, Einwendungen des Verfrachters, S. 21; Honnef, Traditionspapier, S. 40; Mai, Traditionspapiere, S. 119 f.; Münch, Lagerschein, S. 64; Münster, Warenpapiere, S. 29; a.A. Cohn, Orderlagerschein, S. 37.

V. Argumente für die Repräsentationstheorie

1. Auslegung nach dem Wortlaut

Zur Übertragung des Eigentums an einer Sache muss diese übergeben werden. Die reale Übergabe verschafft dem Erwerber den unmittelbaren Besitz am Gut. Die Vertreter der Repräsentationstheorie schließen daher aus dem Wortlaut der §§ 448, 475 g, 650 HGB a.F., dass die Papierübergabe der Warenübergabe in ihrer Wirkung gleich stehen soll und daher durch die Übergabe des Traditionspapiers auch unmittelbarer Besitz an der Ware verschafft wird.[756] Die tatsächliche Gewalt des mittelbaren Warenbesitzers auf Grund des Traditionspapiers ist nach sozialer Anschauung der Repräsentationstheorie so stark, dass der Konnossementsinhaber im Rechtsbewusstsein der Einzelnen als unmittelbarer Warenbesitzer erscheine. Demzufolge spricht selbst eine Fiktion des unmittelbaren Besitzes nicht gegen das Rechtsempfinden.[757]

Des Weiteren wollte der Gesetzgeber mit dem Wortlaut des § 650 HGB a.F. zum Ausdruck bringen, dass die dingliche Wirkung der Traditionspapiere nur dann eintritt, wenn der Verfrachter den Besitz an den Waren übernommen hat und auch weiterhin Besitzer bleibt.[758] Aufgrund des neu gefassten Wortlauts der §§ 448, 475 g, 524 HGB, der nicht mehr lediglich von der Übernahme des Gutes spricht, sondern als Voraussetzung aufstellt, dass „der Verfrachter das Gut im Besitz hat“, hat der Gesetzgeber der Repräsentationstheorie zugestimmt, soweit sie nicht lediglich die Übernahme des Gutes durch den Verfrachter fordert, sondern ein fortdauerndes Besitzmittlungsverhältnis als Voraussetzung für die Traditionswirkung verlangt.

2. Auslegung nach dem Sinn und Zweck

Der Sinn dieser „Übernahmevoraussetzung“ liegt in der Einwirkungsmöglichkeit des Papierschuldners auf die Sache. Nur wenn der Verfrachter das Gut im Besitz hat, kann der Konnossementsinhaber mit Sicherheit damit rechnen, dass die Ware an ihn ausgeliefert wird.[759] Diese Sicherheit existiert nicht mehr, wenn

756 Schaps/Abraham, Seehandelsrecht, § 650 Rn 11; Abraham, Das Seerecht, S.174; Honnef, Traditionspapier, S. 31 f.; Jacobi in: Ehrenbergs Handbuch, S. 544.

757 Honnef, Traditionspapier, S. 32 f.

758 Schaps/Abraham, Seehandelsrecht, § 650 Rn 11; vgl. Abraham, Lagerschein, S. 105; Abraham, Das Seerecht, S.174; Honnef, Traditionspapier, S. 35; Schlenzka, Konnossementsrecht, S. 53.

759 Schaps/Abraham, Seehandelsrecht, § 650 Rn 11; Abraham, Lagerschein, S. 105; Honnef, Traditionspapier, S. 35.

der Schiffer den Besitz freiwillig oder unfreiwillig verloren hat.[760] Auslieferungsanspruch und Besitzmittlungsverhältnis stehen damit in einem engen in der Sache selbst begründeten Zusammenhang. Fehlt es an letzterem, so hat der Konnossementsinhaber keine Möglichkeit, den in dem Papier verbrieften bestimmten Herausgabeanspruch gegen den Schiffer zu verwirklichen, sondern er ist auf einen sekundären Ersatzanspruch angewiesen. In dem Vertrauen auf diesen auf Grund der Besitzverbundenheit zwischen Konnossement und Ware gegebenen Auslieferungsanspruch liegt die Rechtfertigung der Gleichstellung von Sach- und Papierübergabe im Sinne der Repräsentationstheorie.[761]

3. Schutz des gutgläubigen Erwerbers

Die Repräsentationstheorie schützt den gutgläubigen Erwerber stärker als die streng relative Theorie. Da die Vorschriften über den Eigentumserwerb vom unmittelbaren Besitzer angewendet werden, kommen als Gutglaubensvorschriften die §§ 932, 1207 BGB zur Anwendung. Folglich muss der Erwerber nur zur Zeit der Übergabe des Traditionspapiers und nicht, wie es die streng relative Theorie aufgrund des § 934 BGB fordert, auch noch zur Zeit der Auslieferung des Gutes gutgläubig sein.[762]

4. Erleichterte Verpfändung

Da der unmittelbare Warenbesitz durch den Besitz des Traditionspapiers fingiert wird, kann § 1205 Abs. 1 BGB zur Bestellung eines Pfandrechts angewandt werden und damit ist eine Verpfändungsanzeige an den Besitzmittler nicht notwendig. Dies erleichtert den Umlauf der Traditionspapiere und erhöht deren Verkehrsfähigkeit.

5. Konnossement als Legitimationsmittel

Wesentliche Grundlage der Traditionswirkung ist die Wertpapiernatur des Konnossements. Denn nur an den legitimierten Konnossementsinhaber und nur gegen Rückgabe des Traditionspapiers kann der Schiffer die Ware mit befreiender Wirkung ausliefern. Der Papierbesitz ist nach der Ausstellung des

---

760 Schaps/Abraham, Seehandelsrecht, § 650 Rn 11; Honnef, Traditionspapier, S. 35; Schlenzka, Konnossementsrecht, S. 53.

761 Schaps/Abraham, Seehandelsrecht, § 650 Rn 11; Eben-Worlée, Übereignung mittels Konnossement, S. 46 f.

762 Jacobi in: Ehrenbergs Handbuch, S. 555.

Konnossements jedoch nicht das einzige Legitimationsmittel, um Sachenrechte zu erwerben.[763] Surrogat der Tradition ist vielmehr das gesamte tatsächliche besitzrechtliche Gewaltverhältnis, das zwischen Konnossementsinhaber und Verfrachter besteht. Dieses findet eine Stütze im unmittelbaren Besitz des Schiffers, eine andere in der Legitimationskraft des Papiers. Dieses Verhältnis, welches das Gesetz vorschreibt und der Geschäftsverkehr fordert, ist ein Besitzverhältnis, weil es in seiner Gesamtheit die tatsächliche Gewalt des Konnossementsinhabers ausdrückt.[764] Daher beruht dessen Macht auf seinem Besitz.[765] Im Besitz allein und nicht in der Natur des Wertpapiers ist die Ursache für die dingliche Wirkung der Traditionspapiere zu sehen.[766]

6. Die Auffassung der Rechtsprechung

Das Reichsgericht[767] hat sich der Repräsentationstheorie angeschlossen. Es hat Konnossementen die Eigenschaft als Legitimations- und Traditionspapier abgesprochen, nachdem das Schiff eingezogen und die Ladung der Reederei durch eine feindliche Macht weggenommen worden war,[768] mithin kein Besitzmittlungsverhältnis zugunsten des Papierinhabers mehr bestanden hat.

VI. Einwände gegen die Repräsentationstheorie

1. Auslegung nach dem Wortlaut

Der Wortlaut der §§ 448, 475 g, 650 HGB a.F. bietet der Repräsentationstheorie keine Unterstützung. Es wäre willkürlich, die Formulierung „Übergabe des Gutes“ als eine „Übertragung des unmittelbaren Besitzes an den Waren“ auszulegen.[769]

Die in § 929 S. 1 BGB geregelte körperliche Tradition hat zwei Wirkungen. Zum einen die Verschaffung des unmittelbaren Besitzes an der Sache und zum anderen die Verschaffung des Eigentums. Beide Wirkungen treten aber bei der Eigentumsverschaffung durch ein Traditionspapier nicht ein. Der Wortlaut des Gesetzes ergibt, dass nur eine Wirkung eintreten soll, nämlich diejenige, welche

763 So aber Heymann, FG Dahn, S. 214.
764 Jakobi, Das Wertpapier als Legitimationsmittel, S. 83; Münster, Warenpapiere, S. 23 f.
765 Münster, Warenpapiere, S. 22.
766 Jakobi, Das Wertpapier als Legitimationsmittel, S. 83.
767 RGZ 89, 40(41).
768 Münch, Lagerschein, S. 62, der allerdings auf S. 79 statt auf S. 41 verweist.
769 Michaelis, Traditionspapier, S. 17.

die Übergabe in Bezug auf den Erwerb von Rechten an dem Gut hat, also lediglich die Wirkung der Eigentumsverschaffung, nicht aber die Verschaffung des unmittelbaren Besitzes, da der Besitz kein dingliches Vollrecht an der Sache ist.[770] Daher ist mangels unmittelbaren Besitzes des Konnossementsinhabers eine Anwendung des § 929 S. 1 BGB ausgeschlossen.[771]

Auch für die Annahme der relativen Theorie, die Traditionswirkung auf den durch die Papierübergabe erfolgenden Besitzerwerb zurückzuführen, bietet der Wortlaut der §§ 448, 475 g, 650 HGB a.F. keinen Anhaltspunkt. Nach dem Wortlaut hat die Übergabe der jeweiligen Traditionspapiere für den Erwerb von Rechten an den Gütern „dieselben Wirkungen wie die Übergabe der Güter". Es sind demzufolge lediglich die Wirkungen beider Übergaben gleichgestellt, und zwar nur betreffend den Sachenrechtserwerb. Wäre eine Gleichstellung der Übergaben gewollt gewesen, hätte es einer anderen Formulierung – wie z.B. „wirkt als Übergabe" – bedurft.[772]

2. Annahme einer Besitzfiktion

Die Vertreter der Repräsentationstheorie nehmen eine Besitzfiktion „dem Grade nach"[773] vor, indem sie an die Stelle des tatsächlich vorhandenen mittelbaren Sachbesitzes des Konnossementsinhabers den unmittelbaren Sachbesitz treten lassen.[774] Eine Fiktion ist eine im Gesetz festgelegte Annahme eines Sachverhalts, nach der bestimmte tatsächliche oder rechtliche Umstände als gegeben zu behandeln sind, unabhängig davon, ob sie in Wirklichkeit vorliegen.[775] Der unmittelbare Warenbesitz des Konnossementsinhabers liegt tatsächlich nicht vor, ist aber als gegeben anzunehmen, und wird folglich fingiert. Eine solche Fiktion wird jedoch in der Regel vom Gesetz ausdrücklich angeordnet, wie z.B. gem. § 1923 Abs. 2 BGB im Falle der Erbfähigkeit des Gezeugten oder gem. § 105 a BGB bei Geschäften des täglichen Lebens eines volljährigen Geschäftsunfähigen. Die eindeutige Formulierung der Normen [„…gilt…als…"] deutet

---

770 Alexander, Lagerschein, S. 20; Feige, Lagerschein, S. 23; Göder, Lombardgeschäft, S. 40.

771 Alexander, Lagerschein, S. 45 f.

772 Heymann, FG Dahn, S. 176; Mayer, Lagerschein, S. 13.

773 Heymann, FG Dahn, S. 163; Mayer, Lagerschein, S. 10 f.; Nöthling, Traditionspapiere, S. 35; Schnabel, Lagerschein, S. 31; Schubert, Orderlagerschein, S. 42.

774 V. Arnswaldt, Orderlagerschein, S. 126 f.; Heidemann, Lagerschein, S. 66; Henke, Konnossement, S. 30; vgl. Schnabel, Lagerschein, S. 31; vgl. Schubert, Orderlagerschein, S. 42.

775 Creifelds, Rechtswörterbuch, S. 524.

zweifelsfrei auf eine Fiktion hin. Eine Besitzfiktion, wie sie die Repräsentationstheorie aufstellt, lässt sich jedoch weder aus dem BGB noch aus dem HGB ableiten.[776] Die §§ 448, 475 g, 650 HGB a.F. enthalten ihrem Wortlaut nach keinen Hinweis auf eine Besitzfiktion.[777] Es wird weder angeordnet, dass der Erwerber eines Traditionspapiers mittelbarer Sachbesitzer wird,[778] noch, dass für die Verschaffung des mittelbaren Sachbesitzes der unmittelbare Sachbesitz fingiert wird.[779]

Der Erwerb und Fortbestand von gesetzlichen Pfandrechten des Handelsrechts hängt davon ab, dass der Gläubiger das Gut „in seinem Besitz hat, insbesondere solange er mittels Konnossements, Ladescheins oder Lagerscheins darüber verfügen kann". Aufgrund der Verwendung des Wortes „insbesondere" könnte man schließen, dass das Gesetz den Konnossementsinhaber aufgrund einer Fiktion als (mittelbaren) Besitzer ansieht. Dagegen spricht jedoch, dass der Gesetzgeber eine Frage von solch grundsätzlicher dogmatischer Bedeutung wahrscheinlich nicht durch eine so beiläufige Formulierung und außerhalb des eigentlichen Regelungszusammenhangs der Traditionspapiere entscheiden wollte.[780]

3. Notwendigkeit des mittelbaren Besitzes des Traditionspapierinhabers

Die Konstruktion der Repräsentationstheorie versagt, wenn der Schiffer nicht mehr Besitzer der Ware ist, sei es durch Diebstahl oder Unterschlagung. Denn infolge der Fiktion, dass das Traditionspapier die Ware repräsentiert, kann kein dingliches Recht auf den Erwerber übergehen, da jede Verbindung des Papiers zur Ware fehlt und der Papierinhaber nicht mehr mittelbarer Besitzer ist.[781] Die Traditionswirkung ist deshalb nur solange möglich, wie der aus dem Traditionspapier Berechtigte mittelbarer Besitzer des Gutes ist.[782] Demzufolge müsste sich

776 Henke, Konnossement, S. 30 f.; Heymann, FG Dahn, S. 179; Mayer, Lagerschein, S. 13; Mannschatz, Konnossement, S. 29; Heidemann, Lagerschein, S. 64.

777 Canaris in: GK-HGB, § 363 Rn 107; Schubert, Orderlagerschein, S. 42; Michaelis, Traditionspapier, S. 17.

778 Canaris in: GK-HGB, § 363 Rn 107.

779 Schubert, Orderlagerschein, S. 42; Michaelis, Traditionspapier, S. 17.

780 Canaris in: GK-HGB, § 363 Rn 128.

781 Feige, Lagerschein, S. 23; Heidemann, Lagerschein, S. 67 f.; Mayer, Lagerschein, S. 11; Michaelis, Traditionspapier, S. 18; vgl. Schubert, Orderlagerschein, S. 41.

782 Schaps/Abraham, Seehandelsrecht, § 650 Rn 11; Abraham, Das Seerecht, S. 174; Mayer, Lagerschein, S. 11.

jeder Erwerber eines Traditionspapiers, um sicher zu sein, dass er auch wirklich Eigentümer der verbrieften Güter wird, vor dem Erwerb informieren, ob die Waren noch im unmittelbaren Besitz des Schiffers, Frachtführers oder Lagerhalters sind und dieser dem Indossanten (Veräußerer) den Besitz auch noch mittelt.[783]

Gleiches gilt auch für den Gläubiger, der ein Pfandrecht erwerben will.[784] Entweder muss der Verpfänder mittelbarer Besitzer der Sache sein oder dem Gläubiger den Besitz nachträglich verschaffen.[785] Durch dieses Erfordernis erschwert die Repräsentationstheorie den Erwerb dinglicher Rechte und führt einen „besitzmäßigen Unsicherheitsfaktor" in den Handel mit Traditionspapieren ein.[786]

Das Erfordernis des mittelbaren Besitzes bereitet in wichtigen Fällen große Schwierigkeiten, obwohl die Traditionswirkung in diesen Fällen außer Frage steht. So sind z.B. der Dieb oder der Finder der Urkunde nicht mittelbare Besitzer der Güter und doch können sie das Eigentum an den Waren auf einen gutgläubigen Erwerber übertragen.[787] Die Vertreter der Repräsentationstheorie sehen die dingliche Wirkung der Traditionspapiere bereits dann als beendet an, wenn der Verfrachter seinen Fremdbesitz in Eigenbesitz umwandelt. Es ist jedoch fragwürdig, bei einem sachenrechtlichen Zirkulationspapier die Entscheidung darüber, ob ein Sachenrechtserwerb stattfindet oder nicht, von einem Vorgang abhängig zu machen, der den Parteien in der Regel verborgen bleibt.[788] Es ist nicht überzeugend, die dingliche Wirkung der Traditionspapiere vom mittelbaren Warenbesitz des Veräußerers abhängig zu machen.[789] Denn überlässt man es der Willkür des unmittelbaren Besitzers, ob die Übereignung mittels eines Traditionspapiers durch einen dem Gläubiger nicht einmal notwendig erkennbaren Willensentschluss dinglich wirkt oder nicht, so wird die erhöhte Verkehrsfähigkeit des verbrieften Herausgabeanspruchs dieser Wertpapiere unterlaufen.[790]

Ein Traditionspapier zirkuliert auch dann, wenn kein Besitzmittlungsverhältnis mehr besteht. An der Übergabe des Traditionspapiers als äußere erkennbare Tatsache der Rechtsübertragung ändert sich nichts bei einem Besitzverlust des

---

783 V. Arnswaldt, Orderlagerschein, S. 128; Michaelis, Traditionspapier, S. 20.
784 V. Arnswaldt, Orderlagerschein, S. 141.
785 Heymann, FG Dahn, S. 172.
786 Kühlberg, Verkehrsschutz, S. 47.
787 Canaris in: GK-HGB, § 363 Rn 109.
788 Nöthling, Traditionspapiere, S. 39; Mannschatz, Konnossement, S. 44.
789 Kühlberg, Verkehrsschutz, S. 58.
790 Hager, Verkehrsschutz durch redlichen Erwerb S. 258; Mayer, Lagerschein, S. 14.

Konnossementsinhabers und demzufolge muss unter Verkehrsschutzgesichtspunkten auch der Erwerb des Sachenrechts immer erfolgen, wenn die übrigen Voraussetzungen, insbesondere der sachenrechtliche Übertragungswille, vorhanden sind.[791] Eine Beschränkung der dinglichen Wirkung widerspräche dem ganzen Zweck der Gesetzesvorschriften, die eine möglichst weitgehende Mobilisierung der Ware verfolgen. Das Gut soll, ohne dass es besichtigt wird, oftmals sogar ohne, dass es sich an dem Ort befindet, an dem das Geschäft getätigt wird, veräußert werden können.[792] Außerdem muss sich der Erwerber des Gutes darauf verlassen können, dass er mit Einigung und Übergabe des Traditionspapiers auch das entsprechende Sachenrecht erwirbt.[793]

Entfällt mangels Besitzmittlungsverhältnisses die Traditionswirkung, z.B. weil sich der unmittelbare Fremdbesitzer zum Eigenbesitzer „aufgeschwungen" hat, wendet die Repräsentationstheorie § 931 BGB an mit der Folge, dass die Privilegierung des § 364 Abs. 2 HGB nicht mehr zum Tragen kommt. Dem unmittelbaren Besitzer der Ware als Schuldner stünden aufgrund seines eigenmächtigen vertragswidrigen Verhaltens alle Einwendungen zu, die ihm dem Zedenten gegenüber eröffnet waren, ungeachtet der Tatsache, dass der redliche Zessionar von ihnen keine Kenntnis zu haben brauchte und speziell dieses Schutzes des § 364 Abs. 2 HGB wegen die Papierbegebung vorgezogen haben kann. Der Vertragsbruch würde sich für den Schuldner auch noch lohnen.[794]

4. Ungewisser Zeitpunkt des Eigentumserwerbs

Veräußert ein Nichtberechtigter die Ware mittels Übergabe des Traditionspapiers, so erwirbt der gutgläubige Papiererwerber Eigentum nach § 932 BGB. Voraussetzung ist jedoch, dass der Verfrachter zu dieser Zeit für den legitimierten Papierinhaber besitzt.[795] War der Papierschuldner zur Zeit der Veräußerung durch den Nichteigentümer nicht im Besitz der Ware, so finden die §§ 931, 934 BGB Anwendung. Der Erwerber erlangt dann nur Eigentum, wenn er den Besitz der Sache vom Dritten erhält und auch zu dieser Zeit noch gutgläubig

791 Nöthling, Traditionspapiere, S. 39; Mayer, Lagerschein, S. 14; Michaelis, Traditionspapier, S. 18 f.

792 Michaelis, Traditionspapier, S. 19; Nöthling, Traditionspapiere, S. 38.

793 Heymann, FG Dahn, S. 229; Michaelis, Traditionspapier, S. 19 f.; Mayer, Lagerschein, S. 14.; Nöthling, Traditionspapiere, S. 39.

794 Hager, Verkehrsschutz durch redlichen Erwerb, S. 258 f.

795 Abraham, Lagerschein, S. 108; Jacobi in: Ehrenbergs Handbuch, S. 551; Münch, Lagerschein, S. 65.

ist.[796] Damit ergibt sich eine Ungewissheit für den Zeitpunkt des Eigentumserwerbs, „da der Gutgläubige beim Papierempfang niemals mit Sicherheit wissen kann, wann und ob er Eigentum erwirbt".[797] Zudem muss der Erwerber bis zum Besitzerwerb gutgläubig sein. Erlangt er von der Nichtberechtigung des Veräußerers vorher Kenntnis, so erwirbt er kein Eigentum.[798] Diese Folge der Repräsentationstheorie deckt sich nicht mit der Auffassung des Handelsverkehrs, „der beim Verkaufe abgeladener und schwimmender Ware gerade voraussetzt, dass der Käufer durch das Orderkonnossement zur sofortigen Verfügung über die Ware in Stand gesetzt ist".[799]

5. Historische Auslegung

Die Repräsentationstheorie ist auch in rechtsgeschichtlicher Hinsicht nicht haltbar. Das ADHGB und demzufolge die dingliche Wirkung der Traditionspapiere ist älter als die Vorschriften des Bürgerlichen Gesetzbuchs und hat sich unabhängig davon entwickelt.[800] Will man den Sinn des Gesetzes verstehen, so darf man nicht aus einem späteren Gesetz eine bestimmte Konstruktion ableiten, sondern aus dem alten Gesetz selbst. Ein neues Gesetz kann Bestimmungen eines alten Gesetzes aufheben, aber nicht mit Hilfe neuer Konstruktionen den Sinn des alten Gesetzes umdeuten. Daher sind die Vorschriften des BGB-Sachenrechts nicht auf den Rechtserwerb mittels Traditionspapier anzuwenden.[801]

VII. Zusammenfassende Würdigung

Die Repräsentationstheorie stellt den tatsächlich durch die Papierübergabe erhaltenen mittelbaren Besitz in seinen Wirkungen dem unmittelbaren Besitz gleich. Der Papierbesitzer wird so angesehen, als ob ihm das Gut selbst übergeben worden wäre.[802] Für diese Fiktion des unmittelbaren Sachbesitzes gibt es jedoch keinerlei Anhaltspunkte im Gesetz. Es wird weder angeordnet, dass der Erwerber eines Traditionspapiers mittelbarer Sachbesitzer wird, noch, dass

796 Jacobi in: Ehrenbergs Handbuch, S. 551; Münch, Lagerschein, S. 65.
797 Heymann, FG Dahn, S. 171.
798 Nöthling, Traditionspapiere, S. 38, der darin ein unbefriedigendes Resultat sieht.
799 Heymann, FG Dahn, S. 171; Mannschatz, Konnossement, S. 41; so auch Nöthling, Traditionspapiere, S. 38, der die Eigenschaft als Zirkulationspapier hervorstellt.
800 Schumann, Handelsrecht, S. 644.
801 V. Arnswaldt, Orderlagerschein, S. 133 f.
802 Honnef, Traditionspapier, S. 30.

für die Verschaffung des mittelbaren Sachbesitzes der unmittelbare Sachbesitz fingiert wird.[803] § 524 HGB stellt lediglich die Rechtsfolgen der Papierübergabe der der Sachübergabe gleich und zwar nur hinsichtlich des Rechtserwerbs an den Gütern, so dass zum Beispiel Eigentum und Pfandrecht durch die Übergabe eines Traditionspapiers erworben werden können.

Die Grundlage dieser „Fiktion" bildet der mittelbare Besitz des Konnossementsinhabers und deshalb ist der Sachbesitz des Schiffers ständige Voraussetzung für die dingliche Wirkung des Traditionspapiers.[804] Allerdings endet nach der Repräsentationstheorie die Traditionswirkung mit der Eigenbesitzbegründung des Verfrachters. Erklärt wird dies unter anderem damit, dass die dingliche Wirkung davon abhänge, dass für den Traditionspapierinhaber die Erlangung der Ware unter normalen Umständen wahrscheinlich sei und er sie selbst ausgehändigt bekomme.[805] Daraus lässt sich aber keine Differenzierung zwischen Eigenbesitz und Fremdbesitz des Schiffers schlussfolgern. Denn für die Traditionswirkung kommt es auf die Realisierbarkeit des im Konnossement verbrieften Herausgabeanspruchs an. Denn der Konnossementsinhaber ist auch bei einem Schiffer mit begründetem Eigenbesitz der einzig Legitimierte, der die Güter vom Verfrachter herausverlangen kann. An der Realisierbarkeit des Herausgabeanspruchs ändert sich für den Konnossementsinhaber nichts, wenn der Verfrachter sich zum Eigenbesitzer aufschwingt. Daher ist eine Differenzierung zwischen Fremd- und Eigenbesitz des Schiffers hinsichtlich der Traditionswirkung nicht angebracht. Demzufolge ist der Ansatz der Repräsentationstheorie abzulehnen

803 V. Arnswaldt, Orderlagerschein, S. 134; Schubert, Orderlagerschein, S. 42.
804 Hefermehl in: Schlegelberger, HGB, § 363 Rn 52.
805 Hermann, Abladegeschäft, S. 72; Pappenheim, Seerecht III, S. 348.

R. Wertpapierrechtlich fortgebildete streng relative Theorie[806]

I. Inhalt der Theorie

Die wertpapierrechtlich fortgebildete streng relative Theorie knüpft an die streng relative Theorie an und bildet diese wertpapierrechtlich fort.[807] Nach ihr hat der Erwerb des verbrieften Herausgabeanspruchs aus dem Traditionspapier dieselben Wirkungen wie die Erlangung des Besitzes an den Gütern, denn die wesentliche Besonderheit der Traditionspapiere gegenüber anderen Erwerbsgestaltungen bestehe in der Verbriefung des Herausgabeanspruchs, und daher werde mit dessen Bestand und Schicksal auch die Traditionswirkung verknüpft.[808] Das Traditionspapier verkörpere nicht den mittelbaren Besitz, sondern lediglich den Herausgabeanspruch.[809] Die Fortdauer des Besitzes auf Seiten des Schuldners sei für die Traditionswirkung zwar erforderlich, doch brauche dem kein mittelbarer Besitz des Konnossementsinhabers zu entsprechen.[810] Demgemäß entfällt nach dieser Theorie die Traditionswirkung zwar bei Besitzverlust des Schuldners, nicht aber bei der Umwandlung von Fremdbesitz in Eigenbesitz, denn der Herausgabeanspruch bleibt in diesem Fall bestehen.[811]

Dieser Ansatz geht über die Repräsentationstheorie insofern hinaus, als es nicht darauf ankommt, ob mit dem Herausgabeanspruch zugleich der mittelbare Besitz erworben wird. Und er bleibt hinter der absoluten Theorie sowie auch hinter dem Wortlaut des § 650 HGB a.F. insofern zurück, als die bloße Übertragung des Papiers für die Traditionswirkung nicht genügt, sondern zusätzlich irgendeine Form von Besitz auf Seiten des Papierschuldners erforderlich ist, weil anderenfalls der verbriefte Herausgabeanspruch nicht besteht.[812]

---

806 Canaris in: GK-HGB, § 363 Rn 158; Koller in: Transportrecht, § 448 Rn 3; Rabe, Seehandelsrecht, § 650 Rn 4.

807 Canaris in: GK-HGB, § 363 Rn 157.

808 Canaris in: GK-HGB, § 363 Rn 110.

809 Canaris in: GK-HGB, § 363 Rn 155.

810 Canaris in: GK-HGB, § 363 Rn 110; Koller in: GK-HGB, § 448 Rn 4; Langenbucher in MüKo, HGB, § 363 Rn 66.

811 Canaris in: GK-HGB, § 363 Rn 110; Koller in: GK-HGB, § 448 Rn 4.

812 Hueck/Canaris, Wertpapiere, S. 206.

II. Konstruktion des Rechtserwerbs

Die Übertragung des Traditionspapiers bildet nach dieser Theorie eine eigenständige Form eines Übergabesurrogates, das neben § 930 BGB und § 931 BGB tritt.[813] *Canaris* ersetzt den Begriff „Übergabe“ durch das Wort „Übertragung“. Mit der Übergabe des Konnossements wird der danach verbriefte Herausgabeanspruch übertragen.[814] Die bloße Übertragung des Papiers genüge nach dieser Theorie für die Traditionswirkung jedoch nicht, sondern es ist irgendeine Form von Besitz (Eigen- oder Fremdbesitz) auf Seiten des Verfrachters erforderlich, weil anderenfalls der verbriefte Herausgabeanspruch nicht besteht. [815]

Die sachenrechtliche Übereignung des Gutes lehnt sich aufgrund der Abtretung des Herausgabeanspruchs zwar an die streng relative Theorie und damit an § 931 BGB an, bildet jedoch eine eigenständige Konzeption, da entgegen der Regelung des § 934 BGB ein gutgläubiger Erwerb des Eigentums an den Gütern auch dann möglich ist, wenn der Veräußerer keinen mittelbaren Besitz hat und der Erwerber keinen mittelbaren Besitz erlangt.[816] Demzufolge ist der mittelbare Besitz des Papierinhabers an den Gütern keine notwendige Voraussetzung für die Traditionswirkung.[817]

III. Die Begründung der Theorie

Die Besonderheit der Traditionspapiere besteht in der Verbriefung des Herausgabeanspruchs, und daher wird mit dessen Bestand und Schicksal auch die Traditionswirkung verbunden.[818] Für die unterschiedliche Rechtslage bezüglich des Herausgabeanspruchs spricht eine differenzierende Lösung: Der Herausgabeanspruch und damit die Traditionswirkung entfällt zwangsläufig bei Besitzverlust des Schuldners an den Gütern, er bleibt dagegen bei Umwandlung von Fremd- in Eigenbesitz des Verfrachters bestehen.[819]

813 Canaris in: GK-HGB, § 363 Rn 159.
814 Canaris in: GK-HGB, § 363 Rn 103; Langenbucher in: MüKo, HGB, § 363 Rn 65.
815 Canaris in: GK-HGB, § 363 Rn 158; Rabe, Seehandelsrecht, § 650 Rn 3.
816 Canaris in: GK-HGB, § 363 Rn 159.
817 Canaris in: GK-HGB, § 363 Rn 107; Langenbucher in: MüKo, HGB, § 363 Rn 66.
818 Canaris in: GK-HGB, § 363 Rn 110.
819 Canaris in: GK-HGB, § 363 Rn 110; Koller in: Transportrecht, § 448 Rn 4.

IV. Rechtsfortbildung nach Ansicht von Canaris

Canaris stellt fest, dass „zwei Federstriche des Gesetzgebers, durch welche die beiden Präzisierungen des Wortlauts der §§ 448, 475 g, 650 HGB a.F. vorgenommen würden, ausreichend wären, um das gesamte Problemfeld im Wesentlichen zu bereinigen und dem Text des Gesetzes zu uneingeschränkter Subsumtionsfähigkeit zu verhelfen."[820] *Canaris* schlägt zwei Präzisierungen des Wortlauts im Wege der Rechtsfortbildung vor: „[...], dass die *Übertragung*[821] des Papiers dieselben Wirkungen wie die Übergabe des Gutes hat, sofern der Schuldner des verbrieften Herausgabeanspruchs *Besitz*[822] *an diesem hat.*"[823]

V. Konsequenzen der wertpapierrechtlich fortgebildeten streng relativen Theorie

1. Eigentumserwerb vom Berechtigten

Nach der wertpapierrechtlich fortgebildeten streng relativen Theorie wird das Eigentum an einer Sache mittels Traditionspapiers durch Abtretung des Herausgabeanspruchs übertragen, und zwar als ein Übergabesurrogat des BGB eigener Art.[824] Dafür ist es erforderlich, dass der Verfrachter Besitz an den Waren hat, da sonst der Herausgabeanspruch aus dem Konnossement nicht besteht. Der Konnossementserwerber muss nicht notwendigerweise Besitz an den Waren haben, um eine Traditionswirkung herbeizuführen.[825] War der Papierschuldner zur Zeit der Konnossementsübertragung nicht der Besitzer der Waren, so ist eine Abtretung des zukünftigen Herausgabeanspruchs anzunehmen. Daher geht das Eigentum ipso iure auf den Papierinhaber über, wenn und sobald der Papierschuldner den Besitz erlangt bzw. wiedererlangt. Vorher hat der Papierinhaber ein Anwartschaftsrecht.[826]

---

820 Canaris in GK-HGB, § 363 Rn 166.

821 Canaris in GK-HGB, § 363 Rn 163: „Denn die Traditionswirkung kann nur auf dem Übergang des verbrieften Herausgabeanspruchs beruhen."

822 Canaris in GK-HGB, § 363 Rn 164: hier wendet Canaris eine teleologische Reduktion an, da die Traditionswirkung auf dem Übergang des verbrieften Herausgabeanspruchs beruht und dieser mangels Besitz nicht besteht.

823 Canaris in: GK-HGB, § 363 Rn 165.

824 Canaris in: GK-HGB, § 363 Rn 159; Koller in: Transportrecht, § 448 Rn 4, nimmt § 931 BGB für den Eigentumserwerb vom Berechtigten an.

825 Canaris in: GK-HGB, § 363 Rn 107.

826 Canaris in: GK-HGB, § 363 Rn 122.

Unterschlägt der unmittelbare Besitzer die Waren und schwingt sich damit zum Eigenbesitzer auf, so bleibt die Traditionswirkung bestehen.[827] Als Begründung führt *Canaris* den Herausgabeanspruch auf Grundlage der Übernahme der Güter an. Dieser entfällt zwar bei Verlust der Güter, bleibt aber bei der Umwandlung von Fremd- in Eigenbesitz bestehen. Denn genau diese Verbriefung des Herausgabeanspruchs sei die Besonderheit der Traditionspapiere und daher sollte der Bestand des Herausgabeanspruchs auch mit der Traditionswirkung einhergehen.[828]

2. Eigentumserwerb vom Nichtberechtigten

a) Übergabe des Gutes durch den unmittelbaren Besitzer

Wird die Ware, über die ein Traditionspapier ausgestellt wurde, durch einen Nichtberechtigten (z.B. den Aussteller des Papiers) an einen Dritten ohne das Papier veräußert, so hindert das Vorhandensein eines Papierberechtigten nicht den etwaigen Eigentumserwerb des Dritten. Für diesen Fall sind nämlich die Vorschriften über den Eigentumserwerb vom Nichtberechtigten (§§ 932 ff. BGB) maßgebend. Wird die auf Grundlage eines Konnossements verladene Ware durch Übergabe des tatsächlichen Besitzes an einen gutgläubigen Dritten veräußert, erwirbt dieser daran gemäß §§ 929, 932 BGB das Eigentum, wie etwa im Fall der Unterschlagung und Veräußerung der Güter durch den Verfrachter.

b) Übergabe des Traditionspapiers

Aufgrund der Anlehnung an die streng relative Theorie ist beim Eigentumserwerb vom Nichtberechtigten grundsätzlich § 934 BGB anzuwenden. Ist der Veräußerer nicht Eigentümer der Ware und befindet sich diese im Besitz eines Dritten, so setzt ein Eigentumserwerb nach § 934 BGB voraus, dass der Veräußerer mittelbarer Besitzer der Sache ist (§ 934 Alt. 1 BGB) oder der Erwerber den Besitz an der Ware vom Drittbesitzer erlangt (§ 934 Alt. 2 BGB). Hat der Veräußerer (Nichtberechtigter) keinen mittelbaren Besitz an der Ware, ist aber der wahre Berechtigte mittelbarer Besitzer der Güter, so geht der mittelbare Besitz des Berechtigten gemäß § 870 BGB auf den gutgläubigen Papiererwerber über, da dieser gemäß § 365 HGB i.V.m. Art. 16 Abs. 2 WG den Herausgabeanspruch erwirbt und der Papierschuldner im Zweifel für den jeweiligen

---

827 Canaris in: GK-HGB, § 363 Rn 110; Koller in: Transportrecht, § 448 Rn 4; Helm in: GK-HGB, § 450 Rn 4; Herber in: MüKo, HGB, § 524 Rn 7.

828 Canaris in: GK-HGB, § 363 Rn 110.

Papierinhaber besitzen will.[829] Dieser mittelbare Besitz genügt für die 2. Alternative des § 934 BGB.[830] Der gutgläubige Erwerber des Papiers erlangt das Eigentum an den Gütern bereits mit der Papierübertragung und nicht erst mit der Auslieferung der Güter.[831]

Problematisch ist der Fall, in dem dem wahren Berechtigten der mittelbare Besitz an den Gütern fehlt, da keine Alternative des § 934 BGB erfüllt ist. Hier ist nach dem Grund für das Fehlen des mittelbaren Besitzes zu differenzieren: Hat der Verfrachter Fremdbesitz in Eigenbesitz umgewandelt, so ist ein gutgläubiger Erwerb mittels Traditionspapiers gleichwohl möglich.[832] Zum einen ist der wahre Berechtigte in diesem Fall nicht schutzwürdiger und zum anderen geht mit dem Erwerb des Papiers ein gutgläubiger Erwerb des verbrieften Herausgabeanspruchs gemäß § 365 HGB i.V.m. Art. 16 Abs. 2 WG einher. Denn letztlich besteht das Ziel der Abtretung des Herausgabeanspruchs in der Übertragung des Eigentums an den Gütern, und die Zulassung eines gutgläubigen Erwerbs hat nur dann einen Sinn, wenn sie sich nicht auf den Herausgabeanspruch beschränkt, sondern grundsätzlich das Eigentum an den Gütern einschließt.[833] Eine verminderte Schutzwürdigkeit des Erwerbers lässt sich insbesondere nicht daraus herleiten, dass der Erwerber keinen mittelbaren Besitz erlangt. Denn „Voraussetzung für den gutgläubigen Erwerb des Eigentums an einer beweglichen Sache ist neben dem guten Glauben der auf dem Besitz beruhende Rechtsschein".[834] Dass eine Besitzerlangung von § 934 Alt. 2 BGB gefordert wird, beruht auf der Erwägung, dass der nicht besitzende Veräußerer nicht durch einen Rechtsschein legitimiert ist und seine Vertrauenswürdigkeit erst noch beweisen muss, indem er dem Erwerber den Besitz verschafft. Im Falle der Übereignung mittels Traditionspapiers wird der Veräußerer jedoch durch den Rechtsschein des Papiers legitimiert. Denn der Besitzverschaffungsmacht steht es zumindest gleich, dass der Veräußerer durch das Papier formell legitimiert ist und dadurch in die Lage versetzt wird, dem Erwerber den Herausgabeanspruch nach § 365 Abs. 1 HGB

829 Canaris in: GK-HGB, § 363 Rn 117; Langenbucher in: MüKo, HGB, § 363 Rn 68; Hueck/Canaris, Wertpapiere, S. 201 f.

830 Canaris in: GK-HGB, § 363 Rn 117; Koller in: Transportrecht, § 448 Rn 4; Hueck/Canaris, Wertpapiere, S. 201 f.

831 Canaris in: GK-HGB, § 363 Rn 117; Koller in: GK-HGB, § 424 Rn 14; Hueck/Canaris, Wertpapiere, S. 201 f.

832 Canaris in: GK-HGB, § 363 Rn 119; Koller in: Transportrecht, § 448 Rn 5; Langenbucher in MüKo, HGB, § 363 Rn 69; Hueck/Canaris, Wertpapiere, S. 203.

833 Canaris in: GK-HGB, § 363 Rn 119; Hueck/Canaris, Wertpapiere, S. 203.

834 BGHZ 10, 81; Hueck/Canaris, Wertpapiere, S. 203.

i.V.m. Art. 16 Abs. 2 WG zu verschaffen. Die Zulassung eines gutgläubigen Erwerbs stimmt daher mit der Wertung von § 934 BGB überein. Denn die Verbriefung des Herausgabeanspruchs setzt einen mindestens ebenso starken Rechtsschein wie der mittelbare Besitz, den § 934 1. Alt. BGB für den gutgläubigen Erwerb genügen lässt.[835]

Hat der Schuldner des verbrieften Herausgabeanspruchs den Besitz der Güter verloren, so kann kein gutgläubiger Eigentumserwerb stattfinden, da der Herausgabeanspruch gemäß § 275 Abs. 1 BGB durch den Besitzverlust untergegangen ist oder sich in einen Schadensersatzanspruch umgewandelt hat. Auch der Rechtsscheingedanke kann nicht einen Anspruch auf Herausgabe einer Sache begründen, die der Schuldner gar nicht mehr herausgeben kann. Wer keinen Herausgabeanspruch erwirbt, kann auch kein Eigentum gutgläubig erwerben.[836] Erlangt der Schuldner den Besitz der Güter zurück, so geht das Eigentum auf den Inhaber des Traditionspapiers über.[837]

3. Wirkung des Eigentumserwerbs auf belastende Rechte Dritter

Einem gutgläubigen lastenfreien Erwerb könnte § 936 Abs. 3 BGB entgegenstehen, soweit die betreffenden Rechte dem unmittelbaren Besitzer zustehen.[838] Danach erlischt ein beschränkt dingliches Recht nicht, wenn die Veräußerung nach § 931 BGB erfolgt und der Inhaber des dinglichen Rechts die Sache besitzt. § 936 Abs. 3 BGB beruht auf der Wertung, dass der Erwerber aufgrund des Rechtsscheins des unmittelbaren Besitzes mit dem Bestehen beschränkt dinglicher Rechte des unmittelbaren Besitzers grundsätzlich rechnen muss.[839] Dieser Rechtsgedanke und die Verbriefung des Herausgabeanspruchs in einem Wertpapier führen zu einer differenzierenden Lösung:[840]

---

835 Canaris in: GK-HGB, § 363 Rn 119; Langenbucher in: MüKo, HGB, § 363 Rn 69; Hueck/Canaris, Wertpapiere, S. 203.

836 Canaris in: GK-HGB, § 363 Rn 121; Koller in: GK-HGB, § 424 Rn 14; Langenbucher in MüKo, HGB, § 363 Rn 70; Hueck/Canaris, Wertpapiere, S. 203.

837 Canaris in: GK-HGB, § 363 Rn 122; Langenbucher in MüKo, HGB, § 363 Rn 66.

838 Canaris in: GK-HGB, § 363 Rn 124.

839 Canaris in: GK-HGB, § 363 Rn 124.

840 Canaris in: GK-HGB, § 363 Rn 124.

a) vertragliche Pfandrechte

Für vertragliche Pfandrechte des Frachtführers oder Lagerhalters gilt § 936 Abs. 3 BGB auf Grund einer teleologischen Reduktion nicht.[841] Das vertragliche Pfandrecht muss dem gesteigerten Verkehrsschutz des Traditionspapiers weichen,[842] denn der Erwerber muss mit einem solchen Recht nicht rechnen, da der Pfandgläubiger durch die Verbriefung die Möglichkeit hat, sein Recht in der Urkunde zu vermerken.[843] Die Regelung des § 650 HGB a.F. führte somit dazu, dass der lastenfreie Erwerb bereits im Zeitpunkt der Übertragung des Traditionspapiers erfolgte. Das entsprach für den Regelfall der Wertung des § 936 Abs. 1 S. 3 BGB, weil der Erwerber durch die Papierübertragung den mittelbaren Besitz an den Gütern erlangte.[844]

b) gesetzliche Pfandrechte und Besitzpfandrechte Dritter

Der Papiererwerber muss mit einem gesetzlichen Pfandrecht, das sich typischerweise aus der Natur des verbrieften Anspruchs ergibt, grundsätzlich rechnen,[845] zumal es sich gegen ihn selbst als den legitimierten Empfänger der Güter richtet. Demzufolge gibt es in diesem Fall grundsätzlich keinen gutgläubigen lastenfreien Erwerb.[846]

Eine Ausnahme von dieser Regelung macht jedoch § 475 b Abs. 2 HGB für den Orderlagerschein. Danach besteht das Pfandrecht nur wegen solcher Kosten, die aus dem Papier ersichtlich sind oder dem Erwerber bekannt oder infolge grober Fahrlässigkeit unbekannt waren. Somit besteht doch die Möglichkeit eines gutgläubigen lastenfreien Erwerbs bezüglich der nicht auf dem Papier vermerkten Vergütungen und Aufwendungen.[847] *Canaris* hält eine analoge Anwendung des

---

841 Canaris in: GK-HGB, § 363 Rn 125; Horn in: Heymann, HGB, § 363 Rn 28; Langenbucher in: MüKo, HGB, § 363 Rn 71; Koller in: Transportrecht, § 448 Rn 5; Hueck/Canaris, Wertpapiere, S. 202.

842 Horn in: Heymann, HGB, § 363 Rn 28.

843 Canaris in: GK-HGB, § 363 Rn 125; Koller in: Transportrecht, § 448 Rn 5; Hueck/Canaris, Wertpapiere, S. 202.

844 Canaris in: GK-HGB, § 363 Rn 125.

845 Horn in: Heymann, HGB, § 363 Rn 28; Koller in: Transportrecht, § 448 Rn 5; Langenbucher in: MüKo, HGB, § 363 Rn 71; Hueck/Canaris, Wertpapiere, S. 202.

846 Canaris in: GK-HGB, § 363 Rn 126; Langenbucher in: MüKo, HGB, § 363 Rn 71; Koller in: Transportrecht, § 448 Rn 5; Hueck/Canaris, Wertpapiere, S. 202.

847 Canaris in: GK-HGB, § 363 Rn 126; Langenbucher in: MüKo, HGB, § 363 Rn 71; Hueck/Canaris, Wertpapiere, S. 202.

§ 475 b Abs. 2 HGB auf den Ladeschein und das Konnossement für notwendig, da ein sachlicher Grund für die Ungleichbehandlung nicht ersichtlich sei.[848]

Für Besitzpfandrechte Dritter bleibt es bei der Anwendung von § 936 Abs. 3 BGB, denn Dritte haben anders als der Papierschuldner i.d.R. nicht die Möglichkeit, ihr Recht in der Urkunde zu vermerken.[849]

4. Bestellung eines vertraglichen Pfandrechts an der Ware durch den Berechtigten mittels eines Traditionspapiers

Nach der wertpapierrechtlich fortgebildeten streng relativen Theorie sind die Grundsätze der Pfandrechtsbestellung mittels Anspruchsabtretung anzuwenden, da sie dem Eigentümer trotz des Traditionspapiers nur mittelbaren Besitz an der Sache zuschreibt. Nach § 1205 Abs. 2 BGB kann die Übergabe einer im mittelbaren Besitz des Eigentümers befindlichen Sache dadurch ersetzt werden, dass der Eigentümer den mittelbaren Besitz auf den Pfandgläubiger überträgt und die Verpfändung dem Besitzer anzeigt. Das Erfordernis der Besitzübertragung wird bei einem Traditionspapier durch dessen Begebung und dem damit verbundenen Übergang des verbrieften Herausgabeanspruchs ersetzt.[850]

Das folgte grundsätzlich schon aus dem Wortlaut des § 650 HGB a.F., wonach die Übergabe des Papiers dieselben Wirkungen wie die Übergabe des Gutes hat. Folglich kann § 1205 Abs. 1 BGB zur Anwendung kommen.[851] Als weiteres Argument zieht *Canaris* eine Analogie zu den §§ 440 Abs. 2, 475 b Abs. 3, 495 Abs. 2 HGB. Wenn für den Erwerb der gesetzlichen Pfandrechte die Verfügung mittels Traditionspapiers dem Besitz gleichsteht, dann müsse dies auch für ein vertragliches Pfandrecht gelten, da die handelsrechtlichen Pfandrechte ebenfalls Besitzpfandrechte seien und das Erfordernis der Besitzübertragung nach § 1205 Abs. 2 BGB lediglich die Entstehung eines besitzlosen Pfandrechts verhindern solle.[852]

Die Übertragung mittelbaren Besitzes an der Ware auf den Pfandgläubiger ist danach nicht erforderlich. Eine Verpfändung durch Einigung und Übergabe des Traditionspapiers ist daher nach dieser Auffassung auch dann möglich, wenn

---

848 Canaris in: GK-HGB, § 363 Rn 126; a.A.: Helm in: GK-HGB, § 450 Rn 6, der den Erfordernissen des internationalen Handels nicht genügend Rechnung getragen sieht.

849 Canaris in: GK-HGB, § 363 Rn 127; a.A.: Helm in: GK-HGB, § 450 Rn 6, der den Schutz besitzloser Pfandrechte als handelsfeindlich und entbehrlich ansieht.

850 Canaris in: GK-HGB, § 363 Rn 130; Koller in: Transportrecht, § 448 Rn 5.

851 Canaris in: GK-HGB, § 363 Rn 130; Langenbucher in: MüKo, HGB, § 363 Rn 72.

852 Canaris in: GK-HGB, § 363 Rn 130.

der Papierschuldner Eigenbesitzer ist. Hat dieser dagegen den Besitz verloren, so kommt eine Verpfändung mit Hilfe des Papiers nicht mehr in Betracht, weil dieses dann seinem Inhaber nicht mehr die Möglichkeit zu Verfügungen über die Ware gibt.[853]

Die von § 1205 Abs. 2 BGB geforderte Verpfändungsanzeige ist bei einer Verpfändung mittels Traditionspapiers nicht erforderlich.[854] Das ergibt sich zum einen aus dem Wortlaut des § 650 HGB a.F., wonach die Übertragung des Papiers der Übergabe des Gutes gleichsteht. Folglich sind die Voraussetzungen des § 1205 Abs. 1 BGB erfüllt, so dass § 1205 Abs. 2 BGB nicht anzuwenden ist. Außerdem wird der Zweck des § 1205 Abs. 2 BGB – die Verhinderung von Mehrfachverpfändungen oder der Schutz des Pfandgläubigers vor Leistungen des Schuldners an den Verpfänder – durch die Existenz und Übertragung des Traditionspapiers genauso gut wie durch eine Anzeige erfüllt.[855]

5. Bestellung eines vertraglichen Pfandrechts an der Ware durch einen Nichtberechtigten mittels eines Traditionspapiers

Gemäß § 1207 BGB finden auf die Verpfändung durch einen Nichtberechtigten die für den Erwerb des Eigentums geltenden Vorschriften der §§ 932, 934, 935 BGB entsprechende Anwendung. Wie oben bereits dargelegt, wendet die modifizierte streng relative Theorie bezüglich des Eigentumserwerbs vom Nichtberechtigten grundsätzlich § 934 BGB an. Ist der Verpfänder nicht Eigentümer der Ware und befindet sich diese im Besitz eines Dritten, so setzt ein Pfandrechtserwerb nach §§ 1207, 934 BGB voraus, dass der Verpfänder mittelbarer Besitzer der Sache ist (§ 934 Alt. 1 BGB) oder der Erwerber den Besitz an der Ware von dem Drittbesitzer erlangt (§ 934 Alt. 2 BGB). Hat der Verpfänder keinen mittelbaren Besitz an der Ware, ist aber der wahre Berechtigte mittelbarer Besitzer der Güter, so geht der mittelbare Besitz des wahren Berechtigten gemäß § 870 BGB auf den gutgläubigen Papiererwerber über, da dieser gemäß § 365 HGB i.V.m. Art. 16 Abs. 2 WG den Herausgabeanspruch erwirbt und der Papierschuldner im Zweifel für den jeweiligen – ihm häufig unbekannten – Papierinhaber besitzen will.[856] Dieser mittelbare Besitz genügt für die 2.

853 Canaris in: GK-HGB, § 363 Rn 131.

854 Canaris in: GK-HGB, § 363 Rn 132; Langenbucher in: MüKo, HGB, § 363 Rn 72; Koller in: Transportrecht, § 448 Rn 5; Hueck/Canaris, Wertpapiere, S. 202.

855 Canaris in: GK-HGB, § 363 Rn 132; Langenbucher in: MüKo, HGB, § 363 Rn 72; Hueck/Canaris, Wertpapiere, S. 202.

856 Canaris in: GK-HGB, § 363 Rn 117.

Alternative des § 934 BGB.[857] Der gutgläubige Erwerber des Papiers erlangt das Pfandrecht an den Gütern bereits mit der Papierübertragung und nicht erst mit der Auslieferung der Güter.[858]

Problematisch wird es, wenn dem wahren Berechtigten der mittelbare Besitz an den Gütern fehlt, da in diesem Fall keine Alternative des § 934 BGB erfüllt ist. Dann ist nach dem Grund für das Fehlen des mittelbaren Besitzes zu differenzieren. Hat der Schuldner des verbrieften Herausgabeanspruchs Fremdbesitz in Eigenbesitz umgewandelt, so ist ein gutgläubiger Erwerb mittels Traditionspapiers gleichwohl möglich. Zum einen, weil der wahre Berechtigte in diesem Fall nicht schutzwürdiger ist und zum anderen, weil mit dem Erwerb des Papiers ein gutgläubiger Erwerb des verbrieften Herausgabeanspruchs gemäß § 365 HGB i.V.m. Art. 16 Abs. 2 WG einhergeht.

Wenn der Schuldner des verbrieften Herausgabeanspruchs den Besitz der Güter hingegen verloren hat, dann kann kein gutgläubiger Pfandrechtserwerb mittels Traditionspapiers stattfinden,[859] da der Herausgabeanspruch gemäß § 275 Abs. 1 BGB durch den Besitzverlust untergegangen ist oder sich in einen Schadensersatzanspruch umgewandelt hat.[860] Außerdem kann an abhanden gekommenen Sachen nach § 935 BGB weder das Eigentum noch ein Pfandrecht erworben werden.

6. Bestellung eines gesetzlichen Pfandrechts an der Ware mittels eines Traditionspapiers

Gemäß § 1257 BGB finden die Vorschriften über das durch Rechtsgeschäft bestellte Pfandrecht auf ein kraft Gesetzes entstandenes Pfandrecht entsprechende Anwendung. Die Bestellung eines Pfandrechts an der Ware setzt voraus, dass der Verpfänder die Sache dem Pfandgläubiger übergibt und sich beide über die Entstehung des Pfandrechts einig sind. Der Erwerb und der Fortbestand der gesetzlichen Pfandrechte des HGB, insbesondere des Frachtführers nach § 440 HGB, des Lagerhalters nach § 475 b HGB und des Verfrachters nach § 495 HGB hängen davon ab, ob der Gläubiger die Güter „in seinem Besitz hat, insbesondere mittels Konnossements, Ladescheins oder Lagerscheins darüber verfügen kann." Die Wortwahl „insbesondere" könnte zum einen den Gläubiger aufgrund einer Fiktion zum mittelbaren Besitzer machen, zum anderen

857 Canaris in: GK-HGB, § 363 Rn 117; Hueck/Canaris, Wertpapiere, S. 201 f.
858 Canaris in: GK-HGB, § 363 Rn 117; Koller in: GK-HGB, § 424 Rn 14.
859 Canaris in: GK-HGB, § 363 Rn 125.
860 Canaris in: GK-HGB, § 363 Rn 121; Koller in: GK-HGB, § 424 Rn 14.

könnte zur Pfandrechtsbestellung stets mittelbarer Besitz des Gläubigers i.S.v. § 868 BGB erforderlich sein. Die heutige Formulierung geht zurück auf Art. 292 des Preußischen Entwurfs zum HGB von 1897, wonach der Gläubiger dann ein Pfandrecht hatte, wenn er „das Gut noch in seinem Gewahrsam oder die Konnossemente, Frachtbriefe oder Lagerscheine darüber noch in Händen hat, oder sonst noch in der Lage ist, darüber verfügen zu können“[861]. Die Verfügungsmöglichkeit mittels Traditionspapiers wurde hier also nicht als Unterfall des Besitzes, sondern als eigenständige Alternative angesehen. Das Gesetz ist daher im Sinne der ursprünglichen Fassung berichtigend auszulegen: Das Wort „insbesondere“ bezieht sich nur auf den Regelfall, in dem der berechtigte Inhaber des Papiers in der Tat zugleich mittelbarer Besitzer ist, schließt aber nicht aus, dass auch der nicht besitzende Verfügungsberechtigte das Pfandrecht erwirbt. Die Verfügungsmöglichkeit mittels eines Traditionspapiers steht somit für den Erwerb und den Bestand eines gesetzlichen Pfandrechts grundsätzlich dem (mittelbaren) Besitz gleich.[862] Fehlt es am mittelbaren Besitz unterscheidet *Canaris* auch hier – wie bei einem Eigentumserwerb vom Nichtberechtigten mittels Traditionspapiers – zwischen der Begründung von Eigenbesitz und dem Besitzverlust des Herausgabeschuldners. Hat der Schuldner als bisheriger Fremdbesitzer den Eigenbesitz begründet und liegt deshalb kein mittelbarer Besitz des Gläubigers mehr vor, so wird dadurch das Pfandrecht nicht beeinträchtigt, weil der Gläubiger die Verfügungsmöglichkeit bei Eigenbesitz des Schuldners genauso hat wie bei Fremdbesitz. Bei einem Besitzverlust des unmittelbaren Schuldners kann der Gläubiger dagegen nicht mehr mit dem Traditionspapier über die Güter verfügen, so dass er kein Pfandrecht erwerben kann.[863]

7. Verpfändung des Anspruchs aus dem Traditionspapier

Die Bestellung eines Pfandrechts an einem Traditionspapier ist grundsätzlich nicht von der Anwendung einer Theorie abhängig und im Rahmen der Behandlung der absoluten Theorie bereits erörtert.[864]

---

861 Entwurf eines HGB, S. 55.

862 Canaris in: GK-HGB, § 363 Rn 128; so auch die folgenden Vertreter der absoluten Theorie: Heymann; FG Dahn, S. 236; Schlenzka, Konnossementsrecht, S. 56.

863 Canaris in: GK-HGB, § 363 Rn 129.

864 Vgl. dazu N. IV. 7.

8. Wirkung der Papierübergabe nach dem Untergang der Güter

Ist der Herausgabeanspruch wegen des Untergangs der Ware gemäß § 275 Abs. 1 BGB erloschen, so ist eine Übereignung mittels Traditionspapiers nicht mehr möglich.[865]

9. Wirkung der Papierübergabe bezüglich abhanden gekommener Güter

Aufgrund des Wortlauts des § 650 HGB a.F., dass mit der Übergabe des Traditionspapiers lediglich die Wirkungen eintreten sollen, die bei der körperlichen Übergabe der Waren eingetreten wären, ist bei abhanden gekommenen Gütern i.S.v. § 935 BGB auch mittels Traditionspapiers kein gutgläubiger Erwerb möglich.[866] Der Erwerb des Herausgabeanspruchs verschafft dem Papierinhaber hier nicht das Eigentum an den Gütern, weil auch deren körperliche Übergabe kein Eigentum an den Gütern verschafft hätte.[867]

10. Begebung mehrerer Konnossementsexemplare

Durch das Seerechtsänderungsgesetz vom 20.04.2013 wurden die §§ 651, 652 HGB a.F. ersatzlos gestrichen. In dem Fall, dass sich mehrere legitimierte Besitzer melden, hat der Verfrachter nach § 521 Abs. 3 S. 2 HGB das Gut in einem öffentlichen Lagerhaus oder in sonst sicherer Weise zu hinterlegen und die Besitzer, die sich gemeldet haben, unter Angabe der Gründe seines Verfahrens zu benachrichtigen. Eine Regelung im Sinne eines Prioritäts- oder Präventionsprinzips gibt es nicht mehr.

Bei mehreren kollidierenden Verfügungen über die Güter mittels verschiedener Konnossementsexemplare war das Prioritätsprinzip gemäß § 652 HGB a.F. anzuwenden. Diese Regelung stimmte laut *Canaris* mit den §§ 931, 933 f. BGB überein, indem man die spätere Verfügung nach den Regeln über den Erwerb vom Nichtberechtigten behandelt. Nur in der ersten Verfügung kann der Verfügende als Berechtigter handeln, da er danach keine Rechtsmacht mehr über die Waren hat und Nichtberechtigter ist. Solange der spätere Erwerber nur eine Konnossementsausfertigung erlangt, ist die Gutgläubigkeit nicht gegeben, da er mit früheren Verfügungen aufgrund der zulässigen Existenz mehrerer

---

865 Langenbucher in: MüKo, HGB, § 363 Rn 65.

866 Canaris in: GK-HGB, § 363 Rn 111; Langenbucher in: MüKo, HGB, § 363 Rn 67; Brox/Henssler, Handelsrecht, Rn 641.

867 Canaris in: GK-HGB, § 363 Rn 111; Langenbucher in: MüKo, HGB, § 363 Rn 67.

Ausfertigungen rechnen muss. Daher muss der spätere Erwerber eine besondere besitzrechtliche Position erlangt haben, wie sich aus § 934 Alt. 2 BGB ergibt.[868] Der spätere Erwerber erlangte jedoch gemäß § 651 HGB a.F. das Eigentum bzw. Pfandrecht, sobald ihm die Güter aufgrund seiner Konnossementsausfertigung von dem Kapitän ausgeliefert wurden. Da diese Norm keine Gutgläubigkeit voraussetzt, sollte diese Voraussetzung nach *Canaris* hineingelesen werden, so dass § 651 HGB a.F. dann eine Konkretisierung der in §§ 933, 934 Alt. 2 BGB enthaltenen Wertungen darstellt.[869]

Nicht kollidierende Verfügungen, wie z.B. die Übereignung einer vorher verpfändeten Ware oder die Bestellung im Rang hintereinander stehender Pfandrechte, können auch durch die Regelungen des BGB rechtlich eingeordnet werden. Bei der Übereignung einer bereits verpfändeten Sache sind die Voraussetzungen der §§ 1205 Abs. 2, 931 BGB erfüllt: Bei der Verpfändung überträgt der Verfügende seinen Herausgabeanspruch (den es nur einmal gibt) gemäß § 1205 Abs. 2 BGB auf den Pfandgläubiger, und die Übereignung erfolgt dann durch schlichte Einigung.

Bei der mehrfachen Verpfändung erfolgt die erste Verfügung nach § 1205 Abs. 2 BGB durch Abtretung des Herausgabeanspruchs gegen den Papierschuldner. Die zweite Verpfändung erfolgt durch Abtretung des aufschiebend bedingten Anspruchs auf Rückübertragung des mittelbaren Besitzes gegen den ersten Pfandgläubiger. Diese Abtretung genügt den Voraussetzungen des § 1205 Abs. 2 BGB, denn ein bedingter Herausgabeanspruch reicht für die Annahme eines Besitzmittlungsverhaltnisses aus. Der zweite Pfandgläubiger erhält mittelbaren Besitz zweiten Grades an den Gütern, da ihm der Anspruch auf den mittelbaren Besitz ersten Grades abgetreten wird.[870]

11. Ende der dinglichen Wirkung

Nach der wertpapierrechtlich fortgebildeten streng relativen Theorie ist die Fortdauer des Besitzes auf Seiten des Papierschuldners (Verfrachter) für die Traditionswirkung erforderlich. Demgemäß entfällt die Traditionswirkung bei einem Besitzverlust des Schuldners, z.B. bei Diebstahl der Güter oder bei ihrer Auslieferung an einen Dritten, weil der verbriefte Herausgabeanspruch dann nicht mehr besteht.[871]

868 Canaris in: GK-HGB, § 363 Rn 139.
869 Canaris in: GK-HGB, § 363 Rn 139.
870 Canaris in: GK-HGB, § 363 Rn 141.
871 Canaris in: GK-HGB, § 363 Rn 110; Helm in: GK-HGB, § 450 Rn 4.5.

VI. Argumente für die wertpapierrechtlich fortgebildete streng relative Theorie

Diese Theorie kann nahezu alle Fallkonstellationen mit der Anwendung des § 931 BGB lösen. So bereitet z.B. die Regelung des § 934 BGB so lange keine Schwierigkeiten, wie an dem Erfordernis des mittelbaren Besitzes festgehalten wird. Denn der gutgläubige Erwerber des Papiers erlangt gemäß § 365 HGB i.V.m. Art. 16 Abs. 2 WG den Herausgabeanspruch und demzufolge gemäß § 870 BGB den mittelbaren Besitz, welcher für § 934 Alt. 2 BGB genügt.

Auch bei § 936 gelangt diese Theorie zu sachgerechten Lösungen, wenn man auf die Verbriefung des Herausgabeanspruchs abstellt und dementsprechend differenziert zwischen Eigenbesitz und Besitzverlust des Verfrachters, denn es kann für die Realisierung des Herausgabeanspruchs keinen Unterschied machen, ob Fremd- oder Eigenbesitz des Verfrachters begründet wurde.[872] Zudem ist dem Wortlaut des Gesetzes nicht zu entnehmen, dass der mittelbare Besitz des Papierinhabers Tatbestandsvoraussetzung für die Traditionswirkung sein soll. Dies darf auch nicht „hineingelesen“ werden. Hat der Aussteller des Papiers den Besitz an den Waren erlangt, so besteht jedenfalls ein Herausgabeanspruch gegen ihn, und daher wäre sogar nach § 931 BGB eine Verfügung über das Gut möglich. Es kann aber nicht angenommen werden, dass § 650 HGB a.F. in seiner Reichweite hinter § 931 BGB zurückbleibt. Dies widerspräche der Funktion, die diese Norm vor Inkrafttreten des BGB hatte.[873]

Aufgrund der Anwendung von § 1205 Abs. 1 BGB für die vertraglichen Pfandrechte entfällt die Notwendigkeit einer Verpfändungsanzeige und damit eine Belastung für den Eigentümer sowie eine Unsicherheit für den Warenverkehr. *Canaris* nimmt aber auch für § 1205 Abs. 2 BGB eine teleologische Reduktion an, da der Sinn dieser Regelung, der Schutz des Pfandgläubigers vor Leistungen des Schuldners an den Pfandgläubiger und Verhinderung von mehrfachen Verpfändungen einer Sache, durch die Existenz und die Übertragung des Traditionspapiers genauso wie durch eine Verpfändungsanzeige gewahrt bleibe.[874]

---

872 Canaris in: GK-HGB, § 363 Rn 107.
873 Canaris in: GK-HGB, § 363 Rn 107.
874 Canaris in: GK-HGB, § 363 Rn 132.

VII. Einwände gegen die wertpapierrechtlich fortgebildete streng relative Theorie[875]

1. Auslegung nach dem Wortlaut

Nach dem Wortlaut des § 650 HGB a.F. hat die Übergabe der jeweiligen Traditionspapiere für den Erwerb von Rechten an den Gütern „dieselben Wirkungen wie die Übergabe der Güter“ und nicht dieselben Wirkungen wie die Abtretung des jeweiligen Herausgabeanspruchs.[876] Es ist also lediglich die Wirkung beider Übergabearten gleichgestellt, und zwar nur in Ansehung des Sachenrechtserwerbs.[877] Die Vindikationszession des § 931 BGB hat nicht dieselbe Wirkung wie die Übergabe der Güter selbst. Sie hat zwar für den Erwerb des Eigentums dieselbe Wirkung, nicht aber hat sie diese Wirkung auch für den Erwerb der übrigen dinglichen Rechte. Denn durch die Übergabe der Güter kann, wenn die Einigung hinzukommt, ein Pfandrecht immer bestellt werden, durch Vindikationszession aber nur dann, wenn der Zedent mittelbarer Besitzer der zu verpfändenden Sache war.[878]

2. Systematische Auslegung: Entbehrlichkeit §§ 448, 475 g, 524 HGB

Bei Anerkennung der streng relativen Theorie ergibt die Beibehaltung der §§ 448, 475 g HGB und § 650 HGB a.F. nach der Neufassung des HGB keinen Sinn mehr.[879] Denn würden die §§ 448, 475 g HGB und § 650 HGB a.F. lediglich besagen, dass das Eigentum an den Waren durch die in der Papierübergabe liegende Abtretung des Herausgabeanspruchs übertragen wird, so würden sie eine Wiederholung des § 931 BGB darstellen[880] und wären überflüssig.[881] Es ist unwahrscheinlich, dass der Gesetzgeber zweimal das Gleiche ausdrücken wollte, zumal das HGB der Terminologie des BGB angepasst wurde.[882] Es ist daher anzunehmen, dass die Vorschriften über die Traditionspapiere mehr zum

875 Entsprechen größtenteils denen der streng relativen Theorie.
876 Kühlberg, Verkehrsschutz, S. 53; Wieling, Sachenrecht, § 9 X.
877 Heymann, FG Dahn, S. 176.
878 Michaelis, Traditionspapier, S. 24.
879 Dumke, Konnossement, S. 75; Abraham, ZHR 116, 1(4).
880 Schnabel, Lagerschein, S. 30; Wimpfheimer, Lagerschein, S. 36.
881 Gierke, Recht der Wertpapiere, S. 116; Lehmann, Handelsrecht, S. 543; Pappenheim, Seerecht III, S. 371; Killig, Ladeschein, S. 40.
882 Abraham, Lagerschein, S. 104.

Ausdruck bringen als § 931 BGB.[883] Einer derart strengen Anlehnung an die Rechtsübertragungsformen des Bürgerlichen Gesetzbuches stehen die leges speciales der §§ 448, 475 g HGB und § 650 HGB a.F. entgegen, deren Zweck es gerade ist, die Wirkungen der Übergabe des Papiers denen der Übergabe der Güter gleichzustellen und nicht im Grunde nur zu wiederholen, was sich aus § 931 BGB ohnehin ergäbe.[884]

Zudem führt die stringente Anwendung des § 931 BGB zur Anwendung aller Sicherheitsmaßregeln (z.B. §§ 936 Abs. 3, 1205 Abs. 2 BGB). Solche Bestimmungen können wohl gerechtfertigt sein, wenn es sich, wie bei § 931 BGB, um eine Eigentumsverschaffung durch formlose mündliche Zessionsabrede handelt, nicht aber dann, wenn wie in den §§ 448, 475 g HGB und § 650 HGB a.F., die Beachtung einer strengen äußeren Form Bedingung der Eigentumsübertragung ist. Die Anwendung des § 931 BGB wird dem Zweck des Traditionspapiers daher nicht gerecht.[885] Denn es hätte als Formerfordernis gegenüber § 931 BGB nur einschränkende, aber keine erweiternde Funktion.[886] Aus diesen Gründen modifiziert *Canaris* die streng relative Theorie und versucht die Sicherheitsmaßregeln insbesondere durch teleologische Reduktion zu lockern, um den Verkehrsschutzgesichtspunkten, die die Traditionspapiere gerade ausmachen, gerecht zu werden.

3. Rechte Dritter

Eine weitere Beschränkung ergibt sich aus den §§ 936, 1208 BGB. Zum Untergang der Rechte Dritter muss nach der streng relativen Theorie gemäß § 936 Abs. 1 S. 3 BGB neben dem guten Glauben des Erwerbers, der mittelbare Besitz des Veräußerers vorliegen oder der Besitz nachträglich durch den Erwerber erlangt werden. Rechte des Schiffers und Lagerhalters, die nicht schon, wie die gesetzlichen Pfandrechte, aus der Tatsache der Papierausstellung oder dem Inhalt des Papiers hervorgehen, erlöschen auch dem gutgläubigen Papiernehmer gegenüber nicht und treten nicht zurück, wenn die Veräußerung durch Abtretung des Herausgabeanspruchs nach § 931 BGB oder die Verpfändung nach § 1205 Abs. 2 BGB erfolgt.[887] Dies erscheint für die Sicherheit des Handels mit Traditionspapieren sehr bedenklich. Der Papiererwerber kann nie wissen, ob

883 Schaps/Abraham, Seehandelsrecht, § 650 Rn 10; Abraham, Das Seerecht, S. 173.
884 Kühlberg, Verkehrsschutz, S. 54.
885 Alexander, Lagerschein, S. 49 f.
886 Puttfarken, Seehandelsrecht, S. 38.
887 Münster, Warenpapiere, S. 19.

eventuell andere (kollidierende) Rechte an der Ware bestehen.[888] Dies erschwert die gewollte Umlauffähigkeit der Traditionspapiere.

4. Numerus clausus der Traditionspapiere

Die Annahme der wertpapierrechtlich fortgebildeten streng relativen Theorie, dass das Institut der Traditionspapiere „die folgerichtige sachenrechtliche Konsequenz aus der Verbriefung des Herausgabeanspruchs"[889] ist, führt dazu, dass die §§ 424, 450, 650 HGB a.F. keine Sondervorschriften mehr darstellen. Dementsprechend wäre die Traditionswirkung immer dann zu bejahen, wenn ein Herausgabeanspruch in einem Umlaufpapier verbrieft ist, so dass der bewusst durch den Gesetzgeber aufgestellte numerus clausus der Traditionspapiere für das Konnossement, den Ladeschein und den Orderlagerschein auf andere Wertpapiere erweitert würde. Gegen eine Ausweitung des numerus clausus der Traditionspapiere sprechen der Wortlaut und die Systematik der §§ 448, 475 g, 524 HGB.[890]

VIII. Zusammenfassende Würdigung

Nach der wertpapierrechtlich fortgebildeten streng relativen Theorie hat der Erwerb des verbrieften Herausgabeanspruchs dieselben Wirkungen wie die Erlangung des Besitzes an den Gütern,[891] da die Besonderheit der Traditionspapiere gegenüber anderen Erwerbsgestaltungen in der Verbriefung des Herausgabeanspruchs besteht. Demzufolge wird mit dem Schicksal des Herausgabeanspruchs auch die Traditionswirkung verknüpft. Diese entfällt zwar bei Besitzverlust des Schuldners, nicht aber bei der Umwandlung von Fremdbesitz in Eigenbesitz, denn der realisierbare Herausgabeanspruch bleibt in diesem Fall bestehen.[892] Dieser wertpapierrechtliche Ansatz, der auf den im Konnossement verbrieften Herausgabeanspruch abstellt, ist der richtige Weg die Übereignung mittels Traditionspapiers dogmatisch einzuordnen. *Canaris* stellt jedoch weiterhin auf § 931 BGB als Rechtsgrundlage ab und muss daher einige Modifikationen

888 Heymann, FG Dahn, S. 172; Mannschatz, Konnossement, S. 41.

889 Hueck/Canaris, Wertpapiere, S. 206.

890 Langenbucher in: MüKo, HGB, § 363 Rn 82; a.A.: Hueck/Canaris, Wertpapiere, S. 206, der die Traditionswirkung auch auf den Inhaberlagerschein, den Lieferschein und das Durchkonnossement anwenden würde.

891 Canaris in: GK-HGB, § 363 Rn 110.

892 Canaris in: GK-HGB, § 363 Rn 110; Koller in: GK-HGB, § 424 Rn 11.

vornehmen. So lässt er die Traditionswirkung trotz Eigenbesitzes des Schiffers bestehen und verzichtet auf eine Verpfändungsanzeige. Dem ist zwar im Ergebnis zuzustimmen, doch werden hier die Konsequenzen, die § 931 BGB in der Regel mit sich bringt, ergebnisorientiert modifiziert.

Zudem ist die von *Canaris* vertretene Auffassung bezüglich der Verpfändung inkonsequent. Er wendet § 1205 Abs. 1 BGB mit der Begründung an, dass die Übertragung des Papiers der Übergabe der Güter gleichsteht. Bei dieser Argumentation ist es allerdings fragwürdig, warum er nicht auch § 929 BGB als Übereignungstatbestand wählt, sondern mit § 931 BGB ein Übergabesurrogat. Daher sollte eine Rechtsgrundlage gefunden werden, die die gewollten Konsequenzen auch ohne Ausnahmen mit sich bringt. Demzufolge ist der Ansatz der wertpapierrechtlich fortgebildeten streng relativen Theorie abzulehnen.

S. Theorie des wertpapierrechtlichen, aber sachenrechtsbezogenen Rechtsschutzes[893]

I. Inhalt der Theorie

Nach der Theorie des wertpapierrechtlichen, aber sachenrechtsbezogenen Rechtsschutzes überträgt die Verfügung über ein Traditionspapier den verbrieften schuldrechtlichen Herausgabeanspruch gegen den Lagerhalter, Frachtführer oder Verfrachter. Die Papierübergabe ersetzt nur die Übergabe des Gutes.[894] Voraussetzung für die Traditionswirkung ist, dass der Herausgabeschuldner den Besitz an den Waren hat, da ansonsten kein Herausgabeanspruch mehr besteht, der gegen den Herausgabeschuldner erworben werden könnte.[895]

II. Konstruktion des Rechtserwerbs

Für *Zöllner* ist es unerheblich, ob sich der Normalfall der Übereignung nach § 929 BGB unter Ersetzung der Übergabe des Gutes durch die Übergabe des Papiers (wertpapiermäßiger Weg) vollzieht oder ob die Übergabe des Gutes nach § 931 BGB durch Abtretung des Herausgabeanspruchs unter Übergabe des Papiers (rein sachenrechtlicher Weg) erfolgt.[896] *Zöllner* kommt es auf den verbrieften Herausgabeanspruch und auf Aspekte des Verkehrsschutzes an, nicht auf die präzise dogmatische Einordnung in einen Erwerbstatbestand. Eine dingliche Einigung über den Rechtsübergang bezüglich des Gutes selbst muss zur Übereignung nach den §§ 929 ff. BGB hinzukommen.[897]

III. Die Begründung der Theorie

Zöllner möchte sich weder der relativen Theorie noch der Repräsentationstheorie anschließen. Nach seiner Ansicht können der Übertragung von Traditionspapieren zwar sachenrechtliche Wirkungen zukommen, die bei Anwendung

---

893 Zöllner, Wertpapierrecht, § 25 IV 4.
894 Zöllner, Wertpapierrecht, § 25 IV 1.
895 Zöllner, Wertpapierrecht, § 25 IV 3.d.
896 Zöllner, Wertpapierrecht, § 25 IV 3.a.
897 Zöllner, Wertpapierrecht, § 25 IV 1.

rein sachenrechtlicher Verfügungsformen nicht einträten. Rechtsfolgen, die sich durch die Anwendung von § 931 BGB nicht erzielen lassen, ließen sich auch ohne die Bemühung einer Übergabewirkung mit wertpapierrechtlichen Grundgedanken erklären. Insbesondere gehe es darum, dass der Herausgabeanspruch in einem Wertpapier verbrieft ist, welches Verkehrsschutz genießt.[898] Daher entscheidet sich *Zöllner* auch nicht für eine der Übereignungsformen des BGB, sondern lässt dies offen.

IV. Konsequenzen der Theorie des wertpapierrechtlichen, aber sachenrechtsbezogenen Rechtsschutzes

1. Eigentumserwerb vom Berechtigten

Für den Erwerb des Eigentums vom Berechtigten ist es unerheblich, ob sich die Übereignung nach § 929 BGB oder § 931 BGB vollzieht. In beiden Fällen ist die Einigung über den Eigentumsübergang und die Übergabe des Traditionspapiers notwendig.[899] Daher entscheidet sich *Zöllner* auch nicht für einen der Übereignungstatbestände des BGB.

Nach der Theorie des wertpapierrechtlichen, aber sachenrechtsbezogenen Rechtsschutzes ist der Erwerb mittels Traditionspapiers vom Besitzmittlungswillen des unmittelbaren Besitzers unabhängig.[900] Denn der verbriefte Herausgabeanspruch wird ohne Rücksicht auf den Besitzmittlungswillen des unmittelbaren Besitzers nach § 365 HGB i.V.m. Art. 16 Abs. 2 WG erworben. Somit kann Eigentum mittels Traditionspapier auch gutgläubig erworben werden, wenn der unmittelbare Besitzer den Eigenbesitz an den zu transportierenden Gütern begründet hat. Dies gilt jedoch nur, sofern die Veräußerung durch ein Traditionspapier erfolgt.[901]

2. Eigentumserwerb vom Nichtberechtigten/belastende Rechte Dritter

Anknüpfend an den Eigentumserwerb vom Berechtigten kann der gutgläubige Erwerb vom Nichtberechtigten entweder nach §§ 929, 932 BGB

898 Zöllner, Wertpapierrecht, § 25 IV 4.
899 Zöllner, Wertpapierrecht, § 25 IV 3.a.
900 Brox/Henssler, Handelsrecht, Rn 640; Zöllner, Wertpapierrecht, § 25 IV 3.f.
901 Zöllner, Wertpapierrecht, § 25 IV 3.f.

(wertpapiermäßiger Weg) oder nach §§ 929, 931, 934 BGB (rein sachenrechtlicher Weg) stattfinden.[902]

Einem gutgläubigen lastenfreien Erwerb könnte § 936 Abs. 3 BGB entgegenstehen. Danach erlischt ein beschränkt dingliches Recht nicht, wenn die Veräußerung durch Abtretung des Herausgabeanspruchs nach § 931 BGB erfolgt und der Inhaber des dinglichen Rechts die Sache besitzt. Ist dem herausgabepflichtigen Verfrachter, Lagerhalter oder Frachtführer ein vertragliches Pfandrecht nach § 1205 Abs. 1 S. 2 BGB eingeräumt worden, so würde bei einer Veräußerung der Güter allein nach den sachenrechtlichen Normen ein gutgläubig lastenfreier Erwerb mangels Anwendbarkeit des § 936 Abs. 3 BGB ausscheiden.[903] § 936 Abs. 3 BGB wird nur relevant hinsichtlich der gesetzlichen Pfandrechte, die dem Verfrachter, Lagerhalter oder Frachtführer selbst zustehen. Denn der Erwerber muss mit einem solchen gesetzlichen Pfandrecht grundsätzlich rechnen, auch wenn dieses nicht auf dem Papier vermerkt ist. Welche Höhe die durch das Pfandrecht gesicherten Ansprüche jeweils haben, ist ungewiss, daher muss auch mit hohen Forderungen gerechnet werden.[904]

3. Einzelfragen des vertraglichen Pfandrechts an der Ware

Dem wertpapiermäßigen Weg entsprechend kann eine Verpfändung der im Traditionspapier verbrieften Waren durch die Übergabe des Papiers erfolgen (§ 1205 Abs. 1 BGB). Nach dem sachenrechtlichen Weg müsste zur Abtretung des Herausgabeanspruchs gemäß § 1205 Abs. 2 BGB die Anzeige der Verpfändung an den unmittelbaren Besitzer der Waren hinzukommen.

Das Anzeigeerfordernis kann für die Verpfändung entfallen, wenn zur Übertragung des Herausgabeanspruchs zusätzliche, die Publizität wahrende Erfordernisse hinzutreten, wie die Indossierung und Übergabe des den Herausgabeanspruch wertpapiermäßig verbriefenden Traditionspapiers. Dieser Publizitätsakt wird durch die Übergabe des Konnossements gewahrt.[905]

Auf die Verpfändung durch einen Nichtberechtigten finden gemäß § 1207 BGB die für den Erwerb des Eigentums geltenden Vorschriften der §§ 932, 934, 935 BGB entsprechende Anwendung. Da *Zöllner*, wie oben dargelegt, weder §§ 929, 932 BGB noch §§ 929, 931, 934 BGB anwendet, können beide Normen für die Verpfändung durch einen Nichtberechtigten in Betracht kommen.

---

902 Zöllner, Wertpapierrecht, § 25 IV 3.c.
903 Zöllner, Wertpapierrecht, § 25 IV 3.g.
904 Zöllner, Wertpapierrecht, § 25 IV 3.g.
905 Zöllner, Wertpapierrecht, § 25 IV 3.b.

4. Verpfändung des Anspruchs aus dem Traditionspapier

Die Bestellung eines Pfandrechts an einem Traditionspapier ist grundsätzlich nicht von der Anwendung einer Theorie abhängig und im Rahmen der Behandlung der absoluten Theorie bereits erörtert.[906]

5. Wirkung der Papierübergabe nach dem Untergang der Güter

Die Traditionswirkung besteht nur so lange, wie der unmittelbare Besitzer (Herausgabeschuldner) den Besitz an den Gütern hat. Sind die Güter untergegangen, so besteht kein Herausgabeanspruch gegen den Schuldner mehr, der erworben werden könnte.[907]

6. Der Rechtserwerb an der Ware durch ein gestohlenes Traditionspapier

Der gutgläubige Erwerber eines gestohlenen Ordertraditionspapiers erlangt die Forderung grundsätzlich durch Übereignung des indossierten Papiers nach § 932 BGB. Nach § 365 Abs. 1 i.V.m. Art. 16 Abs. 2 WG kann ein gestohlenes Orderpapier gutgläubig erworben werden. Bei Traditionspapieren, die als Rektapapiere ausgestaltet sind, wird die verbriefte Forderung durch Abtretung nach § 398 BGB übertragen. Daher scheidet ein gutgläubiger Erwerb vom Nichtberechtigten grundsätzlich aus.[908] Der gutgläubige Erwerber eines Inhabertraditionspapiers erlangt die Forderung durch Übereignung der Urkunde nach § 932 BGB. Das Recht aus dem Papier folgt dann dem Recht am Papier.[909] Nach § 935 Abs. 2 BGB können auch abhanden gekommene Inhaberpapiere gutgläubig erworben werden. Somit erlangt auch hier der Konnossementsinhaber mit dem gutgläubigen Erwerb des Papiers das Eigentum an der Ware, wenn diese sich noch im unmittelbaren Besitz des Schuldners befindet.[910]

Allerdings kann der nicht berechtigte Inhaber – wie etwa der Dieb oder Finder eines Traditionspapiers – die Waren mit sofortiger Wirkung übereignen, während den sofortigen Eigentumsübergang nach § 931 BGB immer nur der wahre Inhaber des Herausgabeanspruchs bewirken kann. Ansonsten geht das

906 Vgl. dazu N. IV. 7.
907 Zöllner, Wertpapierrecht, § 25 IV 3.d).
908 Brox/Henssler, Handelsrecht, Rn 532.
909 Brox/Henssler, Handelsrecht, Rn 523.
910 Zöllner, Wertpapierrecht, § 25 IV 3.e.

Eigentum auf den gutgläubigen Erwerber nach § 934 Alt. 2 BGB erst mit Erlangung des unmittelbaren Besitzes durch den Erwerber über.[911]

7. Wirkung der Papierübergabe bezüglich abhanden gekommener Güter

Ein gutgläubiger Erwerb des abhanden gekommenen Gutes mittels eines nicht abhanden gekommenen Traditionspapiers scheitert an § 935 Abs. 1 BGB, da auch bei körperlicher Übergabe der Waren ein gutgläubiger Erwerb nicht hätte eintreten können.[912]

8. Ende der dinglichen Wirkung

Die Traditionswirkung tritt nur ein, solange der unmittelbare Besitzer den Besitz an den Gütern hat. Sind die Güter abhanden gekommen, so besteht gegen den Schuldner kein Herausgabeanspruch mehr, der erworben werden könnte.[913]

V. Argumente für die Theorie Zöllners

Zöllner entscheidet sich gerade nicht für eine Art der Eigentumsübertragung, sondern sieht es als völlig unerheblich an, ob sich die Übereignung nach § 929 BGB unter Ersetzung der Übergabe des Gutes durch die Übergabe des Papiers (wertpapiermäßiger Weg) vollzieht oder ob die Übergabe des Gutes nach § 931 BGB (Abtretung des Herausgabeanspruchs) durch Übergabe des Papiers (rein sachenrechtlicher Weg) erfolgt. Das Eigentum geht in beiden Fällen über und zwar zum gleichen Zeitpunkt.[914]

Zöllner ist der Ansicht, dass die Übergabe des Papiers nicht die Übergabe des Gutes ersetzt, sondern die durch §§ 448, 475 g, 524 HGB vorgesehenen Rechtsfolgen sich auch ohne Bemühung einer Übergabewirkung durch wertpapierrechtliche Grundgedanken erklären lassen. Insbesondere gehe es darum, dass der Herausgabeanspruch in einem Wertpapier verbrieft ist, welches Verkehrsschutz genießt. Denn die Besonderheit der Traditionswirkung liege nun einmal in dem Vorhandensein eines Traditionspapiers, das einen Herausgabeanspruch verbrieft und einen Publizitätsträger darstellt. Daher könne der Herausgabeanspruch entgegen allgemeiner Regeln auch von einem Veräußerer erworben

911 Zöllner, Wertpapierrecht, § 25 IV 3.c.

912 Brox/Henssler, Handelsrecht, Rn 641; Zöllner, Wertpapierrecht, § 25 IV 3.e.

913 Zöllner, Wertpapierrecht, § 25 IV 3.d.

914 Zöllner, Wertpapierrecht, § 25 IV 3.a.

werden, dem er nicht zusteht. Somit werden die Möglichkeiten des Erwerbs vom Nichtberechtigten erweitert.[915] Dass *Zöllner* den unmittelbaren Besitz des Herausgabeschuldners für den Eintritt der Traditionswirkung fordert, ist konsequent bei Betrachtung des Wortlauts der §§ 448, 475 g, 524 HGB. Gerade die Änderung des Wortlauts durch das Seerechtsänderungsgesetz vom 20.04.2014 bestätigt, dass ein Besitzverhältnis zwischen den Waren und dem Schiffer bestehen muss, um die Traditionswirkung auszulösen.

VI. Einwände gegen die Theorie Zöllners

Die Auffassung *Zöllners* ordnet der Eigentumsübertragung mittels Traditionspapiers keinen Übereignungstatbestand des Bürgerlichen Gesetzbuchs zu. Somit bleiben die Voraussetzungen zum Erwerb eines Rechts durch die Traditionswirkung für Theorie und Praxis unklar.

VII. Zusammenfassende Würdigung

Nach der Theorie des wertpapierrechtlichen, aber sachenrechtsbezogenen Rechtsschutzes wird die Verfügung mittels Traditionspapiers als die Übertragung des verbrieften Herausgabeanspruchs gegen den Verfrachter angesehen.[916] *Zöllner* entscheidet jedoch nicht, ob sich eine Übereignung mittels Traditionspapiers nach § 929 BGB oder nach § 931 BGB vollzieht.[917] Eine Einordnung in die sachenrechtlichen Übereignungsvorschriften ist aber Voraussetzung, um die Traditionspapiere dogmatisch eingliedern und ihre Rechtsfolgen exakt bestimmen zu können. Daher ist der Theorie *Zöllners* des wertpapierrechtlichen, aber sachenrechtsbezogenen Rechtsschutzes, nicht zu folgen.

---

915 Zöllner, Wertpapierrecht, § 25 IV 4.
916 Zöllner, Wertpapierrecht, § 25 IV 1.
917 Zöllner, Wertpapierrecht, § 25 IV 3.a.

T. Wertpapierrechtliche Theorie[918]

I. Inhalt der wertpapierrechtlichen Theorie

Nach der wertpapierrechtlichen Theorie, welche die Repräsentationstheorie fortentwickelt, handelt es sich bei der Übergabe des Traditionspapiers nicht um die Übergabe des Gutes, sondern nach seiner wertpapierrechtlichen Funktion, um ein Übergabesurrogat eigener Art.[919]

II. Konstruktion des Rechtserwerbs

Bei der Übergabe von Traditionspapieren anstelle der Sachübergabe handelt es sich um ein Übergabesurrogat eigener Art, das vom Gesetz unvollständig geregelt ist und auf das Traditionsprinzip des BGB abgestimmt werden muss.[920]

III. Die Begründung der wertpapierrechtlichen Theorie

Aufgrund des Wortlauts der §§ 448, 475 g, 524 HGB dass die Begebung des Papiers „dieselben Wirkungen wie die Übergabe des Gutes hat", könne nicht auf die Übereignungsform des § 929 BGB geschlossen werden, denn diese Formulierung wurde dem Art. 649 ADHGB aus dem Jahre 1861 übernommen. Daher könne sie nicht darüber entscheiden, wie die Traditionswirkung dogmatisch in das BGB einzuordnen ist.[921] Die Traditionswirkung könne auch nicht allein als eine Abtretung des Herausgabeanspruchs nach § 931 BGB angesehen werden, da die handelsrechtlichen Vorschriften in diesem Fall überflüssig wären und durch das Vorhandendensein des Traditionspapiers gerade die Verfügungen über die transportierten Güter erleichtert werden solle.[922] Daher entscheidet sich *Karsten Schmidt* für ein Übergabesurrogat sui generis, um den Besonderheiten der Traditionspapiere gerecht zu werden.

918 Schmidt, Handelsrecht, § 24 III 2 c.
919 Schmidt, Handelsrecht, § 24 III 2 c.
920 Schmidt, Handelsrecht, § 24 III 2 c.
921 Schmidt, Handelsrecht, § 24 III 2 a.
922 Schmidt, Handelsrecht, § 24 III 2 c.

IV. Konsequenzen des Theorieansatzes

1. Eigentumserwerb vom Berechtigten/Nichtberechtigten

Die wertpapierrechtliche Theorie löst die Konsequenzen des Theorieansatzes im Wesentlichen so wie die Repräsentationstheorie.[923] Der Eigentumserwerb erfolgt nach *Karsten Schmidt* durch Einigung über den Eigentumsübergang und Übergabe des Traditionspapiers, welche hier ein Übergabesurrogat eigener Art darstellt.[924] Die Übereignung mittels Traditionspapiers setzt nach der Repräsentationstheorie weiterhin voraus, dass der Verfrachter unmittelbarer Besitzer der Ware ist, denn nur solange kann durch die Papierbegebung der mittelbare Besitz übertragen werden.[925] Hat der Verfrachter den unmittelbaren Besitz des Gutes verloren, so kann der Papierbesitzer das Konnossement nicht mehr mit dinglicher Wirkung übertragen.[926] Der Eigentumserwerb mittels Traditionspapier ist vom Besitzmittlungswillen des unmittelbaren Besitzers (Verfrachter, Lagerhalter) unabhängig, da auch ein Herausgabeanspruch unabhängig davon, ob Eigen- oder Fremdbesitz vorliegt, erworben wird.[927]

Karsten Schmidt wendet für den Eigentumserwerb vom Nichtberechtigten die §§ 932 ff. BGB an. Somit erwirbt der gutgläubige Inhaber des Traditionspapiers mit der Übergabe des Konnossements das Eigentum an den Gütern.[928]

2. Bestellung eines vertraglichen Pfandrechts an der Ware durch den Berechtigten mittels eines Traditionspapiers

Karsten Schmidt wendet bezüglich der Verpfändung der Ware § 1205 Abs. 2 BGB an, und zwar mit der Besonderheit, dass er eine Verpfändungsanzeige an den unmittelbaren Besitzer des Gutes nach § 1205 Abs. 2 BGB für nicht erforderlich hält, da die Begebung des Traditionspapiers den in § 1205 Abs. 2 BGB vorgeschriebenen Publizitätsakt ersetze.[929]

---

923 Schmidt, Handelsrecht, § 24 III 2 c.
924 Schmidt, Handelsrecht, § 24 III 2 c.
925 Münch, Lagerschein, S. 63 f.
926 Abraham, Lagerschein, S. 108.
927 Herber in: MüKo, HGB, § 524 Rn 7; Schmidt, Handelsrecht, § 24 III 2 c.
928 Schmidt, Handelsrecht, § 24 III 2 c.
929 Schmidt, Handelsrecht, § 24 III 2 c.

3. Bestellung eines vertraglichen Pfandrechts an der Ware durch einen Nichtberechtigten mittels eines Traditionspapiers

Auf die Verpfändung durch einen Nichtberechtigten finden gemäß § 1207 BGB die für den Erwerb des Eigentums geltenden Vorschriften der §§ 932, 934, 935 BGB entsprechende Anwendung. Da *Karsten Schmidt* für den Eigentumserwerb vom Nichtberechtigten die Vorschriften der §§ 932 ff. BGB anwendet,[930] ist davon auszugehen, dass diese auch bei der Verpfändung durch einen Nichtberechtigten angewandt werden.

4. Bestellung eines gesetzlichen Pfandrechts an der Ware mittels eines Traditionspapiers

Gemäß § 1257 BGB finden die Vorschriften über das durch Rechtsgeschäft bestellte Pfandrecht auf ein kraft Gesetzes entstandenes Pfandrecht entsprechende Anwendung. Es können daher auch die gesetzlichen Pfandrechte des Verfrachters (§ 495 HGB), des Lagerhalters (§ 475 b HGB) und des Frachtführers (§ 440 HGB) genauso wie das Vertragspfandrecht durch die Übergabe des Konnossements nach § 1205 Abs. 2 BGB erworben werden. Auch hier wäre nach *Karsten Schmidt* konsequenterweise keine Verpfändungsanzeige nötig, da die Publizität des Traditionspapiers ausreicht.

5. Verpfändung des Anspruchs aus dem Traditionspapier

Die Bestellung eines Pfandrechts an einem Traditionspapier ist grundsätzlich nicht von der Anwendung einer Theorie abhängig und im Rahmen der Behandlung der absoluten Theorie bereits erörtert.[931]

6. Wirkung der Papierübergabe nach dem Untergang der Güter

Die Übergabe eines Traditionspapiers, welches, wie im Falle des Untergangs der Güter, keinen Herausgabeanspruch mehr verbrieft, hat keine Traditionswirkung. Somit ist ein Rechtserwerb mittels Traditionspapiers nach dem Untergang der Güter auch nach *Karsten Schmidt* nicht mehr möglich.[932]

---

930 Schmidt, Handelsrecht, § 24 III 2 c.

931 Vgl. dazu N. IV. 7.

932 Schmidt, Handelsrecht, § 24 III 2 c.

7. Wirkung der Papierübergabe bezüglich abhanden gekommener Güter

Der gutgläubige Erwerb eines abhanden gekommenen Gutes mittels eines nicht abhanden gekommenen Traditionspapiers scheitert an § 935 BGB. Nach § 524 HGB hat die Übergabe des Traditionspapiers für den Rechtserwerb dieselben Wirkungen wie die Übergabe des Gutes. Demzufolge bleibt das Gut Gegenstand der Verfügung und nicht das Traditionspapier und dessen verbriefter Herausgabeanspruch.[933] Daher kann nach *Karsten Schmidt* zugunsten des Schutzes des wahren Eigentümers einer gestohlenen Sache an abhanden gekommenen Gütern mittels Traditionspapiers kein Eigentum erworben werden.[934]

8. Ende der dinglichen Wirkung

Ein Traditionspapier, welches keinen Herausgabeanspruch mehr verbrieft, der Schuldner den Besitz an den Gütern also verloren hat, entfaltet auch nach *Karsten Schmidt* keine dingliche Wirkung mehr.[935]

V. Argumente für die wertpapierrechtliche Theorie

Karsten Schmidt wendet dogmatisch keinen bestehenden Übereignungstatbestand des BGB an, lässt die Einordnung aber auch nicht – wie *Zöllner* – offen, sondern wählt richtigerweise als Übereignungstatbestand ein Übergabesurrogat eigener Art. Damit trägt er zum einen der Besonderheit der Traditionspapiere als Wertpapiere und Publizitätsträger Rechnung, indem er nicht § 931 BGB anwendet und die handelsrechtlichen Vorschriften nicht überflüssig macht. Zum anderen zwängt er den hier in Rede stehenden Übereignungstatbestand nicht in den Tatbestand des § 929 BGB, um die Rechtsfolgen zu erhalten, die die Umlauffähigkeit des Traditionspapiers steigern. Denn die Übergabe des Papiers ist eben keine Übergabe der Ware selbst, sondern bewirkt wie es der Wortlaut auch schon belegt, lediglich die Gleichstellung der Rechtsfolgen.

Auch ist eine Übertragung von Rechten durch ein Traditionspapier nach dieser Theorie immer noch möglich, wenn der unmittelbare Besitzer der Güter den Besitz nicht mehr mitteln will, sondern sich zum Eigenbesitzer „aufgeschwungen" hat. Denn auch in diesem Fall kann der im Konnossement verbriefte

933 Schmidt, Handelsrecht, § 24 III 2 c.
934 Schmidt, Handelsrecht, § 24 III 2 c.
935 Schmidt, Handelsrecht, § 24 III 2 c.

Herausgabeanspruch noch erworben werden und es entsteht für den Konnossementsinhaber keine Abhängigkeit vom Fremdbesitzerwillen des unmittelbaren Besitzers der Güter. Die Entscheidung, bei Eigenbesitz des Schiffers die Traditionswirkung bestehen zu lassen, ist nur konsequent, da sonst die Bedeutung des notwendigen Besitzes auf Seiten des Schiffers nicht klar wird und eine tatsächliche Herausgabe an den Konnossementsinhaber immer noch möglich ist.

Zudem wendet *Karsten Schmidt* richtigerweise § 1205 Abs. 2 BGB an, da der Eigentümer keinen unmittelbaren Besitz an den Waren hat. Bezüglich der dann vorgeschriebenen Verpfändungsanzeige kommt wieder die Besonderheit der Traditionspapiere als Übergabesurrogat zum Tragen. Denn sie sind die Publizitätsträger, die das deutsche Sachenrecht als Notwendigkeit für eine Änderung des Rechts an einer Sache ansieht.

VI. Einwände gegen die wertpapierrechtliche Theorie

Mit der Schaffung eines Übergabesurrogates eigener Art müssten auch die konkreten Tatbestandsvoraussetzungen und Rechtsfolgen benannt werden, um für Theorie und Praxis in Bezug auf die Anwendbarkeit die notwendige Transparenz zu schaffen. Da diese Übertragung vom Gesetzgeber unvollständig geregelt ist, besteht insoweit Handlungsbedarf, um die Lücken zu schließen und eine einheitliche Regelung zu schaffen.

VII. Zusammenfassende Würdigung

Bei der Übergabe von Traditionspapieren anstelle der Sachübergabe handelt es sich nach der wertpapierrechtlichen Theorie um ein Übergabesurrogat eigener Art, das vom Gesetz unvollständig geregelt ist.[936] Diese wertpapierrechtliche Betrachtung der Übereignung mittels eines Traditionspapiers geht in die richtige Richtung. Während das Traditionsprinzip des BGB an den Sachbesitz anknüpft, verkörpert ein Traditionspapier gerade keine besitzrechtliche Beziehung zur Sache, sondern einen schuldrechtlichen Rechtsanspruch auf Herausgabe der Ware. Dieses Recht auf Herausgabe kann ohne Vorlage des Papiers nicht geltend gemacht werden, § 364 Abs. 3 HGB. Diese besondere Verknüpfung von Papierbesitz und Sachbesitz rechtfertigt es, die Übertragung des Traditionspapiers für die Publizität der Rechtsübertragung genügen zu lassen. Das Papier übernimmt

936 Schmidt, Handelsrecht, § 24 III 2 c.

damit die Funktion des Besitzes bei der Verlautbarung der Änderung eines Rechts an der Sache.[937]

Aufgrund dieses wertpapierrechtlichen Ansatzes ist es nicht möglich und auch nicht notwendig, eine bestimmte Art des rechtsgeschäftlichen Erwerbs nach BGB heranzuziehen. Weder § 929 BGB in direkter Anwendung, da die Sache selbst nicht übergeben wird, noch § 931 BGB, weil in diesem Fall keine Rücksicht auf die Spezialität des Traditionspapiers genommen wird und daher der Besitz an der Ware als Publizitätsträger im Vordergrund steht.

Bei der dogmatischen Einordnung der Rechtsübertragung mittels eines Traditionspapiers ist die Übergabe des Traditionspapiers als ein Übergabesurrogat eigener Art zu betrachten. Dies entspricht dem Sinn und Zweck des § 524 HGB, wonach die Übergabe des Konnossements dieselben Wirkungen hat wie die Übergabe der Güter selbst. Dadurch kommt zum Ausdruck, dass der Publizitätsträger „Besitz" durch den Publizitätsträger „Traditionspapier" ersetzt wird und die Rechtsfolgen, die normalerweise durch die Übergabe der Ware eintreten, nun durch die Übergabe des Konnossements eintreten. § 929 BGB regelt das für alle Formen der rechtsgeschäftlichen Übereignung geltende Erfordernis der Einigung, zu der grundsätzlich die Übergabe der Sache oder ein Übergabesurrogat hinzutreten muss.[938] Somit kann hinsichtlich der Voraussetzungen für eine Übereignung mittels Traditionspapiers auf § 929 BGB zurückgegriffen werden. Demzufolge müssen die dingliche Einigung über den Eigentumsübergang, die Übergabe des Traditionspapiers und die Berechtigung des Veräußerers vorliegen.

Für den Eigentumserwerb vom Nichtberechtigten kann § 932 BGB angewandt werden, wonach die Gutgläubigkeit des Erwerbers vorausgesetzt wird. Trotz der noch bestehenden Lücken gelingt es *Karsten Schmidt* mit der wertpapierrechtlichen Theorie am besten, die Wirkung der Traditionspapiere dogmatisch einzuordnen und die Konsequenzen mit Blick auf die Wertpapiereigenschaft darzulegen. Deshalb ist hinsichtlich der dogmatischen Einordnung der Traditionswirkung der wertpapierrechtlichen Theorie zu folgen, die die Traditionswirkung als ein Übergabensurrogat eigener Art auffasst.

---

937 Müller-Christmann/Schnauder, Wertpapierrecht, Rn 273.

938 Herrler in: Palandt, BGB, § 929 Rn 1.

U. Anhang und Ausblick – Digitalisierung des Traditionspapiers

I. Auslieferung der Güter ohne Konnossement durch Empfängerrevers (Letter of Indemnity)

Treffen die transportierten Güter im Bestimmungshafen ein, bevor der Empfänger das Konnossement erhalten hat, z.B. wegen einer verzögerten Akkreditivbearbeitung, so hat dieser grundsätzlich noch keinen Anspruch auf die Auslieferung der Güter. Da dies eine existenzbedrohende Situation für den Empfänger bedeuten kann, entwickelten sich in der Praxis verschiedene Lösungsansätze, die Waren auch ohne Konnossement auszuliefern. Eine Auslieferung ohne Konnossement birgt allerdings ein großes Haftungsrisiko für den Verfrachter, da dieser gemäß § 521 Abs. 4 S. 1 HGB für den Schaden haftet, der dem aus dem Konnossement Berechtigten daraus entsteht, dass der Verfrachter das Gut an einen anderen als dem legitimierten Besitzer des Konnossements ausliefert. § 521 Abs. 4 S. 2 HGB stellt klar, dass die Haftung auf den Betrag begrenzt ist, der bei Verlust des Gutes zu zahlen wäre. Um sich gegen dieses Haftungsrisiko vertraglich abzusichern, werden die Güter gegen ein sog. Empfängerrevers ausgehändigt.[939] Dabei verpflichtet sich der Empfänger bzw. sein Kreditinstitut in einem Garantieschreiben (Letter of Indemnity), den Kapitän und den Verfrachter hinsichtlich aller Folgen der Auslieferung ohne Konnossement schadlos zu halten.[940]

II. Seefrachtbrief als alternatives Transportdokument

Die Ausstellung von Konnossementen beruht auf verschiedenen Gründen. Bei den kurzen Beförderungen insbesondere in der Roll-on-Roll-off-Schifffahrt auf den europäischen Randmeeren ist die Verwendung von Konnossementen schon heute zu umständlich und die Ausnahme. Auch im überseeischen Containerverkehr wurde das Konnossement auf manchen Strecken, etwa nach Nordamerika, schon durch den Seefrachtbrief (engl. Sea-waybill, Express B/L) verdrängt.[941]

---

939 Jessen, TranspR 2011, 405(406).

940 Gehrke, Transportdokument, S. 112; Graf von Bernstorff, RIW 2001, 504(508); vgl. Saive, TranspR 2018, 234 (236).

941 Puttfarken, Seehandelsrecht, S. 46; Basedow, IPRax 1987, 333(339); Graf von Bernstorff, RIW 2001, 504(505).

Im Gegensatz zum Konnossement hat der Seefrachtbrief nicht den Charakter eines Wertpapiers, sondern lediglich einer Beweisurkunde.[942] Er beweist den Abschluss und den Inhalt des Frachtvertrags sowie die Übernahme des Gutes. Für den Ablader ist er die Quittung des Verfrachters, dass dieser die Güter in Empfang genommen hat. Für den Verfrachter stellt er ein Anweisungspapier dar, da er die Anweisung des Abladers enthält, die Güter an den Empfänger im Bestimmungshafen auszuliefern. Der Seefrachtbrief ist kein Wertpapier, da er nicht, wie das Konnossement, für die Geltendmachung des Auslieferungsanspruchs vorgelegt werden muss. Auch hat er keine Traditionsfunktion, so dass ein Handel der schwimmenden Ware durch die Übergabe des Seefrachtbriefs nicht möglich ist. Daher sind Seefrachtbriefe in den Fällen, in denen die Übertragbarkeit des Dokuments erforderlich ist, kein gleichwertiger Ersatz für ein Konnossement.[943]

Bei einem Seefrachtbrief werden die Waren wie beim Konnossement an den berechtigten Empfänger ausgeliefert. Dieser hat seine Identität nachzuweisen, aber nicht das Transportdokument vorzulegen. Die Entstehung von Warenstaus oder zusätzlichen Kosten durch eine Einlagerung sind dadurch weitgehend ausgeschlossen.[944] Mit dem Seerechtsänderungsgesetz vom 20.04.2013 wurde der Seefrachtbrief erstmals gesetzlich in § 526 HGB normiert. Nach § 526 Abs. 1 HGB kann der Verfrachter, sofern er nicht ein Konnossement ausgestellt hat, einen Seefrachtbrief ausstellen. Die Regelung des § 526 Abs. 2 HGB geht auf den Inhalt des Seefrachtbriefs ein, wonach § 515 HGB entsprechend anzuwenden ist mit der Maßgabe, dass an die Stelle des Abladers der Befrachter tritt. Somit entsprechen die gesetzlichen Mindestangaben im Seefrachtbrief denen des Konnossements. Vor der gesetzlichen Normierung galten für den Seefrachtbrief weder präzise Formvorschriften noch sonstige Vorgaben, was dazu führte, dass Seefrachtbriefe unterschiedliche Formen haben konnten.[945]

Der Seefrachtbrief konnte sich aus verschiedenen Gründen zunehmend, auch im Überseeverkehr, gegenüber dem Konnossement durchsetzen. Es besteht kein Bedarf an einem Konnossement, wenn etwa ein Konzern Zulieferungen an die eigene Konzerntochter im Ausland vornimmt oder die Postlaufzeit des Konnossements zu lang wäre und die Schiffe ihr Ziel noch vor dem Konnossement erreichen, insbesondere im short sea trade. Der heute oft übliche Containerverkehr

---

942 Herber, Seehandelsrecht 2016, § 30 III.
943 Graf, Transportpapiere, S. 81.
944 Gehrke, Transportdokument, S. 116.
945 Graf von Bernstorff, RIW 2001, 504(505).

nutzt Seefrachtbriefe häufig anstelle eines klassischen Traditionspapiers.[946] Ungefähr seit dem Jahr 2000 hat der Einsatz elektronischer Seefrachtbriefe stetig zugenommen.[947]

III. Entwicklung des elektronischen Konnossements

Das Seerechtsänderungsgesetz vom 20.04.2013 erlaubt sowohl beim Konnossement (§ 516 Abs. 2 HGB) als auch beim Seefrachtbrief (§ 526 Abs. 4 HGB) elektronische Ausführungen. § 516 Abs. 3 HGB enthält dafür eine Ermächtigung zum Erlass einer Rechtsverordnung, um die Einzelheiten der Ausstellung, Vorlage, Rückgabe und Übertragung eines elektronischen Konnossements sowie die Einzelheiten des Verfahrens einer nachträglichen Eintragung in ein elektronisches Konnossement zu regeln.

Bei den elektronischen Konnossementen wird zwischen teilelektronischen Konnossementen und vollelektronischen Konnossementen unterschieden. Beide werden elektronisch erstellt, aber Letztere werden im Gegensatz zu teilelektronischen Konnossementen auch elektronisch gehandelt und bleiben somit unverkörpert.[948] So soll die „Reise"-Geschwindigkeit durch die elektronische Datenübermittlung wesentlich erhöht werden.[949] In der heutigen Zeit ist das „papiergestützte" Verfahren, also die körperliche Übergabe eines Traditionspapiers, häufig nicht mehr zeitgemäß. Um ein System für den Handel mit elektronischen Dokumenten zu entwickeln, gab und gibt es verschiedene internationale Versuche und Regelungen. Im Folgenden werden die nennenswertesten dargestellt.

1. SeaDocs[950] Bill of Lading

Im Jahre 1984 gründete die Association of Independant Tanker Owners (INTERTANKO) in Zusammenarbeit mit der Chase Manhattan Bank die „SeaDocs Registry Ltd." Die ausgestellten Konnossemente wurden in einem in London ansässigen zentralen Register verwahrt.[951] Die „SeaDocs Registry Ltd." indossierte die Konnossemente als Vertreter des Verkäufers und nahm sie als Vertreter

946 Graf von Bernstorff, RIW 2001, 504(505).
947 Graf, Transportpapiere, S.86.
948 Graf, Transportpapiere, S.76.
949 Graf, Transportpapiere, S.39.
950 Seaborne Trade Documentation System.
951 Eckardt, Bolero Bill of Lading, S. 218.

des Käufers entgegen. Sollten die Waren ausgeliefert werden, wandte sich der Berechtigte an das SeaDocs Register, welches den Verfrachter anwies, die Ware an den bei ihr registrierten Berechtigten auszuliefern[952] Ende 1986 wurde SeaDocs wegen fehlender Geldgeber eingestellt.[953] SeaDocs arbeitete zwar mit einem elektronischen zentralen Register, aber die Dokumente mussten in Schriftform eingereicht werden, so dass nicht von elektronischen Dokumenten gesprochen werden konnte, sondern lediglich von einem Unternehmen, das sich als Stellvertreter für die Nutzer bereitstellte und die Verwaltung der Papierdokumente übernahm.[954]

2. CMI[955]-Rules for Electronic Bills of Lading

Die internationale Seerechtsorganisation Comité Maritime International (CMI) hat 1990 einheitliche Regeln für elektronische Konnossemente verabschiedet. Nachdem die Waren bei dem Verfrachter abgeladen wurden, schickt dieser dem Ablader eine elektronische Übernahmemitteilung[956] mit folgenden Informationen: Name des Abladers, eine Beschreibung der übernommenen Güter, wie sie auch in einem Papier-Konnossement vorgeschrieben ist, Datum und Ort der Abladung, einen Hinweis auf die Transportbedingungen des Verfrachters und dem Private Key.[957] Dieser Key soll dabei die Authentizität und die Integrität der Übertragung des elektronischen Dokuments sicherstellen.[958] Der Ablader bestätigt dann dem Verfrachter die Übernahme der Güter und seine Berechtigung. Er

952 Graf, Transportpapiere, S. 81 f.

953 Gehrke, Transportdokument, S. 121.

954 Gehrke, Transportdokument, S. 121.

955 Comité Maritime International.

956 CMI-Rule 4. a.: The carrier, upon receiving the goods from the shipper, shall give notice of the receipt of the goods to the shipper by a message at the electronic address specified by the shipper.

957 CMI-Rule 4. b. : This receipt message shall include:
(i) the name of the shipper;
(ii) the description of the goods, with any representations and reservations, in the same tenor as would be required if a paper bill of lading were issued;
(iii) the date and place of the receipt of the goods;
(vi) a reference to the carrier's terms and conditions of carriage; and
(v) the Private Key to be used in subsequent Transmissions.

958 CMI-Rule 2. f.: "Private Key" - means any technically appropriate form, such as a combination of numbers and/or letters, which the parties may agree for securing the authenticity and integrity of a Transmission.

wird danach Inhaber des Private Key.[959] Als dessen Inhaber kann er die Güterauslieferung verlangen und über die Güter verfügen.[960]

Ein Handel bezüglich des elektronischen Konnossements kann stattfinden, indem der aktuell Berechtigte (Holder) sein „Right of Control and Transfer" auf einen anderen überträgt. Dazu zeigt der Berechtigte sein Vorhaben dem Verfrachter an, dieser löscht dann den alten Private Key und gibt, nachdem der neue Berechtigte zugestimmt hat, einen neuen Private Key an diesen aus.[961] Die CMI-Rules sind zwar auch heute noch gültig. Sie sind aber praktisch bedeutungslos, da das Regelwerk in der Wirtschaft fast unbekannt ist[962] und kaum vereinbart wird.[963]

3. Bolero Bill of Lading

Bekannt ist vor allem das elektronische Bolero Bill of Lading[964]. Bolero steht dabei für "Bill of Lading Electronic Registry Organisation". Die „Bolero International

959 CMI-Rule 4. b.: The shipper must confirm this receipt message to the carrier, upon which Confirmation the shipper shall be the Holder.

960 CMI-Rule 7 a : The Holder is the only party who may, as against the carrier:
(1) claim delivery of the goods;
(2) nominate the consignee or substitute a nominated consignee for any other party, including itself;
(3) transfer the Right of Control and Transfer to another party;
(4) instruct the carrier on any other subject concerning the goods, in accordance with the terms and conditions of the Contract of Carriage, as if he were the holder of a paper bill of lading.

961 CMI-Rule 7 b: A transfer of the Right of Control and Transfer shall be effected: (i) by notification of the current Holder to the carrier of its intention to transfer its Right of Control and Transfer to a proposed new Holder, and
(ii) confirmation by the carrier of such notification message, whereupon
(iii) the carrier shall transmit the information as referred to in article 4 (except for the Private Key) to the proposed new Holder, whereafter
(iv) the proposed new Holder shall advise the carrier of its acceptance of the Right of Control and Transfer, whereupon
(v) the carrier shall cancel the current Private Key and issue a new Private Key to the new Holder.

962 Graf, Transportpapiere, S. 86.

963 Rabe in: Rabe/Bahnsen, Seehandelsrecht, § 516 Rn 6.

964 Im Folgenden: BBL.

Ltd" (bolero.net[965]) und die „Bolero Association Ltd." in London haben dieses System entwickelt, wobei an die Stelle des Papier-Konnossements ein elektronischer Datensatz tritt.

a) Der technische Hintergrund

Bolero ist ein geschlossenes System, d.h., jeder der Bolero nutzen möchte, muss ein Aufnahmeverfahren durchlaufen und gegen einen jährlichen Beitrag Mitglied bei bolero.net werden. Somit ist für Außenstehende der Handel über Bolero nicht möglich, wodurch ein hoher Sicherheitsstandard gewährleistet wird.[966] Für alle Nutzer wurde ein verbindliches „Rulebook" mit internen Regeln aufgestellt,[967] welches die Beziehungen zwischen den Mitgliedern in Bezug auf die Benutzung von bolero.net festlegt.[968] Erst dieses Regelwerk ermöglicht den internationalen Handel mit elektronischen Dokumenten, da so für alle Nutzer die gleichen rechtlichen Grundlagen, auch untereinander, gelten.[969] Über die sog. Core Messaging Platform (CMP) können die Nutzer die elektronischen Handelsdokumente via Internet austauschen. Im Nachrichtenspeicher, dem sog. Title Registry, werden alle Transaktionen nach deren Erstellung und Unterzeichnung erfasst und können ab diesem Zeitpunkt inhaltlich nicht mehr verändert werden. Somit dienen diese gespeicherten elektronischen Vorgänge als Nachweis für Verfügungen der Nutzer.[970] Eine Datenfälschung über dieses System ist grundsätzlich nicht möglich, da jeder Nutzer eine digitale Signatur erhält, mit der er alle Nachrichten digital unterzeichnet. Die Signatur wird von der CMP geprüft und erst dann wird die Nachricht an den Empfänger weitergeleitet.[971] Die inhaltliche Unverfälschtheit der Nachrichten wird durch die verschlüsselte Versendung gewährleistet.[972]

---

965 Das Unternehmen wurde 1997 von SWIFT (Society for Worldwide Interbank Financial Telecommunication) und dem TT-Club (Through Transport Mutual Insurance Association Ltd.) gegründet (Graf von Bernstorff, RIW 2001, 504 (509).

966 Graf, Transportpapiere, S. 103.

967 Graf von Bernstorff, RIW 2001, 504(508 f.).

968 1.1 (46) Bolero Rulebook: The Bolero Rulebook, as amended from time to time, governing the relationship between Users and their rights and obligations arising from the Bolero System.

969 Graf, Transportpapiere, S. 103.

970 Graf, Transportpapiere, S. 104; Graf von Bernstorff, RIW 2001, 504(510).

971 Graf, Transportpapiere, S. 105; Graf von Bernstorff, RIW 2001, 504(509).

972 Graf, Transportpapiere, S. 106; Graf von Bernstorff, RIW 2001, 504(509).

b) Die Ausstellung des BBL

Der Verfrachter erstellt das elektronische Dokument an seinem PC und bestimmt unter anderem den Befrachter und den Inhaber des Konnossements. Diese Informationen werden im Title Registry gespeichert. Im sog. BBL-Text können die Reinheit des Konnossements oder etwaige Mängel benannt werden. Ebenso ist es möglich, die üblichen Vermerke, wie etwa „received on board", anzubringen. Es können auch die Allgemeinen Geschäftsbedingungen des Verfrachters aufgenommen werden, wie in einem Papier-Konnossement.[973] Das so erstellte elektronische Konnossement wird mit der elektronischen Signatur des Verfrachters erst an die CMP zur Prüfung und dann anschließend an den Empfänger versendet. Dieser überprüft die Richtigkeit des Inhalts und gibt sein Einverständnis mit einem digitalen Schlüssel.[974]

c) Der Handel mit dem BBL

Die Übertragung eines BBL ist grundsätzlich nach englischem Recht zu beurteilen.[975] Bei dem Handel über ein Papier-Konnossement ist aufgrund der Wertpapiereigenschaft das Konnossement papiermäßig zu übertragen. Diese Übergabe ist bei einem elektronischen Konnossement nicht möglich. Daher erfolgt die Übertragung auf einen neuen Konnossementsinhaber nach dem Bolero-System in drei Schritten: Der Umschreibung des Title Registry, der Übertragung des Beförderungsvertrags sowie der Übertragung des Besitzes an den Waren.

Zeigt der aktuelle Konnossementsinhaber durch eine Mitteilung an bolero.net an, wer der neue Konnossementsinhaber sein soll, so wird dieser im Title Registry als neuer Inhaber geführt.[976] Bei der Veräußerung von Waren wird der Transportvertrag aufgelöst und ein neuer Vertrag zwischen dem Verfrachter und dem neuen Konnossementsberechtigten geschlossen.[977] Diese „Übertragung" des Beförderungsvertrages wird im Rulebook als „Novation" bezeichnet.[978] Der neue Berechtigte muss diesen Vorgang über die CMP bestätigen.[979]

973 Graf, Transportpapiere, S. 110 f.; Graf von Bernstorff, RIW 2001, 504(510).

974 Graf, Transportpapiere, S. 112.

975 2.5 (2) Bolero Rulebook: Applicable Law. This Rulebook is governed by and shall be interpreted in accordance with English Law.

976 Graf, Transportpapiere, S. 113.

977 Graf, Transportpapiere, S. 114.

978 3.5. Bolero Rulebook: Novation of the Contract of Carriage.

979 Graf, Transportpapiere, S. 114.

Durch das sog. attornment[980] wird der Besitz an den Gütern übertragen. Es handelt sich in diesem Fall um eine Besitzmittlungserklärung[981] durch den Verfrachter an den Konnossementsinhaber, in der dieser bestätigt, dass er die Güter für den Berechtigten besitzt. Dieser Vorgang wird von bolero.net selbst vorgenommen und der Verfrachter darüber lediglich informiert, da alle Verfrachter bolero.net als Bevollmächtigte eingesetzt haben.[982]

Die Internationale Handelskammer (ICC) hat den Einheitlichen Richtlinien und Gebräuchen für Dokumenten-Akkreditive (ERA) im Jahr 2002 einen Anhang (sog. el.ERA) beigefügt, der die Vorlage elektronischer Dokumente allein oder in Kombination mit Papierdokumenten ermöglichen soll.[983] Das BBL müsste in den Anwendungsbereich der el.ERA fallen und somit als elektronisches Dokument für ein Dokumentenakkreditiv in Betracht kommen. Das BBL ist ein elektronisches Dokument im Sinne von Art. e3 b) i. el.ERA. Jedes Konnossement, das den Anforderungen der §§ 514 ff. entspricht, ist aufnahmefähig nach Art. 20 ERA für ein Dokumentenakkreditiv. Nach Art. 4 el.ERA muss ein solches Akkreditiv die Formate bezeichnen, in denen elektronische Dokumente vorzulegen sind. „Format" bedeutet die Datenorganisation, in der das elektronische Dokument aufbereitet ist oder auf die es sich bezieht.[984] Bolero basiert auf dem neuen XML – Extensible Markup Language – Standard, wodurch ein Datenaustausch zwischen ungleichartigen Systemen stattfinden kann.[985] Dies wird auch bezeichnet. Gemäß Art. 5 a) i. el.ERA muss ein Ort für die Vorlage der elektronischen Dokumente angegeben sein. „Ort der Vorlage" von elektronischen Dokumenten bedeutet eine elektronische Adresse.[986] Als Ort der Vorlage wird das Bolero-System, also das Title Registry, genannt.[987] Das BBL fällt somit

980 Ein Institut des englischen Rechts.

981 Lenhard, Englisches Mobiliarkreditsicherungsrecht, S. 55

982 3.4.2. Bolero Rulebook: Bolero International as Carrier´s Agent. Each Carrier hereby irrevocably appoints Bolero International as its agent for the following purposes:
(a) To acknowledge that the Carrier holds the goods to the order of any Designated Holder-to-order, Pledgee Holder, Bearer Holder or Consignee Holder or Shipper under Rule 3.4.1 paragraphs 3.4.1(2), 3.4.1(5), or 3.4.1(6) (Procedure for Transfer of Possession.), and.
(b) To reveive notice of any refusal of any such transfer of possession by such Designates Holder-to-order, Pledgee Holder, Bearer Holder, or Consignee Holder.

983 Hopt in: Baumbach/Hopt, HGB, ERA Einl Rn 1.

984 Art. 3 b) iii. el.ERA.

985 Graf von Bernstorff, RIW 2001, 504(509).

986 Art. 3 a) iii. el.ERA.

987 Graf, Transportpapiere, S. 150.

in den Anwendungsbereich der el.ERA und kann für ein elektronisches Dokumentenakkreditiv genutzt werden.[988]

d) *BBL und die Vereinbarkeit mit § 516 Abs. 2 HGB*

Wie oben bereits erörtert ist ein Traditionspapier ein Wertpapier, in dem der Anspruch auf Herausgabe einer Sache verbrieft wird und das zugleich die Sache in der Weise ersetzt, dass über sie durch Übergabe des Papiers verfügt werden kann.[989] Der unmittelbare Besitz an dem Papier und die damit eingehaltene Publizitätswirkung des Sachenrechts bilden die Grundlage der Traditionsfunktion. Durch die Aufnahme des elektronischen Konnossements in § 516 Abs. 2 HGB soll den Unternehmen aber auch die Verwendung elektronischer Traditionspapiere gestattet werden.[990] Unter einem elektronischen Konnossement ist nach § 516 Abs. 2 HGB eine elektronische Aufzeichnung zu verstehen, die dieselben Funktionen erfüllt wie das Konnossement und die gewährleistet, dass die Authentizität und die Integrität der Aufzeichnung stets gewahrt bleiben.

Zu den Funktionen, die das elektronische Konnossement ebenso wie das papiergebundene Konnossement erfüllen muss, zählen unter anderem seine Beweisfunktion, seine Traditionsfunktion und seine Legitimations- und Sperrfunktion.[991] Insbesondere müssen daher Wege gefunden werden, wie ein elektronisches Konnossement „vorgelegt" werden kann[992], wie es „übertragen" werden kann[993] und wie ein „legitimierter Besitzer" den formalen Nachweis der Legitimation erbringen kann. Da in diesem Fall Daten an andere Personen übermittelt werden müssen, verlangt § 516 Abs. 2 HGB zusätzlich, dass die Authentizität und Integrität der Daten stets gewährleistet bleiben müssen.[994]

Das elektronische Konnossement beweist den Frachtvertrag und die Menge und den Zustand der übernommenen Güter, da allgemeine Beförderungsbedingungen und Vermerke ebenso in das BBL aufgenommen werden können wie in ein Papier-Konnossement.[995] Bei sachenrechtlichen Vorgängen

988 So auch Graf, Transportpapiere, S. 150.
989 Creifelds, Rechtswörterbuch, S. 1437.
990 BT-Drucks. 17/10309, S. 93.
991 BT-Drucks. 17/10309, S. 93.
992 S. 206: Ausstellung des BBL.
993 S. 206 f.: Der Handel mit dem BBL.
994 BT-Drucks. 17/10309, S. 93.
995 Graf, Transportpapiere, S. 162.

(Eigentumsübertragung, Verpfändung etc.), die den Gegenstand des Auslieferungsversprechens betreffen, ersetzt die Übergabe des Traditionspapiers die Übergabe des Gutes,[996] d.h., die Traditionspapiere ermöglichen eine Verfügung über das Gut, ohne dass dieses selbst übergeben werden muss. Diese Traditionsfunktion kann auch durch das BBL sichergestellt werden, weil das BBL die Übergabe der verbrieften Güter bei einer Eigentumsübertragung ersetzt. Zur Eigentumsübertragung genügt die Übertragung des mittelbaren Besitzes des Verkäufers auf den Käufer.

Nach dem Rulebook erkennt der Verfrachter (Carrier) an, dass er stets für den aus der BBL Berechtigten besitzt.[997] Somit liegt ein Besitzmittlungsverhältnis zwischen dem Verfrachter und dem Berechtigten vor. Durch das sog. attornment[998] wird der Besitz an den Gütern übertragen. Es ist in diesem Fall eine Besitzmittlungserklärung[999] durch den Verfrachter an den Konnossementsinhaber, in der dieser bestätigt, dass er die Güter für den Berechtigten besitzt. Dieser Vorgang wird von bolero.net selbst vorgenommen und der Verfrachter darüber lediglich informiert, da alle Verfrachter unwiderruflich Bolero International als Bevollmächtigte eingesetzt haben.[1000] Somit erfolgt der Wechsel des unmittelbaren Besitzes über Bolero und das Eigentum an den in einem BBL verbrieften Waren wird übertragen.[1001] Die Traditionsfunktion ist also gewahrt.

Gemäß § 521 Abs. 2 S. 1 HGB ist der Verfrachter nur gegen Rückgabe des Konnossements zur Ablieferung des Gutes verpflichtet. Dementsprechend hat

---

996 Locher, Recht der Wertpapiere, S. 148.

997 3.4.1. (2) Bolero Rulebook: Effect of Designations. The Carrier shall, upon Designation of such Holder-to-order, Pledgee Holder, Bearer Holder or Consignee Holder, acknowledge that from that time on it holds the goods describes in the Bolero Bill of Lading to the order of the new Holder-to-order, Pledgee Holder, Bearer Holder or Consignee Holder, as the case may be.

998 Ein Institut des englischen Rechts.

999 Lenhard, Englisches Mobiliarkreditsicherungsrecht, S. 55

1000 3.4.2. Bolero Rulebook: Bolero International as Carrier´s Agent. Each Carrier hereby irrevocably appoints Bolero International as its agent for the following purposes:
(a) To acknowledge that the Carrier holds the goods to the order of any Designated Holder-to-order, Pledgee Holder, Bearer Holder or Consignee Holder or Shipper under Rule 3.4.1 paragraphs 3.4.1(2), 3.4.1(5), or 3.4.1(6) (Procedure for Transfer of Possession.), and.
(b) To reveive notice of any refusal of any such transfer of possession by such Designates Holder-to-order, Pledgee Holder, Bearer Holder, or Consignee Holder.

1001 Graf, Transportpapiere, S. 161.

der Konnossementsinhaber das Papier-Konnossement dem Verfrachter zu übergeben. Da diese Vorgehensweise bei einem elektronischen Konnossement nicht möglich ist, wird bei Bolero die BBL im Title Registry in den „End-Status" versetzt. Dazu muss der Konnossementsberechtigte per „Message" an die CMP die Umschreibung im Title Registry anweisen.[1002] Ist die Umstellung erfolgt, so kann mit dem BBL nicht mehr gehandelt werden, also keine Transaktionen mehr durchgeführt werden. Über diese Umstellung wird der Verfrachter informiert und kann somit erkennen, an wen er ausliefern muss. Somit wird auch bei dem BBL nur an den Konnossementsberechtigten ausgeliefert und der Verfrachter ist zur Auslieferung verpflichtet, wenn das Dokument in den End-Status versetzt worden ist. Obwohl hier keine körperliche Übergabe des Dokuments erfolgt, kann über bolero.net als „elektronischen Mittler" sichergestellt werden, dass nur an den Konnossementsberechtigten ausgeliefert wird und keine weiteren Verfügungen durchgeführt werden können.[1003]

e) *Gewährleistung der Authentizität und Integrität der Daten*

Im BBL sind die gleichen Inhaltsangaben wie bei einem Papier-Konnossement nötig, aber auch möglich. Des Weiteren ist aufgrund der digitalen Signatur des jeweiligen Bolero-Nutzers und deren Kontrolle durch die CMP die Authentizität des Dokuments gewährleistet. Da alle Änderungen des Dokuments in der Title Registry gespeichert werden und zustimmungsbedürftig sind und auch immer nur ein Konnossementsberechtigter gespeichert sein kann, ist auch die Integrität des Dokuments gewahrt. Somit erfüllt das elektronische Konnossement von Bolero die notwendigen Voraussetzungen.

f) *Ermächtigung § 516 Abs. 3 HGB*

§ 516 Abs. 3 HGB enthält eine Ermächtigung für das Bundesministerium der Justiz, durch Rechtsverordnung die Einzelheiten der Ausstellung, Vorlage, Rückgabe und Übertragung des elektronischen Konnossements sowie des Verfahrens einer nachträglichen Eintragung in das elektronische Konnossement zu regeln.

1002 Op. Rule 31. Surrending a Bolero Bill of Lading: To surrender a Bolero Bill of Lading, is Consignee Holder or current Holder-to-order shall:
(a) Complete a Message containing a Title Registry Instruction to surrender the Bolero Bill of Lading; and
(b) Sign and send a Message, including the Title Registry Instruction, to the Title Registry via the Core Messaging Platform.

1003 Graf, Transportpapiere, S. 155.

Inwieweit von der Ermächtigung Gebrauch gemacht wird, soll davon abhängen, ob sich geeignete Formen und Verfahren in der Praxis abzeichnen.[1004] Demzufolge ist die Verordnung keine Voraussetzung, um ein System für elektronische Konnossemente, wie Bolero es ist, zu realisieren. Bolero erfüllt die Voraussetzungen, die der Gesetzgeber für elektronische Konnossemente aufgestellt hat und BBL kann somit als elektronisches Konnossement im Sinne des § 516 Abs. 2 HGB angesehen werden.

4. Das Blockchain-Traditionspapier

Die Carl von Ossietzky Universität Oldenburg hat ein Projekt namens HAPTIK initiiert. Es bezieht sich auf die Handelbarkeit physikalischer Güter durch digitale Token in Konsortialnetzwerken.[1005] Das Bundesministerium für Wirtschaft und Energie (BMWi) fördert das Projekt von Januar 2019 bis Dezember 2021 mit 1,4 Millionen Euro und ist Teil des Technologieprogramms „Smarte Datenwirtschaft".[1006] Das Ziel von HAPTIK ist es, eine Plattform zu entwickeln, die das Erzeugen und den Handel der Konnossemente durch digitale Token ermöglicht. Die Token repräsentieren einen real existierenden Wert und fungieren als elektronische Konnossemente. Durch Distributed-Ledger-Technologie (Blockchain) wird gewährleistet, dass der Austausch auf der Plattform jederzeit nachverfolgbar und unveränderbar bleibt. HAPTIK soll so den Grundstein für eine internationale Standardisierung der elektronischen Transportdokumente legen.[1007]

Für den Fall eines Blockchain Konnossements würde der Verfrachter einen Token erstellen, indem er der Software den Befehl erteilt, die Informationen, die normalerweise gem. § 515 Abs. 1 HGB auf einem Traditionspapier vermerkt sind, als Daten auf einem digitalen Datenspeicher unveränderlich zu hinterlegen. Diese Informationen sind dann untrennbar mit dem Token verbunden und lassen sich ohne Zustimmung aller Transportbeteiligten nicht mehr nachträglich ändern.

Um das Eigentum an den verschifften Waren zu übertragen, genügt es eine Transaktion des Tokens an den Erwerber auf der Blockchain vorzunehmen.

1004 BT-Drucks. 17/10309, S. 93.

1005 https://uol.de/privatrecht/projekt-haptik (14.06.2020).

1006 https://www.digitale-technologien.de/DT/Redaktion/DE/Standardartikel/Smarte-Datenwirtschaft-Projekte/SDW_haptik.html (14.06.2020).

1007 https://www.digitale-technologien.de/DT/Redaktion/DE/Standardartikel/Smarte-Datenwirtschaft-Projekte/SDW_haptik.html (14.06.2020).

Nach der Validierung der Transaktion durch die Transportbeteiligten, wird diese Transaktion als neuer Block in die Blockchain aufgenommen. Dadurch entsteht eine hohe Transparenz für die Beteiligten, eine schnelle Prüfbarkeit der Berechtigung und der gesamte Dokumententransfer wird erheblich beschleunigt.[1008] Die Blockchain-Technologie kann durchaus ein geeignetes Mittel zur Digitalisierung von Traditionspapieren sein.[1009]

1008 Saive, TranspR 2018, 234 (237).
1009 Saive, TranspR 2018, 234 (238).

V. Zusammenfassung und Ergebnisse

1. Die absolute Theorie sieht den Erwerb dinglicher Rechte mittels eines Traditionspapiers größtenteils als eigenständige Erwerbsform an, die zusätzlich zu denen im BGB geregelten Tatbeständen hinzukommt. Für den Rechtserwerb tritt neben der dinglichen Einigung an die Stelle der Übergabe der Ware die Übergabe des Traditionspapiers. Die Vertreter dieser Theorie sehen die Rechtserwerbsfrage von der Besitzfrage losgelöst, d.h., die Ware muss zwar vom Verfrachter zunächst zum Transport übernommen worden sein. Erhält der Käufer der Ware aber keinen mittelbaren Besitz an den Gütern, weil der Verfrachter nicht mehr im Besitz des Gutes ist oder sich zum Eigenbesitzer aufgeschwungen hat und dementsprechend den Besitz nicht mehr mittelt, spielt dies für den Rechtserwerb keine Rolle. Er findet trotzdem statt.[1010] Dafür wurde unter anderem die Formulierung des § 650 HGB a.F. als Argument herangezogen. Dieser verlangte die Übernahme der Güter vom Kapitän oder einem anderen Vertreter des Verfrachters. Aufgrund dieses Wortlauts haben die Vertreter der absoluten Theorie zwar eine Übernahme der Güter gefordert, jedoch keinen dauerhaften Besitz des Verfrachters vorausgesetzt.[1011] Der Fall der Begründung des Eigenbesitzes durch den Schiffer wurde damit zufriedenstellend gelöst.[1012] Allerdings hat der Gesetzgeber mit dem Seerechtsänderungsgesetz vom 20.04.2013 als Voraussetzung der Traditionswirkung nach § 524 HGB das Im-Besitz-Haben des Gutes durch den Verfrachter in den Gesetzestext aufgenommen, so dass klargestellt wurde, dass der Besitz nicht losgelöst vom Rechtserwerb betrachtet werden kann und folglich der Ansatz der absoluten Theorie dem Gesetzestext widerspricht.
2. Auch die Annahme der absoluten Theorie, dass der rechtmäßige Erwerb des Traditionspapiers stets einen rechtmäßigen Erwerb des Gutes darstellt, findet ihre Grenze in dem Fall, dass die Ware durch die Übertragung des unmittelbaren Besitzes an einen Dritten veräußert wird und dieser daran gutgläubig Eigentum erwirbt, wie etwa im Fall der Unterschlagung und

1010 Vgl. dazu N. I.
1011 Vgl. dazu N. V. 1.
1012 Vgl. dazu N. IV. 1.

Veräußerung der Güter durch den Verfrachter. In diesem Ausnahmefall lehnt die absolute Theorie den gutgläubigen Erwerb mittels Traditionspapiers ab und macht zugunsten des Rechtsscheintatbestandes des Besitzes eine Ausnahme obwohl die Legitimationswirkung des Traditionspapiers gerade den Besitz als Legitimationsmittel ablösen soll.[1013]

3. Auch dem teilweise vertretenen Parallelismus zwischen Traditionspapier- und Warenerwerb, wonach die an dem Papier erworbenen Rechte immer parallel zu den Rechten sein müssten, die an der Ware erworben werden, kann nicht gefolgt werden. Ein gutgläubiger Erwerber eines Traditionspapiers würde demzufolge Eigentum an den im Papier verbrieften Waren erwerben, und zwar unabhängig davon, ob diese gestohlen sind oder nicht.[1014] Diese Schlussfolgerung ist mit dem Grundsatz des § 935 Abs. 1 BGB, dass an abhanden gekommenen Sachen kein Eigentum erworben werden kann, jedoch nicht vereinbar. Aus diesen Gründen kann der absoluten Theorie nicht gefolgt werden.
4. Die streng relative Theorie orientiert sich „streng" an den Vorschriften des Bürgerlichen Gesetzbuchs. Nach dieser Theorie enthalten die §§ 448, 475 g, 524 HGB keinen eigenständigen Verfügungstatbestand, sondern stellen lediglich eine besondere Formulierung der vom BGB vorgesehenen Erwerbsformen dar.[1015] Die Übergabe eines Konnossements ist nach der streng relativen Theorie eine Abtretung des Herausgabeanspruchs nach § 931 BGB oder ein der Vindikationszession zumindest gleichartigen Tatbestand. Demnach ersetzt die Abtretung des Herausgabeanspruchs die Übergabe der Sache und der mittelbare Besitz wird gemäß § 870 BGB auf den Erwerber übertragen.[1016] Nach dieser Theorie wird der Besonderheit der Traditionspapiere als dinglich wirkende Wertpapiere nicht Rechnung getragen. § 650 HGB a.F. würde lediglich eine Wiederholung des § 931 BGB darstellen und folglich keine Erleichterungen in der Umlauffähigkeit der Waren schaffen. Der Fall der Begründung des Eigenbesitzes durch den Schiffer kann damit nicht zufriedenstellend gelöst werden, da nach dieser Theorie ein Besitzmittlungsverhältnis Voraussetzung für die Traditionswirkung ist und dementsprechend bei Eigenbesitz

1013 Vgl. dazu N. IV. 2. a).
1014 Vgl. dazu N. IV. 10.
1015 Vgl. dazu P. I.
1016 Vgl. dazu P. II.

keine Rechtsübertragung mittels Traditionspapiers stattfinden kann.[1017] Zudem soll beim Eigentumserwerb vom Nichtberechtigten je nach Sachverhalt § 933 BGB oder § 934 BGB angewandt werden,[1018] wodurch eine Rechtsunsicherheit entstünde. Auch die nach dieser Theorie erforderliche Verpfändungsanzeige nach § 1205 Abs. 2 BGB steht dem Sinn und Zweck von Traditionspapieren, nämlich einem erleichterten Rechtsübergang im Handelsverkehr, entgegen.[1019] Aus diesen Gründen kann auch der streng relativen Theorie nicht gefolgt werden.

5. Die Repräsentationstheorie stellt den tatsächlich durch die Papierübergabe erhaltenen mittelbaren Besitz in seinen Wirkungen dem unmittelbaren Besitz gleich. Der Papierbesitzer wird so angesehen, als ob ihm das Gut selbst übergeben worden wäre. Die Übertragung mittelbaren Besitzes wird demzufolge als Übertragung unmittelbaren Besitzes der Ware fingiert. Daher erfolgt der „fiktive" unmittelbare Besitzübergang nur solange, wie der mittelbare Besitz besteht.[1020] Für diese Fiktion des unmittelbaren Sachbesitzes gibt es jedoch keinerlei Anhaltspunkte im Gesetz. Es wird weder angeordnet, dass der Erwerber eines Traditionspapiers mittelbarer Sachbesitzer wird, noch, dass für die Verschaffung des mittelbaren Sachbesitzes der unmittelbare Sachbesitz fingiert wird. Die Annahme dieser Besitzfiktion ist vom Wortlaut des § 524 HGB nicht gedeckt.
6. Den Fall der Bestellung eines vertraglichen Pfandrechts löst die Repräsentationstheorie über § 1205 Abs. 1 BGB, mithin ohne Notwendigkeit einer Verpfändungsanzeige,[1021] zufriedenstellend. Auch die Nichtanwendung des § 936 Abs. 3 BGB[1022] spricht für diese Theorie. Aufgrund der Notwendigkeit eines Besitzmittlungsverhältnisses ergibt sich jedoch ein ungewisser Zeitpunkt des Eigentumserwerbs bei einem gutgläubigen Erwerb mittels Traditionspapiers, da der Erwerber nur dann Eigentum erlangt, wenn er den Besitz der Sache vom Dritten erhält und auch zu dieser Zeit noch gutgläubig ist.[1023] Auch der Fall der Begründung des Eigenbesitzes durch den Schiffer kann nach der Repräsentationstheorie nicht zufriedenstellend gelöst werden,

1017 Vgl. dazu P. IV. 1.
1018 Vgl. dazu P. IV. 2.
1019 Vgl. dazu P. IV. 4.
1020 Vgl. dazu Q. I.
1021 Vgl. dazu Q. IV. 4. b).
1022 Vgl. dazu Q. IV. 3.
1023 Vgl. dazu Q. IV. 2. b).

da nach dieser Theorie ein Besitzmittlungsverhältnis Voraussetzung für die Traditionswirkung ist und dementsprechend bei Eigenbesitz keine Rechtsübertragung mittels eines Traditionspapiers stattfinden kann.[1024] Zudem ist die Repräsentationstheorie, also die Anwendung des § 929 S. 1 BGB, auch bei Betrachtung der Gesetzgebungsgeschichte nicht überzeugend. Das ADHGB ist älter als die Vorschriften des Bürgerlichen Gesetzbuchs und hat sich unabhängig davon entwickelt. Daher kann nicht aus einem späteren Gesetz eine bestimmte Konstruktion abgeleitet werden, sondern nur aus dem älteren Gesetz selbst. Aus diesen Gründen kann auch der Repräsentationstheorie nicht gefolgt werden.

7. Nach der wertpapierrechtlich fortgebildeten streng relativen Theorie hat der Erwerb des verbrieften Herausgabeanspruchs aus dem Traditionspapier dieselben Wirkungen wie die Erlangung des Besitzes an den Gütern. Denn die wesentliche Besonderheit der Traditionspapiere gegenüber anderen Erwerbsgestaltungen bestehe in der Verbriefung des Herausgabeanspruchs, und daher werde mit dessen Bestand und Schicksal auch die Traditionswirkung verknüpft. Das Traditionspapier verkörpere nicht den mittelbaren Besitz, sondern lediglich den Herausgabeanspruch.[1025] Die Verfügung mittels eines Traditionspapiers ist nach dieser Theorie eine eigenständige Form eines Übergabesurrogates, das neben § 930 BGB und § 931 BGB tritt.[1026] Die wertpapierrechtlich fortgebildete streng relative Theorie stellt dennoch auf § 931 BGB als Rechtsgrundlage ab, dessen Rechtsfolgen sie aber modifiziert, da die in § 931 ff. BGB gesetzlich angeordneten Rechtsfolgen nicht die gewünschte Umlauffähigkeit des Warenpapiers herbeiführen. *Canaris* nimmt hinsichtlich § 936 Abs. 3 BGB eine differenzierende Lösung an, in der er u.a. für vertragliche Pfandrechte eine teleologische Reduktion bejaht. Für den Fall des Eigenbesitzes des Schiffers wird ein Erwerb mittels Traditionspapiers zugelassen.[1027] Die Notwendigkeit einer Verpfändungsanzeige wird nach dieser Theorie abgelehnt, wobei letztendlich § 1205 Abs. 1 BGB für den Fall der Verpfändung mittels Traditionspapiers angewandt wird.[1028] Im Ergebnis löst *Canaris* die Fälle zwar befriedigend, muss dafür jedoch die Rechtsfolgen des § 931 BGB stark modifizieren, was wiederum die dogmatische

1024 Vgl. dazu Q. IV. 1.
1025 Vgl. dazu R. I.
1026 Vgl. dazu R. II.
1027 Vgl. dazu R. V. 1.
1028 Vgl. dazu R. V. 4.

Einordnung als nicht überzeugend und inkonsequent erscheinen lässt. Aus diesen Gründen kann auch der wertpapierrechtlich fortgebildeten streng relativen Theorie nicht gefolgt werden.

8. Nach der Theorie des wertpapierrechtlichen, aber sachenrechtsbezogenen Rechtsschutzes überträgt die Verfügung über ein Traditionspapier den verbrieften schuldrechtlichen Herausgabeanspruch gegen den Lagerhalter, Frachtführer oder Verfrachter. Die Papierübergabe ersetzt nur die Übergabe des Gutes. Voraussetzung für die Traditionswirkung ist, dass der Herausgabeschuldner den Besitz an den Waren hat, da ansonsten kein Herausgabeanspruch mehr besteht, der gegen den Herausgabeschuldner erworben werden könnte.[1029] *Zöllner* löst den Fall des Eigentumserwerbs vom Berechtigten mittels Traditionspapier, in dem er eine Einigung und die Übergabe des Papiers fordert. Da er jedoch die präzise dogmatische Einordnung der Verfügung mittels eines Traditionspapiers nicht vornimmt, sind für ihn sowohl der § 929 BGB als auch der § 931 BGB mögliche Rechtsgrundlagen für den Erwerb mittels eines Traditionspapiers.[1030] Diese Annahme zieht sich weiter durch den Erwerb vom Nichtberechtigten,[1031] die Frage der Anwendung bei belastenden Rechten Dritter nach § 936 BGB[1032] und der Bestellung eines vertraglichen Pfandrechts.[1033] Hierzu sind wenig konkrete Ausführungen durch *Zöllner* erfolgt, zum Teil deshanlb, weil aufgrund der Anwendbarkeit sowohl von § 929 BGB als auch § 931 BGB Fragen offengelassen werden konnten. Den Fall des Eigenbesitzes des Verfrachters, wonach der Erwerb unabhängig vom Besitzmittlungswillen des unmittelbaren Besitzers ist,[1034] und die Wirkung der Papierübergabe bezüglich abhanden gekommener Güter[1035] löst Zöllner zwar überzeugend. Dennoch kann mangels präziser dogmatischer Einordnung der Verfügung mittels eines Traditionspapiers und dementsprechend einer fehlenden verbindlichen Zuschreibung von Rechtsfolgen für bestimmte Fälle der Theorie *Zöllners* nicht gefolgt werden.

9. Nach der wertpapierrechtlichen Theorie, eine Fortentwicklung der Repräsentationstheorie darstellt, handelt es sich bei der Übergabe des

1029 Vgl. dazu S. I.
1030 Vgl. dazu S. IV. 1.
1031 Vgl. dazu S. IV. 2.
1032 Vgl. dazu S. IV. 2.
1033 Vgl. dazu S. IV. 3.
1034 Vgl. dazu S. IV. 1.
1035 Vgl. dazu S. IV. 7.

Traditionspapiers nicht um die Übergabe des Gutes, sondern nach seiner wertpapierrechtlichen Funktion um ein Übergabesurrogat eigener Art,[1036] welches vom Gesetz unvollständig geregelt ist und auf das Traditionsprinzip des BGB abgestimmt werden muss.[1037] Damit will *Karsten Schmidt* den Besonderheiten der Traditionspapiere Rechnung tragen. Der Eigentumserwerb mittels Traditionspapiers erfolgt richtigerweise durch Einigung über den Eigentumsübergang und Übergabe des Traditionspapiers.[1038] Die Bestellung eines vertraglichen Pfandrechts löst *Karten Schmidt* ebenfalls zufriedenstellend, in dem er § 1205 Abs. 2 BGB anwendet, jedoch mit der Maßgabe, dass eine Verpfändungsanzeige nicht erforderlich ist.[1039] Auch die Wirkung der Papierübergabe bezüglich abhanden gekommener Güter lehnt er aufgrund des § 935 BGB zutreffend ab.[1040] Darüber hinaus lässt er bei begründetem Eigenbesitz des unmittelbaren Besitzers der Waren einen Eigentumserwerb mittels eines Traditionspapiers zu, da der Besitzmittlungswillen den bestehenden Herausgabeanspruch an sich nicht entfallen lässt.[1041]

10. Bei einem Übergabesurrogat eigener Art, für welches im Gesetz keine Tatbestandsvoraussetzungen geregelt sind, besteht zwar die Notwendigkeit die verschiedenen Fälle bzw. Konsequenzen jeweils explizit für eine Verfügung mittels Traditionspapier zu regeln.Im Hinblick auf die Entstehungsgeschichte des BGB und des HGB kann jedoch nicht eine Rechtsgrundlage des BGB für die Verfügung mittels eines Traditionspapiers herangezogen werden. Dies hat die Betrachtung der vorgenannten Theorien ergeben, da die mit der Rechtsgrundlage in Verbindung stehenden Rechtsfolgen teilweise modifiziert werden müssen, um den Besonderheiten der Traditionspapiere gerecht zu werden, oder in Kauf genommen werden und damit den Besonderheiten der Traditionspapiere überhaupt nicht gerecht werden. Diese Schwierigkeit hat *Karsten Schmidt* erkannt und richtigerweise ein Übergabesurrogat eigener Art für die Verfügung mittels eines Traditionspapiers angenommen. Daher ist der wertpapierrechtlichen Theorie zu folgen.

1036 Vgl. dazu T. I.
1037 Vgl. dazu T. II.
1038 Vgl. dazu T IV. 1.
1039 Vgl. dazu T IV. 2.
1040 Vgl. dazu T IV. 7.
1041 Vgl. dazu T. IV. 1.

11. Im Zuge des Seerechtsänderungsgesetzes vom 20.04.2020 wurde mit § 516 Abs. 2 HGB eine rechtliche Grundlage für die Verwendung elektronischer Konnossemente geschaffen. §§ 443 Abs. 3, 475 c Abs. 4 HGB sind inhaltsgleich für den Ladeschein und den Lagerschein formuliert. Danach ist dem analogen Konnossement eine elektronische Aufzeichnung, die dieselben Funktionen erfüllt wie das Konnossement, gleichgestellt, sofern sichergestellt ist, dass die Authentizität und die Integrität der Aufzeichnung gewahrt bleiben. Demzufolge ist der Einsatz digitaler Traditionspapiere schon heute möglich. Seit einigen Jahren gibt es seitens der Privatwirtschaft Unternehmungen, digitale Traditionspapiere in die Tat umzusetzen. Bekannt ist vor allem das elektronische Bolero Bill of Lading. Bolero steht dabei für "Bill of Lading Electronic Registry Organisation". Dies ist ein geschlossenes System, d.h., jeder der Bolero nutzen möchte, muss ein Aufnahmeverfahren durchlaufen und gegen einen jährlichen Beitrag Mitglied bei bolero.net werden. Die Mitglieder unterliegen dem Bolero Rulebook und dem englischen Recht.[1042] Eine Vereinbarkeit mit den Anforderungen des deutschen Rechts erscheint möglich.
12. Auch in Deutschland wird an neuen Technologien zur Digitalisierung der Traditionspapiere gearbeitet. Die Universität Oldenburg und das Bundesministerium für Wirtschaft und Energie fördern das Blockchain-Traditionspapier. Für den Eigentumsübergang an Ware, über die ein Token ausgestellt wurde, genügt eine Transaktion des Tokens an den Erwerber auf der Blockchain vorzunehmen.[1043] Auch dieser Ansatz kann geeignet sein, Traditionspapiere zu digitalisieren. Eine Umsetzung ist jedoch noch nicht erfolgt. Um im internationalen Seehandel digital aufgestellt zu sein, benötigen wir darüber hinaus ein einheitliches Recht für digitalisierte Traditionspapiere, das den Anforderungen aller Länder genügt. Diesbezüglich gibt es jedoch noch keine Ansätze. Somit ist die Nutzung eines digitalen Konnossements im internationalen Warenverkehr noch nicht absehbar.

1042 Vgl. dazu U. III. 3.
1043 Vgl. dazu U. III. 4.

Literaturverzeichnis

Abraham, Hans Jürgen: Die unterschiedliche Bedeutung der Traditionswirkung des Konnossements im französischen und deutschen Recht, Zeitschrift für Handelsrecht 1954, S. 1 ff. (zit.: Abraham, ZHR 116)

Abraham, Hans-Jürgen: Das Seerecht, 4. Auflage, Berlin 1974 (zit.: Abraham, Das Seerecht)

Abraham, Hans-Jürgen: Der Lagerschein, Berlin 1933 (zit. Abraham, Lagerschein)

Adler, Karl: „Warrants (Lagerscheine) und Lagerhäuser", Handwörterbuch der Staatswissenschaften, Zweite Auflage, Siebenter Band, Jena 1901 (zit.: Adler, Warrants)

Adler, Karl: Das österreichische Lagerhausrecht, Berlin 1892 (zit.: Adler, Lagerhausrecht)

Alexander, Eduard: Der Erwerb des Besitzes und des Eigentums am Lagergut durch Vermittlung des an Order lautenden Lagerscheins, Dissertation, Borna-Leipzig 1907 (zit.: Alexander, Lagerschein)

Arnswaldt, Hans Dietrich von: Der handelbare Orderlagerschein, Berlin 1930 (zit.: v. Arnswaldt, Orderlagerschein)

Basedow, Jürgen: Kollisionsrechtliche Aspekte der Seerechtsreform von 1986, Praxis des internationalen Privat- und Verfahrensrechts 1987, S. 333 (zit.: Basedow, IPRax 1987)

Basedow, Jürgen: Der Transportvertrag (zit.: Basedow, Transportvertrag)

Baumbach, Adolf/Duden, Konrad: Handelsgesetzbuch, 21. Auflage, München 1974 (zit.: Baumbach/Duden, HGB)

Baumbach, Adolf/Hefermehl, Wolfgang: Wechselgesetz und Scheckgesetz, 22. Auflage, München 2000 (zit. Baumbach/Hefermehl, WG)

Baumbach, Adolf/Hopt/Klaus: Beck´sche Kurzkommentare, Band 9, Handelsgesetzbuch, 38. Auflage, München 2018 (zit.: *Bearbeiter* in: Baumbach/Hopt, HGB)

Baur, Jürgen F./Stürner, Rolf: Sachenrecht, 18. Auflage, München 2009 (zit.: Baur/Stürner)

Bender, Johann Heinrich: Grundsätze des deutschen Handlungs-Rechts, Erster Band, Darmstadt 1824 (zit.: Bender, Handelsrecht)

Bernstorff, Christoph Graf von: Das „reine Konnossement" im Seefrachtverkehr und die Ersatzmöglichkeit durch das elektronische „Bolero – bill of lading",

Recht der internationalen Wirtschaft 2001, S. 504-512 (zit.: Graf von Bernstorff, RIW 2001)

Beuth, Josef: Die Orderpapiere des HGB, Dissertation, Köln 1931 (zit.: Beuth, Orderpapiere)

Beyerlein, Gustav: Besitzerwerb durch Konnossement, Dissertation, Freiburg i. B. und Leipzig 1896 (zit.: Beyerlein, Konnossement)

Bluntschli, Johann Caspar: Deutsches Privatrecht, 3. Auflage, München 1864 (zit.: Bluntschli, Deutsches Privatrecht)

Boetticher, Hans-Peter von: Die dingliche Wirkung der Traditionspapiere, Dissertation, Freiburg 1957 (zit.: v. Boetticher, Traditionspapiere)

Bosdas, Demetrius: Das Konnossement, Dissertation, Leipzig 1927 (zit.: Bosdas, Konnossement)

Brehm, Wolfgang/Berger, Christian: Sachenrecht, Tübingen 2000 (zit.: Brehm/Berger, Sachenrecht)

Brox, Hans/Henssler, Martin: Handelsrecht mit Grundzügen des Wertpapierrechts, 22. Auflage, München 2016 (zit.: Brox/Henssler, Handelsrecht)

Brunner, Heinrich: Beiträge zur Geschichte und Dogmatik der Wertpapiere, Zeitschrift für Handelsrecht 1877, S. 505 (zit.: Brunner, ZHR 22)

Brunner, Heinrich: Zur Rechtsgeschichte der Römischen und Germanischen Urkunde, Erster Band, Aalen 1961 (zit.: Brunner, Rechtsgeschichte der Urkunde)

Brunner, Heinrich: Forschungen zur Geschichte des deutschen und französischen Rechts, Gesammelte Aufsätze, Stuttgart 1894 (zit.: Brunner, Forschungen zur Geschichte des deutschen und französischen Rechts)

Brunner, Heinrich: „Die Werthpapiere", Endemann´s Handbuch des Deutschen Handels-, See- und Wechselrechts, Zweiter Band, Leipzig 1882, (zit.: Brunner in: Endemann´s Handbuch)

Bucher, Eugen: Die Eigentums-Translativwirkung von Schuldverträgen: Dass „Woher" und „Wohin" dieses Modells des Code Civil, Zeitschrift für Europäisches Privatrecht 1998, S. 615 (zit.: Bucher, ZEuP 1998)

Capelle, Karl-Hermann: Handelsrecht, 14. Auflage, München 1970 (zit.: Capelle, Handelsrecht)

Cohn, Otto Hans: Die dingliche Wirkung des Orderlagerscheins, Dissertation, Heidelberg 1907 (zit.: Cohn, Orderlagerschein)

Cosack, Konrad: Lehrbuch des Handelsrechts, 12. Auflage, Stuttgart 1930 (zit.: Cosack, Handelsrecht)

Creifelds, Carl: Rechtswörterbuch, 23. Auflage, München 2019 (zit.: Creifelds, Rechtswörterbuch)

Dahn, Felix: Deutsches Rechtsbuch, Nördlingen 1877 (zit.: Dahn, Deutsches Rechtsbuch)

Darreye, Robert: Die dingliche Wirkung der handelsrechtlichen Traditionspapiere, Dissertation, Borna-Leipzig 1907 (zit.: Darreye, Traditionspapiere)

Dernburg, Heinrich: Pandekten, Erster Band, Allgemeiner Theil und Sachenrecht, 3. Auflage, Berlin 1892 (zit.: Dernburg, Pandekten)

Dübell, Georg: Das Konnossement, Dissertation, Freising 1907 (zit.: Dübell, Konnossement)

Dumke, Wolfgang: Das Konnossement als Wertpapier, Dissertation, Hamburg 1970 (zit.: Dumke, Konnossement)

Düringer, Adelbert/Hachenburg, Max: Das Handelsgesetzbuch, V. Band, 2. Hälfte (§§ 383-473), 3. Auflage, Mannheim/Berlin/Leipzig 1932 (zit.: *Bearbeiter* in: Düringer/Hachenburg, HGB)

Ebenroth, Carsten Thomas/Boujong, Karlheinz/Joost, Detlev: Kommentar zum Handelsgesetzbuch, Band 2 (§§ 343 - 475h), München 2001 (zit.: Bearbeiter in: Ebenroth/Boujong/Joost, HGB)

Eben-Worlée, Albrecht von: Die Übereignung und Verpfändung schwimmender Ware mittels Konnossement und die dafür geltenden Bankbestimmungen, Dissertation, Hamburg 1949 (zit.: Eben-Worlée, Übereignung mittels Konnossement)

Eckardt, Tobias: The Bolero Bill of Lading under German and English Law, Beiträge zum Internationalen Wirtschaftsrecht, Band 2, Dissertation, München 2004 (zit.: Eckardt, Bolero Bill of Lading)

Eckhardt, Karl August: Die Traditionswirkung des Konnossements, Vortrag in: Rechtswissenschaftliche Beiträge zum 25jährigen Bestehen der Handels-Hochschule Berlin, Berlin 1931 (zit.: Eckhardt, Traditionswirkung)

Eichler, Hermann: Institutionen des Sachenrechts, Zweiter Band / Erster Halbband, Berlin 1957 (zit.: Eichler, Sachenrecht)

Elvers, Christian Friedrich: Praktische Arbeiten, Rostock 1836 (zit.: Elvers, Praktische Arbeiten)

Entwurf eines Handelsgesetzbuchs für die Preussischen Staaten: nebst Motiven, Erster Theil, Berlin 1857 (zit.: Entwurf eines HGB)

Ernst, Dierk: Der Ablader im Deutschen Seerecht, Dissertation, Hamburg 1971 (zit.: Ernst, Ablader)

Exner, Adolf: Die Lehre vom Rechtserwerb durch Tradition nach österreichischem und gemeinem Recht, Wien 1867 (zit.: Exner, Rechtserwerb)

Feige, Walter: Das Lagergeschäft über gestohlene Waren und der Diebstahl am Lagerschein, Dissertation, Berlin 1910 (zit.: Feige, Lagerschein)

Feld, Erwin: Das Konnossement des Geschäftsunfähigen als Traditionspapier, Dissertation, Leipzig 1914 (zit.: Feld, Konnossement)

Gehrke, Florian: Das elektronische Transportdokument – Frachtbrief und Konnossement in elektronischer Form im deutschen und internationalen Recht, Dissertation, Münster 2005 (zit.: Gehrke, Transportdokument)

Gerber, Carl Friedrich von: System des Deutschen Privatrechts, Siebzehnte Auflage, Jena 1895 (zit.: v. Gerber, Deutsches Privatrecht)

Gesterding, Friedrich Christian: Alte und neue Irrtümer der Rechtsgelehrten, Greifswald 1818 (zit.: Gesterding, Irrtümer)

Gierke, Otto: Deutsches Privatrecht, Zweiter Band, Sachenrecht, Systematisches Handbuch der Deutschen Rechtswissenschaft, herausgegeben von Karl Binding, Leipzig 1905 (zit.: Gierke, Deutsches Privatrecht)

Gierke, Julius v.: Handelsrecht und Schiffahrtsrecht, Achte Auflage, Berlin 1958 (zit.: Gierke, Handelsrecht)

Gierke, Julius v.: Das Recht der Wertpapiere, Köln-Berlin 1954 (zit.: Gierke, Recht der Wertpapiere)

Gierke, Otto: Die Bedeutung des Fahrnisbesitzes für streitiges Recht, Jena 1897 (zit.: Gierke, Fahrnisbesitz)

Gieße, André: Auf Kurs in das 21. Jahrhundert, Verkehrs-Rundschau 2012, Heft 23, S. 34-37 (zit.: Gieße, Verkehrs-Rundschau 2012, Heft 23)

Glaser, H.: „Gutgläubiger Erwerb bei Übereignung mit Traditionspapieren", Neue Juristische Wochenschrift 1958, S. 451 (zit.: Glaser; NJW 1958)

Göder, Erwin: Das Lombardgeschäft, insbesondere durch Verpfändung mittels Lagerscheins, Dissertation, Breslau 1912 (zit.: Göder, Lombardgeschäft)

Goldschmidt, Levin: Handbuch des Handelsrechts, 3. Auflage, Erster Band, Erste Abteilung: Universalgeschichte des Handelsrechts, Stuttgart 1891 (zit.: Goldschmidt, Universalgeschichte des Handelsrechts)

Goldschmidt, Levin: Handbuch des Handelsrechts, Erster Band, Erste Abteilung, Erlangen 1864 (zit.: Goldschmidt, Handbuch des Handelsrechts)

Goldschmidt, Otto: Warrantrecht und Landwirtschaft in Frankreich, Archiv für Bürgerliches Recht, 30. Band, Berlin 1907, S. 315-457 (zit.: Goldschmidt, ArchBürgR 30)

Gönen, A. Orhan: Die Einwendungen des Verfrachters gegenüber dem Empfänger, Dissertation, Hamburg 1960 (zit.: Gönen, Einwendungen des Verfrachters)

Graf, Jens: Die Möglichkeiten des Einsatzes (voll- und teil-) elektronischer Transportpapiere am Beispiel von Konnossement und Luftfrachtbrief unter besonderer Berücksichtigung des Bolero-Projekts, Dissertation, Mannheim 2007 (zit.: Graf, Transportpapiere)

Grill, Wolfgang/Perczynski, Hans: Wirtschaftslehre des Kreditwesens, 34. Auflage, Bad Homburg vor der Höhe 2000 (zit.: Grill/Perczynski, Wirtschaftslehre des Kreditwesens)

Gruns, Walter: Orderpapiere im Dokumentenverkehr, Berlin 1960 (zit.: Gruns, Orderpapiere)

Gursky, Karl-Heinz: Wertpapierrecht, 2. Auflage, 1997 (zit.: Gursky, Wertpapierrecht)

Hager, Johannes: Verkehrsschutz durch redlichen Erwerb, München 1990 (zit. Hager, Verkehrsschutz durch redlichen Erwerb)

Hahn, Carl/Mugdan, Benno (Hrsg.): Denkschrift zum Entwurf eines Handelsgesetzbuchs und EinfG. abgedruckt in: Die gesammten Materialien zu den Reichs-Justizgesetzen, herausgegeben von Carl Hahn und Benno Mugdan, Sechster Band, Berlin 1897 (zit.: Denkschrift in: Hahn und Mugdan)

Harms, Wolfgang: Wiederholungs- und Vertiefungskurs in den Kerngebieten des Rechts: Band 5 a: Wertpapierrecht, 2. Auflage, Frankfurt am Main 1978 (zit. Harms, Wertpapierrecht)

Heck, Philipp: Grundriß des Sachenrechts, Tübingen 1930 (zit.: Heck, Sachenrecht)

Heidemann, Anton: Verpfändung mittels Lagerscheins (nach deutschem Rechte), Dissertation, Berlin 1913 (zit.: Heidemann, Lagerschein)

Hellwig, Konrad: Die Verträge auf Leistung an Dritte, Leipzig 1899 (zit.: Hellwig, Verträge auf Leistung an Dritte)

Henke, Eberhard Maximilian: Der Rechtserwerb durch Konnossement mit Berücksichtigung der Rechtsverhältnisse beim Bestehen mehrerer Konnossemente sowie bei gestohlenem Schiffsgut und bei gestohlenem Konnossement, Dissertation, Berlin 1912 (zit.: Henke, Konnossement)

Herber, Rolf: Konnossement und Multimodal-Ladeschein nach neuem Recht als Beförderungsdokumente beim Überseekauf in: Festschrift für Ulrich Magnus zum 70. Geburtstag, München 2014, S. 673-684, (zit.: Herber, FS Magnus)

Herber, Rolf: Seehandelsrecht. Systematische Darstellung, Berlin 1999 (zit.: Herber, Seehandelsrecht); Seehandelsrecht. Systematische Darstellung, 2. Auflage, Berlin/Boston 2016 (zit.: Herber, Seehandelsrecht 2016)

Hermann, Karl-Ludwig: Das Abladegeschäft im deutschen und französischen Recht und die Anforderungen an die Aufmachung des Konnossements, Dissertation, Köln 1962 (zit.: Hermann, Abladegeschäft)

Hesse, Peter: Der „ausführende Verfrachter“ im neuen Seehandelsrecht, Hansa International Maritime Journal 2012, S. 88-89 (zit.: Hesse, Hansa 2012)

Heyck, Eduard: Die Rechtsstellung des Empfängers beim Seefrachtvertrag nach deutschem Recht, Leipziger rechtswissenschaftliche Studien, herausgegeben von der Leipziger Juristen-Fakultät, Heft 48, Leipzig 1930 (zit.: Heyck, Seefrachtvertrag)

Heymann, Ernst: Die dingliche Wirkung der handelsrechtlichen Traditionspapiere, Festgabe für Felix Dahn, Band III, Breslau 1905, S. 135-241 (zit.: Heymann, FG Dahn)

Heymann, Ernst: Handelsgesetzbuch Kommentar, 2. Auflage, Berlin 2005, Band 4, Viertes Buch, §§ 343- 475 h (zit.: *Bearbeiter* in: Heymann, HGB)

Heymann-Kötter, Ernst/Kötter, Hans-Wilhelm: Handelsgesetzbuch, 21. Auflage, 1971 (zit. Heymann-Kötter, HGB)

Hildebrandt, Heinz: Wertpapierrecht, Berlin 1957 (zit.: Hildebrandt, Wertpapierrecht)

Holtius, Adrianus Catharinus: Abhandlungen civilistischen und handelsrechtlichen Inhalts, Utrecht 1852 (zit.: Holtius, Abhandlungen)

Honnef, Paul: Der gutgläubige Warenerwerb vom Nichtberechtigten mittels Traditionspapiers, Dissertation, Bonn 1928 (zit.: Honnef, Traditionspapier)

Hübner, Ulrich: Handelsrecht, 5. Auflage, Heidelberg 2004 (zit.: Hübner, Handelsrecht)

Hueck, Alfred: Recht der Wertpapiere, 10. Auflage, Berlin und Frankfurt a. M. 1967 (zit.: Hueck, Recht der Wertpapiere)

Hueck, Alfred/Canaris, Claus-Wilhelm: Recht der Wertpapiere, 12. Auflage, München 1986 (zit.: Hueck/Canaris, Wertpapiere)

Jacobi, Ernst: „Das Wertpapier als Legitimationsmittel“, Abhandlungen zum Privatrecht und Zivilprozeß des Deutschen Reiches, XIV. Band, Heft 1, München 1906 (zit.: Jacobi, Das Wertpapier als Legitimationsmittel)

Jacobi, Ernst: Grundriss des Rechts der Wertpapiere im Allgemeinen, 2. Auflage, Leipzig 1925 (zit.: Jacobi, Wertpapiere im Allgemeinen)

Jacobi, Ernst: „Die Wertpapiere“, Handbuch des gesamten Handelsrechts, herausgegeben von Victor Ehrenberg, Vierter Band, I. Abteilung, Leipzig 1917 (zit. Jacobi in: Ehrenbergs Handbuch)

Jhering, Rudolf: Jahrbücher für die Dogmatik des heutigen römischen und deutschen Privatrechts, Erster Band, Jena 1857 (zit.: Jhering, Jahrbücher)

Killig, Rudolf: Eigentumserwerb durch Abtretung des Herausgabeanspruchs, insbesondere bei Übergabe eines Ladescheins, Dissertation, Marburg 1934 (zit.: Killig, Ladeschein)

Kohler, : Zeitschrift für das Privat- und Öffentliche Recht der Gegenwart, Vierzehnter Band, Wien 1887 S.163 ff. (zit.: Kohler, Grünhuts Zeitschrift Bd. 14)

Kohler, Josef: Vertrag und Übergabe, Zwölf Studien zum Bürgerlichen Gesetzbuch, Archiv für Bürgerliches Recht 18, S. 1-124 (zit.: Kohler, ArchBürgR 18)

Koller, Ingo: Transportrecht, Kommentar zu Spedition, Gütertransport und Lagergeschäft, 8. Auflage, München 2013 (zit.: *Bearbeiter* in: Transportrecht)

Kostanecki, Anton v.: Der Lagerschein als Traditionspapier, Berlin 1902 (zit.: v. Kostanecki, Lagerschein)

Krichauff, Otto Friedrich: Die Transportpapiere (Konnossement, Ladeschein, Frachtbrief), Dissertation, Leipzig 1907 (zit.: Krichauff, Transportpapiere)

Krüger, Franz: Die Mehrheit von Konnossementsexemplaren, Dissertation, Greifswald 1919 (zit.: Krüger, Konnossement)

Kühlberg, Dieter: Der Verkehrsschutz bei den Traditionspapieren, Dissertation, Hamburg 1970 (zit.: Kühlberg, Verkehrsschutz)

Laband, Paul: „Zur Lehre vom Konnossement", Zeitschrift für deutsches Recht und deutsche Rechtswissenschaft, Band 19, Tübingen 1858, S. 121- 139 (zit.: Laband, Zeitschrift für deutsches Recht)

Lassalle, Georg: Besitzverhältnisse bei Konnossement und Ladeschein, Dissertation, Göttingen 1904 (zit.: Lassalle, Besitzverhältnisse)

Laube, Erich: Die dingliche Wirkung des an Order gestellten Lagerscheins, Dissertation, Breslau-Hirschberg i.Schl. 1913 (zit.: Laube, Lagerschein)

Lehmann, Heinrich: Dr. Joachim Schlenzka: Die sachenrechtlichen Streitfragen des Konnossementsrechts, Juristische Wochenschrift 1934, S. 1334-1335 (zit.: Lehmann, JW 1934)

Lehmann, Karl: Lehrbuch des Handelsrechts, 2. Auflage, Leipzig 1912 (zit.: Lehmann, Handelsrecht)

Lenhard, Anselm: Die Vorschläge zur Reform des englischen Mobiliarkreditsicherungsrechts, Tübingen 2010 (zit.: Lenhard, Englisches Mobiliarkreditsicherungsrecht)

Lewis, William/Boyens, Emil: Das Deutsche Seerecht, Zweiter Band, Leipzig 1901 (zit.: Boyens, Seerecht)

Locher, Eugen: Das Recht der Wertpapiere, Tübingen 1947 (zit.: Locher, Recht der Wertpapiere)

Mai, Hans: Die Wirkung der Traditionspapiere, Dissertation, Marburg 1932 (zit.: Mai, Traditionspapiere)

Makower, Hermann: Handelsgesetzbuch mit Kommentar, Zweiter Band, Buch III (Handelsgeschäfte), 13. Auflage, Berlin 1907 (zit.: Makower, HGB)

Mannschatz, Karl: Die dingliche Wirkung des Konnossements, Dissertation, Borna-Leipzig 1913 (zit.: Mannschatz, Konnossement)

Martinek, Michael: Traditionsprinzip und Geheißerwerb, Archiv für die civilistische Praxis 188, Tübingen 1988, S. 573-648 (zit.: Martinek, AcP 188)

Mayer, Robert: Die Verpfändung mittels Lagerscheines nach Deutschem Reichsrecht, ihre Besonderheiten gegenüber der gewöhnlichen Lombardierung, Dissertation, Görlitz 1912 (zit.: Mayer, Lagerschein)

Meyer, Carlos: Das Ordrekonnossement als Traditionspapier, Dissertation, Jena 1903 (zit.: Meyer, Orderkonnossement)

Meyer, Herbert: Das Publizitätsprinzip im Deutschen Bürgerlichen Recht, München 1909 (zit.: Meyer, Publizitätsprinzip)

Meyer-Cording, Ulrich/Drygala, Tim: Wertpapierrecht, 3. Auflage, Berlin 1995 (zit.: Meyer-Cording/Drygala, Wertpapierrecht)

Michaelis, Kurt: Der Erwerb des Eigentums durch Vermittelung eines Traditionspapieres und der Schutz des gutgläubigen Erwerbers, Dissertation, Prignitz 1913 (zit.: Michaelis, Traditionspapier)

Mittelstein, Max: „Das Binnenschiffahrtsrecht", Handbuch des gesamten Handelsrechts, herausgegeben von Victor Ehrenberg, Siebenter Band, I. Abteilung, Erstes Buch, Leipzig 1918 (zit.: Mittelstein in: Ehrenbergs Handbuch)

Motive zu dem Entwurfe eines Bürgerlichen Gesetzbuches für das Deutsche Reich: Band III, Sachenrecht, Berlin und Leipzig 1888 (zit.: Motive BGB III)

Müller-Christmann, Bernd /Schnauder, Franz: Wertpapierrecht, Berlin Heidelberg 1992 (zit.: Müller-Christmann/Schnauder, Wertpapierrecht)

Müller-Christmann, Bernd/Schnauder, Franz: „Grundfälle zum Wertpapierrecht", Juristische Schulung 1992, S. 480 ff. (zit.: Müller-Christmann/Schnauder, JuS 1992)

Müller-Erzbach, Rudolf: Deutsches Handelsrecht, Zweite und Dritte Auflage, Tübingen 1928 (zit.: Müller-Erzbach, Handelsrecht); Deutsches Handelsrecht, Zweiter Teil, Tübingen 1924 (zit.: Müller-Erzbach, Handelsrecht II)

Münch, Karl: Die Verkehrsformen des deutschen Lagerscheins, Dissertation, Mannheim Berlin Leipzig 1928 (zit.: Münch, Lagerschein)

Münchener Kommentar zum Handelsgesetzbuch: Band 5, Viertes Buch, Handelsgeschäfte, §§ 343-406, 4. Auflage, München 2018 (zit.: *Bearbeiter* in: MüKo, HGB)

Münchener Kommentar zum Handelsgesetzbuch: Band 7, Viertes Buch, Handelsgeschäfte, §§ 407-619, 4. Auflage, München 2020 (zit.: *Bearbeiter* in: MüKo, HGB)

Münster, Rudolf: Die dingliche Wirkung der Warenpapiere, Dissertation, Warendorf 1927 (zit.: Münster, Warenpapiere)

Nöthling, Carl: Die dingliche Wirkung der handelsrechtlichen Traditionspapiere, Dissertation, Göttingen 1908 (zit.: Nöthling, Traditionspapiere)

Ochs, Richard: Ueber die Wirkung des guten Glaubens beim Erwerbe durch Traditionspapiere u. von Traditionspapieren, Dissertation, Berlin 1914 (zit.: Ochs, Traditionspapiere)

Palandt, Otto: Bürgerliches Gesetzbuch, 79. Auflage, München 2020 (zit.: *Bearbeiter* in: Palandt, BGB)

Pappenheim, Max: Handbuch des Seerechts, Schuldverhältnisse des Seerechts. II., Des Handbuchs des Seerechts dritter Band, München und Leipzig 1918 (zit.: Pappenheim, Seerecht III)

Planck, Gottlieb: Kommentar zum Bürgerlichen Gesetzbuch, Dritter Band, Sachenrecht, 1. Hälfte (§§ 854-1112), 5. Auflage, Berlin und Leipzig 1933 (zit.: Bearbeiter in: Planck, BGB)

Pöhls, Meno: Darstellung des gemeinen Deutschen und des Hamburgischen Handelsrechts für Juristen und Kaufleute, Erster Band, Allgemeiner Theil, Hamburg 1828 (zit.: Pöhls, Handelsrecht I); Dritter Band, Seerecht, Erster Theil, Hamburg 1830 (zit.: Pöhls, Handelsrecht III)

Protokolle der Commission zur Berathung eines allgemeinen deutschen Handelsgesetz-Buches: Protokoll CCXLIV bis CCXCIX, Hamburg 1858, 1859, S. 2039-2536, (zit.: HGB-Protokolle); Protokoll CCCCXXII bis DXLVII, Hamburg 1860, S. 3693-4491, (zit.: HGB-Protokolle); Protokoll XLVI bis XCVIII, Nürnberg 1857, S. 405-875 (zit.: HGB-Protokolle)

Prüssmann, Heinz: Seehandelsrecht, Kommentar, München 1968 (zit.: Prüssmann, HGB)

Prüssmann, Heinz/ Rabe, Dieter: Beck´sche Kurzkommentare, Band 9b, Seehandelsrecht, 3. Auflage, München 1992 (zit: Prüssmann/Rabe, Seehandelsrecht)

Puttfarken, Hans-Jürgen: Seehandelsrecht, Heidelberg 1997 (zit.: Puttfarken, Seehandelsrecht)

Rabe, Dieter: Kommentar zum Seehandelsrecht, 4. Auflage, München 2000 (zit.: Rabe, Seehandelsrecht)

Rabe, Dieter: „Die unbekannte Lösung der sachenrechtlichen Wirkungen der Traditionspapiere gemäß §§ 448, 524, 475 g HGB“, Transportrecht 2015, S. 429 (zit.: Rabe, TranspR 2015)

Rabe, Dieter/Bahnsen, Kay Uwe: Beck´sche Kurzkommentare, Band 9b, Seehandelsrecht, 5. Auflage, München 2018 (zit.: *Bearbeiter* in: Rabe/Bahnsen, Seehandelsrecht)

Rehfeldt, Bernhard/Zöllner, Wolfgang: Wertpapierrecht, 10. Auflage, München 1972 (zit.: Rehfeldt/Zöllner, Wertpapierrecht)

Reinicke, Dietrich: „Guter Glaube und Orderlagerschein", Der Betriebs-Berater 1960, S. 1368 (zit.: Reinicke, BB 1960)

Richardi, Reinhard: Wertpapierrecht, Heidelberg 1987 (zit.: Richardi, Wertpapierrecht)

Saive, David: „Das Blockchain-Traditionspapier", Transportrecht 2018, S. 234 (zit.: Saive, TranspR 2018)

Savigny, Friedrich Carl v.: Das Recht des Besitzes, 7. Auflage, Wien 1865 (zit.: v. Savigny, Recht des Besitzes)

Schaps, Georg/Abraham, Hans Jürgen: Seehandelsrecht Erster Teil, 4. Auflage, 1978 (zit.: Schaps/Abraham, Seehandelsrecht)

Schlegelberger, Franz: Handelsgesetzbuch Kommentar, Band IV (§§ 343-372), 5. Auflage, München 1976 (zit.: *Bearbeiter* in: Schlegelberger, HGB)

Schlegelberger, Franz/Liesecke, Rudolf: Seehandelsrecht, 2. Auflage, Berlin und Frankfurt a. M. 1964 (zit.: *Bearbeiter* in: Schlegelberger/Liesecke)

Schlenzka, Joachim: Die sachenrechtlichen Streitfragen des Konnossementsrechts, Berlin 1934 (zit.: Schlenzka, Konnossementsrecht)

Schlodtmann, Hans: Die rechtliche Stellung des legitimierten Konnossementsbesitzers, Dissertation, Borna-Leipzig 1907 (zit.: Schlodtmann, Konnossement)

Schmidt, Karsten: Handelsrecht, Unternehmensrecht I, 6. Auflage, München 2014 (zit.: Schmidt, Handelsrecht)

Schnabel, Karl: Der Rechtserwerb an gestohlenen Waren mittels Lagerscheins sowie der Erwerb auf Grund des gestohlenen Lagerscheins, Dissertation, Berlin 1912 (zit.: Schnabel, Lagerschein)

Schnauder, Franz: „Sachenrechtliche und wertpapierrechtliche Wirkungen der kaufmännischen Traditionspapiere", Neue Juristische Wochenschrift 1991, S. 1642 ff. (zit.: Schnauder, NJW 1991)

Schröder, Richard: „Ueber den Begriff des Rheders", Zeitschrift für das Gesammte Handelsrecht, 32. Band, Stuttgart 1868, S. 81-86 (zit.: Schröder, ZHR 32)

Schubert, Werner: Die sachenrechtliche Transportfunktion des Orderlagerscheins, Dissertation, Heidelberg 1910 (zit.: Schubert, Orderlagerschein)

Schulz, Rüdiger: Die Entstehung des Seerechts des Allgemeinen Deutschen Handelsgesetzbuches unter besonderer Berücksichtigung der Bestimmungen über die Reederei, den Schiffer und die Schiffsmannschaft, Rechtshistorische Reihe, Band 55, Frankfurt am Main 1987 (zit.: Schulz, Entstehung des Seerechts)

Schumann, Hans: Handelsrecht, Band II, Handelsgeschäfte-Wertpapiere, Wiesbaden 1954 (zit.: Schumann, Handelsrecht II)

Schumann, Hans: Handelsrecht, Die Handelshochschule, Wiesbaden 1950 (zit.: Schumann, Handelsrecht)

Schwerin, Claudius v.: Recht der Wertpapiere (einschließlich Wechsel- und Scheckrecht), Berlin und Leipzig 1924 (zit.: v. Schwerin, Recht der Wertpapiere)

Senckpiehl, Richard: Das Lagergeschäft nach deutschem Recht, Berlin 1914 (zit.: Senckpiehl, Lagergeschäft)

Serick, Rolf: „Zur Rechtsnatur des Orderlagerscheines", Festschrift für Walter Schmidt, Berlin 1959, S. 315-337 (zit.: Serick, FS Schmidt)

Siebert, Wolfgang: Die besitzrechtliche Grundlage der dinglichen Wirkung der Traditionspapiere, Zeitschrift für das Gesamte Handelsrecht und Konkursrecht, Dreiundneunzigster Band, Stuttgart 1929, S. 1 ff. (zit.: Siebert, ZHR 93

Sieveking, Alfred: Das deutsche Seerecht, Hamburg 1907 (zit.: Sieveking, Seerecht)

Sieveking, Heinrich: Das Seedarlehen des Altertums, Leipzig 1893 (zit. Sieveking, Seedarlehen)

Staub, Hermann: Kommentar zum Allgemeinen Deutschen Handelsgesetzbuch (ohne Seerecht), Berlin 1893 (zit.: Staub, ADHGB)

Staub, Hermann: Kommentar zum Handelsgesetzbuch, Dritter Band (§§ 343-375), 14. Auflage, Berlin und Leipzig 1933 (zit.: *Bearbeiter* in: Staub, HGB)

Staub, Hermann: Großkommentar zum Handelsgesetzbuch, Vierter Band, §§ 343-382, 4. Auflage, Berlin 2004 Sechster Band, §§ 383-424, 4. Auflage, Berlin 2004 Siebenter Band, 1. Teilband, §§ 425-452, 4. Auflage, Berlin 2004 (zit.: *Bearbeiter* in: GK-HGB)

Stengel, Eberhard: Die Traditionsfunktion des Orderkonnossements, Wechselwirkungen zwischen Sachenrecht und Wertpapierrecht, Trostberg 1975 (zit.: Stengel, Traditionsfunktion)

Strohal, Emil: Succession in den Besitz nach Römischem und heutigem Recht, Graz 1885 (zit.: Strohal, Succession in den Besitz)

Strohal, Emil: Der Sachbesitz nach dem BGB, Jherings Jahrbücher für die Dogmatik des bürgerlichen Rechts, Band 38, Jena 1898, S. 1-137 (zit.: Strohal in: Jherings Jahrbücher)

Süß, Theodor: Das Traditionsprinzip – Ein Atavismus des Sachenrechts, Festschrift für Martin Wolff, Tübingen 1952, S. 141- 165 (zit.: Süß, FS Wolff)

Wagner, Rudolf: Systematisches Handbuch der Deutschen Rechtswissenschaft, Dritte Abteilung, Dritter Teil, Erster Band, Handbuch des Seerechts, Erster Band, Leipzig 1884 (zit.: Wagner, Handbuch des Seerechts)

Wieling, Hans Josef: Sachenrecht, 5. Auflage, Berlin Heidelberg 2007 (zit.: Wieling, Sachenrecht)

Wilda, Wilhelm Eduard: „Connossement", Rechtslexikon für Juristen aller teutschen Staaten, herausgegeben von Julius Weiske, Dritter Band, Leipzig 1841 (zit. Wilda in: Weiskes Rechtslexikon III)

Wimpfheimer, Heinrich: Der Lagerschein nach deutschem Recht, Karlsruhe 1903 (zit.: Wimpfheimer, Lagerschein)

Wolf, Manfred: Sachenrecht, 18. Auflage, München 2002 (zit.: Wolf, Sachenrecht)

Wolff, Martin: „Die Ware", Handbuch des gesamten Handelsrechts, herausgegeben von Victor Ehrenberg, Vierter Band, I. Abteilung, Leipzig 1917(zit.: Wolff in: Ehrenbergs Handbuch)

Wolff, Martin: Rezension über Heymann, Die dingliche Wirkung der handelsrechtlichen Traditionspapiere, Zeitschrift für das gesamte Handelsrecht, 58. Band, Stuttgart 1906 (zit.: Wolff, ZHR 58)

Wolff, Martin/Raiser, Ludwig: Lehrbuch des Bürgerlichen Rechts, Dritter Band, Sachenrecht, Tübingen 1957 (zit.: Wolff/Raiser, Bürgerliches Recht)

Wüstendörfer, Hans: Neuzeitliches Seehandelsrecht, Hamburg 1947 (zit.: Wüstendörfer, Seehandelsrecht)

Zöllner, Wolfgang: Wertpapierrecht, 14. Auflage, München 1987 (zit.: Zöllner, Wertpapierrecht)

www.ingramcontent.com/pod-product-compliance
Ingram Content Group UK Ltd.
Pitfield, Milton Keynes, MK11 3LW, UK
UKHW021934290926
8980IPUK00016B/1619

9 783631 848296